U0916758

■ 中国气象局成都高原气象研究所基本科研业务费专项资助
项目名称：高原天气系统年鉴2021
项目编号：BROP202213

2021 西南低涡年鉴

中国气象局成都高原气象研究所
中国气象学会高原气象学委员会 编著
主　编：蒋兴文
副主编：董元昌　彭　骏
编　委：向朔育　郁淑华　肖递祥　徐会明　张虹娇　刘思佳

科　学　出　版　社
北　京

内 容 简 介

西南低涡是影响我国灾害性天气的重要天气系统。本年鉴根据对2021年西南低涡的系统分析，得出该年西南低涡的编号、名称、日期对照表、概况、影响简表、影响地区分布表、中心位置资料表及活动路径图，计算得出该年影响降水的各次西南低涡过程的总降水量图、总降水日数图。

本年鉴可供气象、水文、水利、农业、林业、环保、航空、军事、地质、国土、民政、高原山地等方面的科技人员参考，也可作为相关专业教师、研究生、本科生的基本资料。

审图号：GS川（2023）83号

图书在版编目(CIP)数据

西南低涡年鉴. 2021 / 中国气象局成都高原气象研究所，中国气象学会高原气象学委员会编著；蒋兴文主编. — 北京：科学出版社，2023.6

ISBN 978-7-03-075691-6

I. ①西… II. ①中… ②中… ③蒋… III. ①低涡－天气图－西南地区－2021－年鉴 Ⅳ. ①P447-54

中国国家版本馆CIP数据核字(2023)第098446号

责任编辑：罗 吉 沈 旭 洪 弘 / 责任校对：杨聪敏
责任印制：师艳茹 / 封面设计：许 瑞

科学出版社 出版
北京东黄城根北街16号
邮政编码：100717
http://www.sciencep.com

北京中科印刷有限公司 印刷

科学出版社发行 各地新华书店经销

*

2023年6月第 一 版 开本：A4 (880×1230)
2023年6月第一次印刷 印张：15 1/4
字数：517 000

定价：598.00元

（如有印装质量问题，我社负责调换）

前　言

西南低涡（简称西南涡）是在青藏高原特殊地形影响下，我国西南地区生成的特有的天气系统。其发生、发展和移动常常伴随暴雨、洪涝等气象灾害，并且，我国夏季多发泥石流、滑坡等地质灾害，在很大程度上也与西南低涡的发展、东移密切相关。西南低涡不仅影响我国西南地区，而且东移影响我国青藏高原以东广大地区，是我国主要的灾害性天气系统，它造成的暴雨强度、频次、范围仅次于台风及残余低压。

中华人民共和国成立以来，随着观测站网的建立，卫星资料的应用，以及我国第一、第二和第三次青藏高原大气科学试验的开展，尤其是中国气象局成都高原气象研究所近些年实施的西南低涡加密观测科学试验，关于西南低涡的科研工作也取得了一些新的成果，使我国西南低涡的科学研究、业务预报水平不断提升，在气象服务中做出了显著的贡献。

为了进一步适应经济社会发展、人民生活生产的需要，满足广大气象、农业、水利、国防、经济等部门科研、业务和教学的要求，更好地掌握西南低涡的演变规律，系统地认识西南低涡发生、发展的基本特征，提高科学研究水平和预报技术能力，做好气象灾害的防御工作，中国气象局成都高原气象研究所负责，四川省气象台等单位参加，组织人员，开展了西南低涡年鉴的研编工作。

经过项目组的共同努力，以及有关省、自治区、直辖市气象局的大力协助，西南低涡年鉴顺利完成。它的整编出版，将为我国西南低涡研究和应用提供基础性保障，推动我国灾害性天气研究与业务的深入发展，发挥对国家防灾减灾、环境保护、公共安全的气象支撑作用。

本年鉴由中国气象局成都高原气象研究所蒋兴文、董元昌、彭骏、向朔育、郁淑华、刘思佳，四川省气象台肖递祥，成都市气象台徐会明，四川省气象服务中心张虹娇完成。

本册《西南低涡年鉴2021》的内容主要包括西南低涡概况、路径以及西南低涡引起的降水等资料图表。

Foreword

As a unique weather system, the Southwest China Vortex (SCV) is originated in Southwest China due to the terrain effect of Tibetan Plateau. Rain storms, floods and other meteorological disasters are usually caused by the generation, development and movement of SCV, frequently resulting in the natural disasters such as mud-rock flow and landslide in summer. The moving SCV could bring strong rainfall over the vast areas east of Tibetan Plateau stretching from Southwest China to Central-Eastern China. As a severe weather system, the SCV is known just to be inferior to the typhoon and its residual low in respect of intensity, periods and areas of rainfall in China.

After the foundation of P. R. China, the enormous advances of scientific research and operational prediction on the SCV have been made along with the establishment of meteorological monitoring network and the application of satellite data. The achievements from the First, the Second and the Third Tibetan Plateau Experiment of Atmospheric Sciences, especially the intensive observation scientific experiment of SCV organized by Institute of Plateau Meteorology, China Meteorological Administration, Chengdu (IPM) during recent years, have already benefited the scientific research of SCV, its operational weather prediction and the meteorological service in disaster prevention and the public safety.

To further adapt to the economic social development with the people life and production requirements and to meet the demands of research, teaching and professional work in meteorological agricultural, hydrological, military, and economic sectors, the characterizations of SCV generation and evolution should be better and comprehensively understood, improving the scientific level and forecast capacity of SCV for more efficient disaster prevention. Therefore, IPM organized to compile the SCV Yearbook with the participation of Sichuan Provincial Meteorological Observatory (SPMO) and the other groups.

With the joint efforts of all research groups and the great support from related meteorological bureaus of provinces, autonomous regions and cities, this SCV Yearbook has been completed successfully. It provides the basis summary for the SCV research and the application, promoting our scientific research and operational forecast of hazardous weather. And it could be useful to the natural disaster prevention, environment protection and public safety service in China.

The SCV Yearbook has been accomplished by Jiang Xingwen, Dong Yuanchang, Peng Jun, Xiang Shuoyu, Yu Shuhua and Liu Sijia of IPM, Xiao Dixiang of SPMO, Xu Huiming of Chengdu Municipal Meteorological Observatory and Zhang Hongjiao of Sichuan Meteorological Service Center .

The *SCV Yearbook 2021* is mainly composed of figures, tables and data of SCV-survey, -tracks and -rainfall.

说　明

本年鉴主要整编西南低涡生成的位置、路径及西南低涡引起的降水量、降水日数等基本资料。

西南低涡是指700hPa等压面上反映的生成于青藏高原背风坡(99°~109°E、26°~33°N)，连续出现两次或者只出现一次但伴有云涡、有闭合等高线的低压或有三个站风向呈气旋式环流的低涡。

冬半年指1~4月和11~12月，夏半年指5~10月。

本年鉴所用时间一律为北京时间。

● 西南低涡概况

西南低涡根据低涡生成区域可以分为九龙低涡、四川盆地低涡(简称盆地涡)、小金低涡。

九龙低涡是指生成于99°E 以东至＜104°E、26°N以北至≤30.5°N范围内的低涡。

小金低涡是指生成于99°E以东至＜104°E、30.5°N以北至≤33°N范围内的低涡。

四川盆地低涡是指生成于104°E 以东至109°E、26°N以北至33°N范围内的低涡。

西南低涡移出是指九龙低涡、四川盆地低涡、小金低涡移出其生成的区域。

西南低涡编号是以“D”字母开头，按年份的后二位数与当年低涡顺序三位数组成。

西南低涡移出几率是指某月西南低涡移出个数与该年西南低涡个数的百分比。

西南低涡月移出率是指某月西南低涡移出个数与该年西南低涡移出个数的百分比。

西南低涡当月移出率是指某月西南低涡移出个数与该月西南低涡个数的百分比。

九龙低涡或四川盆地低涡或小金低涡移出几率是指某月移出其生成区域的低涡个数与该年其生成区域低涡个数的百分比。

九龙低涡或四川盆地低涡或小金低涡月移出率是指某月移出其生成区域的低涡个数与该年移出其生成区域低涡个数的百分比。

九龙低涡或四川盆地低涡或小金低涡当月移出率是指某月移出其生成区域的低涡个数与该月其生成区域低涡个数的百分比。

西南低涡中心位势高度最小值频率分布指按各时次西南低涡700hPa等压面上位势高度（单位：位势什米）最小值统计的频率分布。

说　明

西南低涡中心位置资料表

“中心强度”指在700hPa等压面上低涡中心位势高度，单位：位势什米。

西南低涡纪要表

1.“发现点”指不同涡源的西南低涡活动路径的起始点，由于资料所限，此点不一定是真正的源地。

2.西南低涡活动的发现点、移出涡源的地点，一般准确到县、市。

3.“转向”指路径总的趋向由向某一个方向移动转为向另一个方向移动。

4.“移出涡源区”指西南低涡移出其发现点所属的低涡(九龙低涡或四川盆地低涡或小金低涡)生成的范围。

西南低涡降水及移动路径

1.降水量统计使用的是12小时雨量资料。

2.西南低涡和其他天气系统共同造成的降水，仍列入整编。

3.“总降水量及移动路径图”指一次西南低涡活动过程的移动路径和在我国引起的总降水量分布图。总降水量一般按0.1mm、10mm、25mm、50mm、100mm等级，以色标示出，绘出降水区外廓线，标注出中心最大的总降水量数值。

4.“总降水日数图”指一次西南低涡活动过程在我国引起的总降水量≥0.1mm的降水日数区域分布图。

目 录
Contents

目 录 Contents

目录 Contents

目录 Contents

目录 Contents

目录 Contents

2021年
西南低涡概况

2021年发生在西南地区的低涡共有94个，其中在四川九龙附近生成的低涡有30个，在四川盆地生成的低涡有57个，在四川小金附近生成的低涡有7个（表1~表4）。

2021年西南低涡最早生成在1月初，最迟生成在12月底。虽然每月都有西南低涡生成，但生成个数存在较大差异，5月和8月生成最多，各13个，1月次之，为10个，这三个月生成的低涡个数占全年的38.30%，2月西南低涡生成个数最少，只有5个，占全年的5.32%（表1）。

2021年九龙低涡最早生成在1月上旬，最迟生成在12月初，九龙低涡5月生成个数最多，为7个，共占全年的23.33%；8月生成个数较多，为5个，占全年的16.67%，其他各月均有九龙低涡生成（表2）。四川盆地低涡最早生成在1月初，最迟生成在12月底，8月生成个数最多，有8个，占全年的14.04%；1月、6月、12月次之，各有6个，其他各月均有盆地涡生成（表3）。小金低涡最早生成在1月中旬，最迟生成在10月下旬，2月和10月生成个数最多，各有2个，占全年的57.14%，全年只有1～3月、5月和10月有小金低涡生成（表4）。

2021年移出的西南涡共有14个（表5），其中九龙低涡移出4个，四川盆地低涡移出5个，小金低涡移出5个（表6~表8）。西南低涡移出的地点分布于四川、甘肃、重庆、湖北、陕西和安徽6个省市，其中四川5个，陕西4个，甘肃2个，重庆、安徽和湖北各1个（表9）。九龙低涡移出的地点分布于四川、重庆和陕西3省市，共3个（表10）。四川盆地低涡移出的地点分布于四川、湖北、陕西和安徽4个省，陕西为3个，其余省各为1个（表11）。小金低涡移出的地点分布于四川和甘肃两省，分别为3个和2个（表12）。

2021年西南低涡中心位势高度最小值在304～311位势什米范围内最多，占76.72%（表13）。夏半年的西南低涡，其中心位势高度最小值在304～311位势什米范围内最多，占80.34%（表14）。冬半年的西南低涡，其中心位势高度最小值在304～311位势什米范围内最多，占70.83%（表15）。

2021年西南低涡偏南风最大风速在4～12m/s的频率最多，占77.78%（表16）。夏半年，西南低涡偏南风最大风速在4～12m/s的频率最多，占72.65%（表17）。冬半年，西南低涡偏南风最大风速在4～10m/s范围内的频率最多，占76.39%（表18）。

2021年的94次西南低涡过程全部造成了有效降水。西南低涡过程降水量在100mm以上的有19次，过程降水量在200mm以上的有6次，其对应的西南低涡编号是D21042、D21048、D21051、D21057、D21064和D21070，造成最大过程降水量分别是四川苍溪206.1mm、贵州思南239.4mm、陕西镇巴243.8mm、四川渠县340.1mm、湖南古丈262.3mm和四川三台267.4mm，降雨日数分别为1天、5天、2天、3天、1天和2天。就西南低涡造成的过程降水量、影响范围和持续时间而言，

D21048、D21051和D21057号西南低涡较为突出。

D21051号盆地低涡是本年度对我国黄河流域降水影响最大、大暴雨量级站点数最多的西南低涡，生成于四川北川，历时4天。该低涡于7月10日08时生成，中心强度为307位势什米，生成后向东北移移出源地，7月10日20时移入陕西，中心强度维持为307位势什米，之后继续向东北移动；7月11日08时，中心强度继续维持为307位势什米，之后向东北移动，7月11日20时进入山西，中心强度增强为305位势什米，之后继续向东北移动；于7月12日08时位于河北境内，中心强度增强为303位势什米，之后向西北移动，7月12日20时，低涡中心强度继续增强为301位势什米，之后向东北移动；7月13日08时，低涡移至内蒙古，中心强度为301位势什米，之后向东移动，7月13日20时，低涡中心强度减弱为304位势什米，随后减弱消失。受其影响，在低涡的移动路径上造成我国大范围，尤其是黄河流域的强降水，其分布区域主要在川西高原东部，四川省盆地地区西、中、北、东部，甘肃、宁夏南部，陕西、辽宁、山东大部，重庆西、北部，湖北、吉林西部，河南西、北部，山西，河北，北京，天津和内蒙古中、南部地区，降水日数为1～3天。其中四川、陕西、山西、河南、河北、北京、天津、辽宁和山东有成片降水量大于50mm的区域，存在两个降水中心，分别位于陕西镇巴，降水量为243.8mm，降水日数2天；北京密云，降水量为223.0mm，降水日数3天。

D21048号盆地低涡是本年度对西南地区影响范围最大的西南低涡，生成于重庆潼南，历时7天。该低涡生成于6月27日20时，中心强度为308位势什米，生成后低涡向东南行；28日08时，低涡移动减慢，中心强度维持在308位势什米，28日20时，低涡依旧位于重庆，中心强度为308位势什米，之后低涡向东南行；29日08时，低涡移入贵州，中心强度为308位势什米，之后低涡开始向南行，29日20时，低涡位于贵州，中心强度维持为308位势什米，随后低涡转向西北行；30日08时，低涡中心强度维持为308位势什米，之后低涡转向西行，30日20时，低涡移回重庆，中心强度为307位势什米，之后低涡转向东南行；7月1日08时，低涡移入贵州，中心强度维持为307位势什米，之后低涡转向西行，1日20时，低涡中心强度为306位势什米，之后低涡转向西北行；2日08时，低涡移入四川，中心强度为307位势什米，之后低涡转向东行，2日20时，低涡再次移回重庆，中心强度为307位势什米，之后低涡略微南行；3日08时，低涡中心强度为308位势什米，之后低涡转向西南行，3日20时，低涡位于重庆，中心强度为308位势什米，之后减弱消失。受其影响，贵州省发生区域性大暴雨天气，降水分布区域主要在四川省盆地地区大部，陕西南部，湖北、湖南西部，重庆，贵州，广西北部和云南东北部地区，降水日数为1～8天。其中湖北、湖南、贵州、重庆和四川有成片降水量大于50mm的区域，存在两个降水中心，分别位于四川屏山，降水量为147.0mm，降水日数3天；贵州思南，降水量为239.4mm，降水日数5天。

D21057号盆地低涡是本年度对四川盆地地区影响最大的西南低涡，生成于四川绵阳，历时2天。该低涡生成于8月7日20时，中心强度为310位势什米，生成后低涡向东南移动；8日08时，低涡中心强度增强为309位势什米，之后低涡向东北移动，8日20时，低涡中心强度为310位势什米，之后减弱消失。受其影响，四川盆地地区发生区域性暴雨天气，降水分布区域主要在川西高原东部，四川省盆地地区西、北、中、东部，甘肃、陕西南部，湖北西部，湖南西北部，贵州东北部和重庆地区，降水日数为1～3天。其中四川、重庆、陕西和贵州有成片降水量大于50mm的区域，存在两个降水中心，分别位于四川渠县，降水量为340.1mm，降水日数3天；四川蓬溪，降水量为131.0mm，降水日数2天。

表1 2021年西南低涡出现频次

	1月	2月	3月	4月	5月	6月	7月	8月	9月	10月	11月	12月	全年
次数	10	5	6	6	13	8	6	13	6	6	8	7	94
频率 / %	10.64	5.32	6.38	6.38	13.83	8.51	6.38	13.83	6.38	6.38	8.51	7.45	100

表2 2021年九龙低涡出现频次

	1月	2月	3月	4月	5月	6月	7月	8月	9月	10月	11月	12月	全年
次数	3	1	1	2	7	2	1	5	2	1	4	1	30
频率 / %	10.00	3.33	3.33	6.67	23.33	6.67	3.33	16.67	6.67	3.33	13.33	3.33	100

表3 2021年四川盆地低涡出现频次

	1月	2月	3月	4月	5月	6月	7月	8月	9月	10月	11月	12月	全年
次数	6	2	4	4	5	6	5	8	4	3	4	6	57
频率 / %	10.53	3.51	7.02	7.02	8.77	10.53	8.77	14.04	7.02	5.26	7.02	10.53	100

表4 2021年小金低涡出现频次

	1月	2月	3月	4月	5月	6月	7月	8月	9月	10月	11月	12月	全年
次数	1	2	1	0	1	0	0	0	0	2	0	0	7
频率 / %	14.29	28.57	14.29	0.00	14.29	0.00	0.00	0.00	0.00	28.57	0.00	0.00	100

表5 2021年西南低涡移出源地次数

	1月	2月	3月	4月	5月	6月	7月	8月	9月	10月	11月	12月	全年
次数	1	1	1	2	1	1	1	2	1	2	1	0	14
移出几率 / %	1.06	1.06	1.06	2.13	1.06	1.06	1.06	2.13	1.06	2.13	1.06	0.00	14.89
月移出率 / %	7.14	7.14	7.14	14.29	7.14	7.14	7.14	14.29	7.14	14.29	7.14	0.00	100.00
当月移出率 / %	10.00	20.00	16.67	33.33	7.69	12.50	16.67	15.38	16.67	33.33	12.50	0.00	/

表6 2021年九龙低涡移出源地次数

	1月	2月	3月	4月	5月	6月	7月	8月	9月	10月	11月	12月	全年
次数	0	0	0	0	1	1	0	1	1	0	0	0	4
移出几率 / %	0.00	0.00	0.00	0.00	3.33	3.33	0.00	3.33	3.33	0.00	0.00	0.00	13.33
月移出率 / %	0.00	0.00	0.00	0.00	25.00	25.00	0.00	25.00	25.00	0.00	0.00	0.00	100
当月移出率 / %	0.00	0.00	0.00	0.00	14.29	50.00	0.00	20.00	50.00	0.00	0.00	0.00	/

表7 2021年四川盆地低涡移出源地次数

	1月	2月	3月	4月	5月	6月	7月	8月	9月	10月	11月	12月	全年
次数	0	0	0	2	0	0	1	1	0	0	1	0	5
移出几率 / %	0.00	0.00	0.00	3.51	0.00	0.00	1.75	1.75	0.00	0.00	1.75	0.00	8.77
月移出率 / %	0.00	0.00	0.00	40.00	0.00	0.00	20.00	20.00	0.00	20.00	20.00	0.00	100
当月移出率 / %	0.00	0.00	0.00	50.00	0.00	0.00	20.00	12.50	0.00	0.00	25.00	0.00	/

表8　2021年小金低涡移出源地次数

	1月	2月	3月	4月	5月	6月	7月	8月	9月	10月	11月	12月	全年
次数	1	1	1	0	0	0	0	0	0	2	0	0	5
移出几率 / %	14.29	14.29	14.29	0.00	0.00	0.00	0.00	0.00	0.00	28.57	0.00	0.00	71.43
月移出率 / %	20.00	20.00	20.00	0.00	0.00	0.00	0.00	0.00	0.00	40.00	0.00	0.00	100
当月移出率 / %	100.00	50.00	100.00	0.00	0.00	0.00	0.00	0.00	0.00	100.00	0.00	0.00	/

表9　2021年西南低涡移出源地的地区分布

	四川	甘肃	重庆	贵州	云南	湖北	湖南	陕西	安徽	河南	合计
次数	5	2	1	0	0	1	0	4	1	0	14
出源地率 / %	35.71	14.29	7.14	0.00	0.00	7.14	0.00	28.57	7.14	0.00	100

表10　2021年九龙低涡移出源地的地区分布

	四川	甘肃	重庆	贵州	云南	湖北	湖南	陕西	安徽	河南	合计
次数	1	0	1	0	0	0	0	1	0	0	3
出源地率 / %	33.33	0.00	33.33	0.00	0.00	0.00	0.00	33.33	0.00	0.00	100

表11　2021年四川盆地低涡移出源地的地区分布

	四川	甘肃	重庆	贵州	云南	湖北	湖南	陕西	安徽	河南	合计
次数	1	0	0	0	0	1	0	3	1	0	6
出源地率 / %	16.67	0.00	0.00	0.00	0.00	16.67	0.00	50.00	16.67	0.00	100

表12　2021年小金低涡移出源地的地区分布

	四川	甘肃	重庆	贵州	云南	湖北	湖南	陕西	安徽	河南	合计
次数	3	2	0	0	0	0	0	0	0	0	5
出源地率 / %	60.00	40.00	0.00	0.00	0.00	0.00	0.00	0.00	0.00	0.00	100

表13　2021年西南低涡中心强度频率分布

位势高度 / 位势什米	315 | 312	311 | 308	307 | 304	303 | 300	299 | 296	295 | 292	291 | 288	287 | 284	283 | 280
频率 / %	9.52	48.68	28.04	10.58	1.59	1.59			

表14　2021年夏半年西南低涡中心强度频率分布

位势高度 / 位势什米	315 | 312	311 | 308	307 | 304	303 | 300	299 | 296	295 | 292	291 | 288	287 | 284	283 | 280
频率 / %	11.97	56.41	23.93	4.27	0.85	2.56			

表15　2021年冬半年西南低涡中心强度频率分布

位势高度/位势什米	315—312	311—308	307—304	303—300	299—296	295—292	291—288	287—284	283—280
频率/%	5.56	36.11	34.72	20.83	2.78				

表16　2021年西南低涡偏南风最大风速频率分布

最大风速/(m/s)	2	4	6	8	10	12	14	16	18	20	22	24	26
频率/%	4.23	14.29	18.52	15.87	18.52	10.58	6.35	3.17	4.23	2.12	1.06	0.53	0.53

表17　2021年夏半年西南低涡偏南风最大风速频率分布

最大风速/(m/s)	2	4	6	8	10	12	14	16	18	20	22	24	26
频率/%	5.13	12.82	12.82	17.95	17.95	11.11	4.27	4.27	6.84	3.42	1.71	0.85	0.85

表18　2021年冬半年西南低涡偏南风最大风速频率分布

最大风速/(m/s)	2	4	6	8	10	12	14	16	18	20	22	24	26
频率/%	2.78	16.67	27.78	12.50	19.44	9.72	9.72	1.39	0.00	0.00	0.00	0.00	0.00

2021年西南低涡纪要表

序号	编号	中英文名称	起止日期（月/日）	中心最小位势高度/位势什米	发现点经纬度	移出涡源的地点	移出涡源的时间（月/日时）	移出涡源中心位势高度/位势什米	路径趋向
1	D21001	阆中，Langzhong	1/2～1/3	304	105.97°E,31.65°N				西南行转东北行
2	D21002	西充，Xichong	1/5	308	105.89°E,30.92°N				东行
3	D21003	宁蒗，Ninglang	1/10	303	100.87°E,27.36°N				东行
4	D21004	南溪，Nanxi	1/13	304	105.08°E,28.96°N				北行
5	D21005	松潘，Songpan	1/19～1/20	301	103.69°E,32.84°N	通渭	1/20⁰⁸	303	东北行移出源地后转东南行
6	D21006	九龙，Jiulong	1/20	303	101.62°E,28.77°N				源地生消
7	D21007	康定，Kangding	1/24	299	101.96°E,30.10°N				源地生消
8	D21008	蓬溪，Pengxi	1/27	304	106.02°E,30.80°N				源地生消
9	D21009	遂宁，Suining	1/30	307	105.44°E,30.59°N				源地生消
10	D21010	阆中，Langzhong	1/31	306	106.16°E,31.60°N				源地生消
11	D21011	梓潼，Zitong	2/6～2/7	303	105.01°E,31.74°N				东南行转东北行

2021年西南低涡纪要表（续-1）

序号	编号	中英文名称	起止日期(月/日)	中心最小位势高度/位势什米	发现点经纬度	移出涡源的地点	移出涡源的时间(月/日^{时})	移出涡源中心位势高度/位势什米	路径趋向
12	D21012	黑水,Heishui	2/14～2/15	305	103.51°E,32.16°N				东南行
13	D21013	木里,Muli	2/17～2/18	310	101.62°E,28.22°N				南行
14	D21014	苍溪,Cangxi	2/25	302	105.89°E,31.76°N				东行
15	D21015	松潘,Songpan	2/27～2/28	299	103.60°E,32.68°N	北川	$2/28^{08}$	300	东南行移出源地
16	D21016	木里,Muli	3/8	309	101.33°E,27.94°N				源地生消
17	D21017	江油,Jiangyou	3/19	303	104.72°E,31.45°N				源地生消
18	D21018	荣昌,Rongchang	3/21	311	105.78°E,29.52°N				源地生消
19	D21019	西充,Xichong	3/22	312	105.91°E,30.82°N				源地生消
20	D21020	广安,Guang'an	3/29	302	106.69°E,30.64°N				源地生消
21	D21021	汶川,Wenchuan	3/31～4/2	300	103.63°E,31.59°N	通江	$4/1^{08}$	301	东北行移出源地后转西南行
22	D21022	高坪,Gaoping	4/3	308	106.18°E,30.77°N				源地生消

2021年西南低涡纪要表（续-2）

序号	编号	中英文名称	起止日期（月/日）	中心最小位势高度/位势什米	发现点经纬度	移出涡源的地点	移出涡源的时间（月/日^{时}）	移出涡源中心位势高度/位势什米	路径趋向
23	D21023	西充，Xichong	4/6～4/7	307	105.90°E,31.00°N	长丰	4/7^{20}	307	东南行转东北行移出源地
24	D21024	安岳，Anyue	4/12～4/13	309	105.34°E,30.00°N				东北行
25	D21025	木里，Muli	4/15	307	102.00°E,28.10°N				源地生消
26	D21026	北川，Beichuan	4/19～4/20	304	104.42°E,31.67°N	石泉	4/20^{20}	306	东行转东北行移出源地
27	D21027	汉源，Hanyuan	4/25	309	102.60°E,29.30°N				源地生消
28	D21028	松潘，Songpan	5/2	308	103.70°E,32.90°N				源地生消
29	D21029	米易，Miyi	5/3	308	102.25°E,27.43°N				源地生消
30	D21030	米易，Miyi	5/7	310	102.50°E,27.03°N	江津	5/7^{20}	310	东北行移出源地
31	D21031	泸定，Luding	5/8	312	102.30°E,29.66°N				源地生消
32	D21032	内江，Neijiang	5/10～5/11	304	105.00°E,30.10°N				东北行转东行
33	D21033	巴中，Bazhong	5/15	303	106.66°E,31.85°N				源地生消

2021年西南低涡纪要表（续-3）

序号	编号	中英文名称	起止日期（月/日）	中心最小位势高度/位势什米	发现点经纬度	移出涡源的地点	移出涡源的时间（月/日^{时}）	移出涡源中心位势高度/位势什米	路径趋向
34	D21034	冕宁，Mianning	5/15	305	102.12°E,28.53°N				源地生消
35	D21035	木里，Muli	5/17	308	101.27°E,28.02°N				东行
36	D21036	西充，Xichong	5/22	306	106.18°E,31.07°N				源地生消
37	D21037	蓬溪，Pengxi	5/24～5/25	311	105.73°E,30.85°N				西南行
38	D21038	安岳，Anyue	5/28	312	105.32°E,30.11°N				源地生消
39	D21039	盐源，Yanyuan	5/30	308	101.52°E,27.42°N				源地生消
40	D21040	盐源，Yanyuan	5/31～6/1	306	100.88°E,28.93°N				南行转东北行
41	D21041	越西，Yuexi	6/2～6/3	307	102.51°E,28.79°N	广安	$6/3^{08}$	309	东北行移出源地
42	D21042	梓潼，Zitong	6/17	308	105.11°E,31.68°N				源地生消
43	D21043	巴中，Bazhong	6/19	306	106.75°E,31.75°N				南行
44	D21044	垫江，Dianjiang	6/21	308	107.51°E,30.42°N				源地生消

2021年西南低涡纪要表（续-4）

序号	编号	中英文名称	起止日期(月/日)	中心最小位势高度/位势什米	发现点经纬度	移出涡源的地点	移出涡源的时间(月/日^{时})	移出涡源中心位势高度/位势什米	路径趋向
45	D21045	铜梁, Tongliang	6/22	310	106.11°E,29.83°N				西北行
46	D21046	木里, Muli	6/24	306	100.78°E,29.29°N				西南行
47	D21047	梓潼, Zitong	6/26	307	105.25°E,31.83°N				东行
48	D21048	潼南, Tongnan	6/27～7/3	306	105.92°E,30.25°N				东南行转西北行再转东南行又转西北行再转东行转南行转西南行
49	D21049	盐亭, Yanting	7/4～7/5	309	105.56°E,31.14°N				东北行
50	D21050	南部, Nanbu	7/6	310	106.06°E,31.31°N				源地生消
51	D21051	北川, Beichuan	7/10～7/13	301	104.20°E,31.75°N	留坝	$7/10^{20}$	307	东北行移出源地后继续东北行转西北行转东北行再转东行
52	D21052	盐亭, Yanting	7/15～7/18	310	105.28°E,31.38°N				东南行转西南行
53	D21053	高坪, Gaoping	7/20	310	106.13°E,30.83°N				源地生消
54	D21054	宁南, Ningnan	7/31	310	102.67°E,27.22°N				源地生消

2021年西南低涡纪要表（续-5）

序号	编号	中英文名称	起止日期(月/日)	中心最小位势高度/位势什米	发现点经纬度	移出涡源的地点	移出涡源的时间(月/日时)	移出涡源中心位势高度/位势什米	路径趋向
55	D21055	九龙, Jiulong	8/5	309	101.34°E,29.38°N				源地生消
56	D21056	旺苍, Wangcang	8/6～8/7	308	106.20°E,32.30°N	宁陕	8/7[08]	308	东北行移出源地
57	D21057	绵阳, Mianyang	8/7～8/8	309	105.18°E,31.87°N				东南行转东北行
58	D21058	丰都, Fengdu	8/10～8/11	310	107.71°E,29.97°N				西北行转东北行
59	D21059	南部, Nanbu	8/12～8/13	308	106.00°E,31.35°N				东北行转东南行
60	D21060	蓬溪, Pengxi	8/14	309	105.79°E,30.70°N				源地生消
61	D21061	石棉, Shimian	8/17	310	102.32°E,29.24°N				源地生消
62	D21062	冕宁, Mianning	8/18	311	102.42°E,28.74°N				源地生消
63	D21063	宝兴, Baoxing	8/22～8/23	307	102.80°E,30.38°N	西充	8/22[20]	308	东北行移出源地后东行
64	D21064	务川, Wuchuan	8/24	310	108.17°E,28.73°N				源地生消
65	D21065	蓬安, Peng'an	8/26	309	106.33°E,30.94°N				东行

2021年西南低涡纪要表（续-6）

序号	编号	中英文名称	起止日期(月/日)	中心最小位势高度/位势什米	发现点经纬度	移出涡源的地点	移出涡源的时间(月/日^{时})	移出涡源中心位势高度/位势什米	路径趋向
66	D21066	旺苍, Wangcang	8/29	310	106.28°E,32.31°N				源地生消
67	D21067	九龙, Jiulong	8/30 ~ 8/31	307	101.62°E,29.56°N				西北行转西南行
68	D21068	巴中, Bazhong	9/4 ~ 9/5	311	105.86°E,31.15°N				北行
69	D21069	大足, Dazu	9/12	310	105.82°E,29.77°N				源地生消
70	D21070	射洪, Shehong	9/16	312	105.36°E,30.86°N				东北行
71	D21071	九龙, Jiulong	9/17 ~ 9/22	293	101.76°E,29.14°N	凤县	$9/18^{08}$	310	东北行移出源地后继续东北行
72	D21072	九龙, Jiulong	9/24	310	102.02°E,29.08°N				源地生消
73	D21073	万源, Wanyuan	9/28	311	108.01°E,32.10°N				源地生消
74	D21074	松潘, Songpan	10/3 ~ 10/4	309	103.86°E,32.89°N	华池	$10/4^{08}$	311	东北行移出源地
75	D21075	峨边, Ebian	10/6	310	103.17°E,29.29°N				源地生消
76	D21076	南部, Nanbu	10/7	312	105.98°E,31.33°N				源地生消

2021年西南低涡纪要表（续-7）

序号	编号	中英文名称	起止日期（月/日）	中心最小位势高度/位势什米	发现点经纬度	移出涡源的地点	移出涡源的时间（月/日^时^）	移出涡源中心位势高度/位势什米	路径趋向
77	D21077	苍溪，Cangxi	10/18	311	106.32°E,31.90°N				西南行
78	D21078	茂县，Maoxian	10/25～10/26	310	103.90°E,32.20°N	开江	$10/26^{08}$	311	东南行移出源地
79	D21079	岳池，Yuechi	10/31	313	106.17°E,30.53°N				东南行
80	D21080	仪陇，Yilong	11/6	306	106.34°E,31.93°N				东行
81	D21081	九龙，Jiulong	11/11	307	101.86°E,28.49°N				源地生消
82	D21082	盐源，Yanyuan	11/12	308	101.56°E,27.57°N				东行
83	D21083	九龙，Jiulong	11/14～11/15	306	101.63°E,29.28°N				东南行
84	D21084	乐至，Lezhi	11/15～11/17	307	105.03°E,30.52°N	谷城	$11/17^{08}$	311	东北行转东南行转东北行移出源地
85	D21085	纳溪，Naxi	11/19	305	105.36°E,28.89°N				源地生消
86	D21086	九龙，Jiulong	11/20	301	102.45°E,29.06°N				源地生消
87	D21087	纳溪，Naxi	11/24	312	105.58°E,28.97°N				源地生消

2021年西南低涡纪要表（续-8）

序号	编号	中英文名称	起止日期(月/日)	中心最小位势高度/位势什米	发现点经纬度	移出涡源的地点	移出涡源的时间(月/日时)	移出涡源中心位势高度/位势什米	路径趋向
88	D21088	冕宁, Mianning	12/3	310	101.58°E,28.69°N				源地生消
89	D21089	剑阁, Jiange	12/6	312	105.52°E,32.09°N				源地生消
90	D21090	仪陇, Yilong	12/11	311	106.60°E,31.34°N				源地生消
91	D21091	通江, Tongjiang	12/16	307	107.12°E,32.19°N				源地生消
92	D21092	剑阁, Jiange	12/17～12/18	309	105.45°E,32.19°N				东南行
93	D21093	营山, Yingshan	12/26	310	106.59°E,31.22°N				源地生消
94	D21094	西充, Xichong	12/30～12/31	308	105.84°E,31.09°N				西北行

2021年西南低涡对我国降水影响简表

序号	编号	简述活动的情况	西南低涡对我国降水的影响		
			时间（月/日）	概况	极值
1	D21001	盆地低涡西南行转东北行	1/2～1/4	降水区域有四川省盆地地区东北、西、南部，甘肃南部，陕西南部个别地区，重庆东北、中、西部，贵州北部和云南东北部地区，降水日数为1天	四川叙永 1.9mm（1天）
2	D21002	盆地低涡东行	1/5～1/6	降水区域有四川省盆地地区东、北、西、南部，重庆东北、中、西部和陕西西南部个别地区，降水日数为1～2天	四川夹江 6.5mm（2天）
3	D21003	九龙低涡东行	1/10～1/11	降水区域有攀西地区东、南部，四川省盆地地区西、南部，重庆西南部，贵州西、中、北部和云南东部地区，降水日数为1～2天	云南威信 11.4mm（2天）
4	D21004	盆地低涡北行	1/13～1/14	降水区域有四川省盆地地区南部和贵州北部地区，降水日数为1天	四川高县 1.0mm（1天）
5	D21005	小金低涡东北行移出源地后转东南行	1/19～1/21	降水区域有四川省盆地地区北部个别地区，甘肃、陕西南部个别地区和重庆西、中、东北部地区，降水日数为1天	甘肃卓尼 1.1mm（1天）
6	D21006	九龙低涡源地生消	1/20～1/21	降水区域有西藏东部、云南北部和贵州西北部地区，降水日数为1天	云南福贡 2.5mm（1天）
7	D21007	九龙低涡源地生消	1/24	降水区域有四川省盆地地区西部和云南东北部地区，降水日数为1天	云南盐津 1.5mm（1天）
8	D21008	盆地低涡源地生消	1/27	降水区域有川西高原东部，四川省盆地地区西、东部和重庆西、中、东北部地区，降水日数为1天	四川都江堰 3.1mm（1天）
9	D21009	盆地低涡源地生消	1/30	降水区域有川西高原东部和四川省盆地地区西、中部地区，降水日数为1天	四川天全 5.4mm（1天）
10	D21010	盆地低涡源地生消	1/31	降水区域有川西高原、攀西地区东部，四川省盆地地区东、南部和重庆西、中、东北部地区，降水日数为1天	四川宝兴 1.6mm（1天）
11	D21011	盆地低涡东南行转东北行	2/6～2/8	降水区域有四川省盆地地区西南部个别地区，重庆西、中、东北部和湖北西南部地区，降水日数为1～3天	湖北宣恩 0.3mm（1天）

2021年西南低涡对我国降水影响简表（续-1）

序号	编号	简述活动的情况	西南低涡对我国降水的影响		
			时间（月/日）	概况	极值
12	D21012	小金低涡东南行	2/14～2/15	降水区域有川西高原、攀西地区东部，四川省盆地地区大部，陕西南部，重庆，湖北西部和云南、贵州东北部地区，降水日数为1～2天	重庆酉阳 32.7mm（1天）
13	D21013	九龙低涡南行	2/17～2/18	降水区域有西藏东部个别地区，云南北、东部，攀西地区东部，四川省盆地地区西部，贵州西部和广西西北部个别地区，降水日数为1～2天	西藏察禹 3.0mm（2天）
14	D21014	盆地低涡东行	2/25～2/26	降水区域有川西高原东部，四川省盆地地区西、中、东、北部，甘肃、陕西南部，重庆西、中、东北部和湖北西部地区，降水日数为1～2天	四川武胜 42.4mm（2天）
15	D21015	小金低涡东南行移出源地	2/27～2/28	降水区域有四川省盆地地区大部，甘肃、宁夏南部，陕西西南部，重庆西、中部，云南东北部，贵州北部个别地区，降水日数为1～2天	陕西宁强 5.5mm（2天）
16	D21016	九龙低涡源地生消	3/8～3/9	降水区域有四川省盆地地区西、南部，重庆西部，云南东北部和贵州北部个别地区，降水日数为1～2天	四川筠连 4.7mm（2天）
17	D21017	盆地低涡源地生消	3/19	降水区域有四川省盆地地区西、北、南部，甘肃南部，陕西西南部和云南东北部地区，降水日数为1天	四川雅安 10.6mm（1天）
18	D21018	盆地低涡源地生消	3/21	降水区域有攀西地区东部，四川省盆地地区西、南、中、东部，重庆西、中部，云南东北部和贵州北部地区，降水日数为1天	重庆永川 20.5mm（1天）
19	D21019	盆地低涡源地生消	3/22	降水区域有攀西地区东部，四川省盆地地区东、南部、重庆西、中、东北部，贵州西、北、东北部和云南东北部地区，降水日数为1天	四川南溪 5.4mm（1天）
20	D21020	盆地低涡源地生消	3/29～3/30	降水区域有四川省盆地地区东部，重庆中、东北部，湖北西南部，贵州东北部和湖南西北部个别地区，降水日数为1～2天	重庆万州 15.2mm（1天）
21	D21021	小金低涡东北行移出源地后转西南行	3/31～4/2	降水区域有川西高原东部，四川省盆地地区西、北、中、东部，陕西南部，重庆西、中、东北部和贵州东北部个别地区，降水日数为1～3天	重庆沙坪坝 48.2mm（2天）

2021年西南低涡对我国降水影响简表（续-2）

序号	编号	简述活动的情况	西南低涡对我国降水的影响		
			时间（月/日）	概况	极值
22	D21022	盆地低涡源地生消	4/3	降水区域有四川省盆地地区东部、重庆东北部和陕西南部地区，降水日数为1天	重庆梁平 12.0mm（1天）
23	D21023	盆地低涡东南行转东北行移出源地	4/6～4/8	降水区域有川西高原东部、四川省盆地地区、湖北大部，重庆，陕西、河南南部，湖南北部，安徽中、北、西、东部，贵州北部和江苏西部个别地区，降水日数为1～2天	湖北监利 45.4mm（1天）
24	D21024	盆地低涡东北行	4/12～4/14	降水区域有攀西地区东部，四川省盆地地区西、东、中、北部，陕西南部个别地区和重庆西、中、东北部地区，降水日数为1～2天	四川江油 27.5mm（2天）
25	D21025	九龙低涡源地生消	4/15～4/16	降水区域有川西高原东南部，攀西地区东部，四川省盆地地区西、南部，云南东北部和贵州西北部地区，降水日数为1～2天	四川叙永 20.3mm（2天）
26	D21026	盆地低涡东行转东北行移出源地	4/19～4/21	降水区域有川西高原东部，四川省盆地地区西、北、东部，甘肃、陕西南部，湖北西部和重庆西、东北部地区，降水日数为1～2天	湖北郧西 18.5mm（2天）
27	D21027	九龙低涡源地生消	4/25～4/26	降水区域有川西高原东部，四川省盆地地区西、南部，云南东北部和贵州西北部地区，降水日数为1～2天	四川叙永 9.5mm（2天）
28	D21028	小金低涡源地生消	5/2～5/3	降水区域有川西高原东、南部，攀西地区东部，四川省盆地地区西、中、南、东部和重庆西部地区，降水日数为1～2天	重庆渝北 93.6mm（1天）
29	D21029	九龙低涡源地生消	5/3～5/4	降水区域有川西高原南部、攀西地区东部和云南东北部地区，降水日数为1～2天	四川汉源 40.9mm（1天）
30	D21030	九龙低涡东北行移出源地	5/7～5/8	降水区域有攀西地区东部，四川省盆地地区西、南部，重庆西、南部，湖北、湖南西部，贵州大部和云南东北部个别地区，降水日数为1天	贵州紫云 27.0mm（1天）
31	D21031	九龙低涡源地生消	5/8	降水区域有川西高原南部、攀西地区大部和云南北部地区，降水日数为1天	四川稻城 15.8mm（1天）

2021年西南低涡对我国降水影响简表（续-3）

序号	编号	简述活动的情况	西南低涡对我国降水的影响		
			时间（月/日）	概况	极值
32	D21032	盆地低涡东北行转东行	5/10～5/11	降水区域有四川省盆地地区大部，陕西南部，湖北西部，重庆西、中、东北部和云南东北部地区，降水日数为1～2天	四川阆中 48.7mm（2天）
33	D21033	盆地低涡源地生消	5/15	降水区域有攀西地区东部，四川省盆地地区东、北、中、西部，陕西南部和重庆西、中、东北部地区，降水日数为1天	重庆云阳 104.7mm（1天）
34	D21034	九龙低涡源地生消	5/15～5/16	降水区域有西藏、川西高原、攀西地区东部，四川省盆地地区中、东、南、西部，重庆西、北部和贵州、云南北部地区，降水日数为1～2天	四川理县 23.6mm（2天）
35	D21035	九龙低涡东行	5/17～5/18	降水区域有西藏东部，川西高原西、东部，四川省盆地地区西部和云南西北部地区，降水日数为1～2天	四川汉源 13.8mm（1天）
36	D21036	盆地低涡源地生消	5/22～5/23	降水区域有川西高原、攀西地区东部，四川省盆地地区西、南、中部，陕西南部，云南东北部和重庆西、北部地区，降水日数为1～2天	四川茂县 24.4mm（1天）
37	D21037	盆地低涡西南行	5/24～5/25	降水区域有川西高原东部，四川省盆地地区北、西、东部，陕西南部，重庆西、中、北部和贵州东北部个别地区，降水日数为1～2天	四川高坪 20.4mm（1天）
38	D21038	盆地低涡源地生消	5/28	降水区域有川西高原东部，四川省盆地地区西、中、东部，重庆西、中、东北部和湖北西南部地区，降雨日数为1天	四川理县 7.8mm（1天）
39	D21039	九龙低涡源地生消	5/30～5/31	降水区域有西藏东部，川西高原西、南部，攀西地区南部，贵州西北个别地区和云南东、北部地区，降水日数为1～2天	四川理塘 15.7mm（2天）
40	D21040	九龙低涡南行转东北行	5/31～6/2	降水区域有西藏东部，川西高原西、中、东部，攀西地区西、东、南部，四川省盆地地区西、中、南部，重庆西部和云南、贵州北部地区，降水日数为1～3天	四川康定 27.5mm（3天）
41	D21041	九龙低涡东北行移出源地	6/2～6/3	降水区域有川西高原、攀西地区东部，四川省盆地地区大部，陕西南部个别地区，贵州北部，重庆西、北部和云南东北部个别地区，降水日数为1～2天	四川宣汉 33.7mm（1天）

2021年西南低涡对我国降水影响简表（续-4）

序号	编号	简述活动的情况	西南低涡对我国降水的影响		
			时间（月/日）	概况	极值
42	D21042	盆地低涡源地生消	6/17	降水区域有攀西地区东部，四川省盆地地区东、北、中、西部，甘肃、陕西南部和重庆西部地区，降水日数为1天	四川苍溪 206.1mm（1天）
43	D21043	盆地低涡南行	6/19～6/20	降水区域有四川省盆地地区西、东部，陕西南部和重庆西、北部地区，降水日数为1～2天	重庆天城 11.6mm（2天）
44	D21044	盆地低涡源地生消	6/21	降水区域有川西高原、攀西地区东部，四川省盆地地区西、南部，重庆、湖北、湖南西部和云南、贵州东北部地区，降水日数为1天	四川西昌 6.2mm（1天）
45	D21045	盆地低涡西北行	6/22～6/23	降水区域有四川省盆地地区北部，贵州东北部个别地区和重庆西、东北部地区，降水日数为1～2天	贵州桐梓 0.4mm（1天）
46	D21046	九龙低涡西南行	6/24～6/25	降水区域有西藏东部，川西高原西、中、南、东部，攀西地区大部，四川省盆地地区西、中、东、南部，重庆西部，云南北部和贵州北部个别地区，降水日数为1～2天	四川资中 70.1mm（2天）
47	D21047	盆地低涡东行	6/26～6/27	降水区域有四川省盆地地区东、中、南部，甘肃、陕西南部，重庆西、北部和贵州北部个别地区，降水日数为1～2天	四川邻水 179.1mm（2天）
48	D21048	盆地低涡东南行转西北行再转东南行又转西北行再转东行转南行转西南行	6/27～7/4	降水区域有四川省盆地地区大部，陕西南部，湖北、湖南西部，重庆，贵州，广西北部和云南东北部地区，降水日数为1～8天。其中湖北、湖南、贵州、重庆和四川有成片降水量大于50mm的区域，存在两个降水中心，分别位于四川屏山和贵州思南，降水量分别为147.0mm和239.4mm	贵州思南 239.4mm（5天）
49	D21049	盆地低涡东北行	7/4～7/5	降水区域有四川省盆地地区北、东、中部，陕西南部，重庆西、北、中部和湖北西部个别地区，降水日数为1～2天	重庆城口 38.6mm（1天）
50	D21050	盆地低涡源地生消	7/6	降水区域有四川省盆地地区大部，甘肃、陕西南部，重庆西、北部和贵州北部个别地区，降水日数为1天	四川巴中 93.0mm（1天）

2021年西南低涡对我国降水影响简表（续-5）

序号	编号	简述活动的情况	西南低涡对我国降水的影响		
			时间（月/日）	概况	极值
51	D21051	盆地低涡东北行移出源地后继续东北行转西北行转东北行再转东行	7/10～7/14	降水区域有川西高原东部，四川省盆地地区西、中、北、东部，甘肃、宁夏南部，陕西、辽宁、山东大部，重庆西、北部，湖北、吉林西部，河南西、北部，山西，河北，北京，天津和内蒙古中、南部地区，降水日数为1～3天。其中四川、陕西、山西、河南、河北、北京、天津、辽宁和山东有成片降水量大于50mm的区域，存在两个降水中心，分别位于陕西镇巴和北京密云，降水量分别为243.8mm和223.0mm	陕西镇巴 243.8mm（2天）
52	D21052	盆地低涡东南行转西南行	7/15～7/18	降水区域有川西高原、攀西地区东部，甘肃、陕西南部，四川省盆地地区、重庆大部，湖南、湖北西部，贵州，云南东部和广西西北部地区，降水日数为1～3天。其中四川、重庆、陕西和贵州有成片降水量大于50mm的区域，存在两个降水中心，分别位于贵州织金和四川射洪，降水量分别为136.4mm和197.6mm	四川射洪 197.6mm（3天）
53	D21053	盆地低涡源地生消	7/20	降水区域有川西高原东部，四川省盆地地区西、东、北、中部和重庆西、北部地区，降水日数为1天	四川都江堰 45.0mm（1天）
54	D21054	九龙低涡源地生消	7/31	降水区域有西藏东部、川西高原西部，攀西地区大部，云南北部，贵州西部和西藏东南部个别地区，降水日数为1天	四川会理 166.5mm（1天）
55	D21055	九龙低涡源地生消	8/5	降水区域有川西高原东部、四川省盆地地区西部地区，降水日数为1天	四川宝兴 129.5mm(1天)
56	D21056	盆地低涡东北行移出源地	8/6～8/7	降水区域有四川省盆地地区北部，甘肃、陕西南部，湖北西北部和重庆东北部个别地区，降水日数为1～2天	四川通江 37.4mm（1天）
57	D21057	盆地低涡东南行转东北行	8/7～8/9	降水区域有川西高原东部，四川省盆地地区西、北、中、东部，甘肃、陕西南部，湖北西部，湖南西北部，贵州东北部和重庆地区，降水日数为1～3天。其中四川、重庆、陕西和贵州有成片降水量大于50mm的区域，存在两个降水中心，分别位于四川渠县和四川蓬溪，降水量分别为340.1mm和131.0mm	四川渠县 340.1mm（3天）
58	D21058	盆地低涡西北行转东北行	8/10～8/12	降水区域有川西高原东部，四川省盆地地区西、南、中、东、北部，陕西南部，湖北西部，贵州北部和湖南西部个别地区，降水日数为1～2天	四川峨眉 97.8mm（1天）

2021年西南低涡对我国降水影响简表（续-6）

序号	编号	简述活动的情况	西南低涡对我国降水的影响		
			时间（月/日）	概况	极值
59	D21059	盆地低涡东北行转东南行	8/12～8/14	降水区域有川西高原东部，四川省盆地地区大部，甘肃、陕西南部，湖北西部，贵州东北部个别地区和重庆西、中、东部地区，降水日数为1～3天	重庆北碚 82.5mm（2天）
60	D21060	盆地低涡源地生消	8/14	降水区域有四川省盆地地区东部个别地区和重庆西、北、东北部地区，降水日数为1天	重庆璧山 11.2mm（1天）
61	D21061	九龙低涡源地生消	8/17	降水区域有川西高原、攀西地区东部，四川省盆地地区西、中、南部，云南东北部个别地区和重庆西部地区，降水日数为1天	四川宜宾 102.3mm（1天）
62	D21062	九龙低涡源地生消	8/18～8/19	降水区域有攀西地区大部，四川省盆地地区西、中、北、南部，云南北部和重庆西部地区，降水日数为1～2天	四川雅安 118.0mm（2天）
63	D21063	九龙低涡东北行移出源地后东行	8/22～8/23	降水区域有攀西地区东、西部，四川省盆地地区大部，陕西南部，湖北、湖南西部，重庆和云南、贵州北部地区，降水日数为1～2天。其中四川和重庆有成片降水量大于50mm的区域，四川阆中为降水中心，降水量为177.9m	四川阆中 177.9mm（2天）
64	D21064	盆地低涡源地生消	8/24	降水区域有四川省盆地地区南部，湖北、湖南西部，云南东北部个别地区和重庆、贵州大部地区，降水日数为1天。其中湖南有成片降水量大于50mm的区域，湖南古丈为降水中心，降水量为262.3m	湖南古丈 262.3m（1天）
65	D21065	盆地低涡东行	8/26～8/27	降水区域有四川省盆地地区，重庆大部，贵州、云南东北部和陕西南部个别地区，降雨日数为1～2天。其中四川和重庆有成片降水量大于50mm的区域，存在两个降水中心，分别位于重庆合川和重庆云阳，降水量分别为101.9mm和121.8mm	重庆云阳 121.8mm（2天）
66	D21066	盆地低涡源地生消	8/29	降水区域有攀西地区东部，四川省盆地地区大部，陕西南部，重庆西、中、北部，湖北西部和云南、贵州东北部，降水日数为1天。其中四川、陕西和重庆有成片降水量大于50mm的区域，重庆开州为降水中心，降水量为126.0m	重庆开州 126.0mm（1天）
67	D21067	九龙低涡西北行转西南行	8/30～9/1	降水区域有西藏东部，川西高原东、南、中、北部，攀西地区西、东部，四川省盆地地区西、南部和云南北部地区，降水日数为1～3天	四川木里 39.4mm（1天）

2021年西南低涡对我国降水影响简表（续-7）

序号	编号	简述活动的情况	西南低涡对我国降水的影响		
			时间（月/日）	概况	极值
68	D21068	盆地低涡北行	9/4～9/5	降水区域有川西高原、攀西地区东部，四川省盆地地区，甘肃、陕西南部，湖北西北部，重庆西、北、东北部和云南东北部地区，降水日数为1～2天。其中四川、陕西和重庆有成片降水量大于50mm的区域，存在两个降水中心，分别位于四川武胜和陕西镇巴，降水量分别为121.8mm和171.7mm	陕西镇巴 171.7mm（1天）
69	D21069	盆地低涡源地生消	9/12	降水区域有四川省盆地地区西、北、东、南部，重庆西、中、北、东部，湖北西南部，云南东北部，贵州北部和湖南西北部个别地区，降水日数为1天	贵州习水 128.1mm（1天）
70	D21070	盆地低涡东北行	9/16～9/17	降水区域有川西高原、攀西地区东部，陕西南部，湖北西部，重庆西、中、北、东北部和云南、贵州东北部地区，降水日数为1～2天。其中四川和重庆有成片降水量大于50mm的区域，四川三台为降水中心，降水量为267.4mm	四川三台 267.4mm（2天）
71	D21071	九龙低涡东北行移出源地后继续东北行	9/17～9/22	降水区域有西藏东部个别地区，川西高原南部，攀西地区东部，四川省盆地地区大部，甘肃、宁夏、黑龙江南部，陕西西、中、东部，重庆西部，云南西北部，内蒙古南、东部，山西，河北，北京，天津，河南，山东，吉林，辽宁和江苏、安徽、湖北北部地区，降水日数为1～3天。其中陕西、山西、河南、河北、北京、天津、山东、内蒙古、吉林和辽宁有成片降水量大于50mm的区域，存在三个降水中心，分别位于四川九龙、山东泰安和辽宁绥中，降水量分别为50.7mm、189.2mm和194.2mm	辽宁绥中 194.2mm（2天）
72	D21072	九龙低涡源地生消	9/24～9/25	降水区域有西藏东部，攀西地区南部，四川省盆地地区西、南部和云南西北部地区，降水日数为1～2天	四川雅安 3.2mm（2天）
73	D21073	盆地低涡源地生消	9/28	降水区域有西藏东部，川西高原南部，攀西地区大部，四川省盆地地区西、南部和云南、贵州北部地区，降水日数为1天	云南会泽 11.6mm（1天）
74	D21074	小金低涡东北行移出源地	10/3～10/4	降水区域有川西高原东部，四川省盆地地区西、北部，青海东部，陕西西部，甘肃南部，宁夏大部和内蒙古西南部个别地区，降水日数为1～2天	甘肃清水 67.6mm（2天）
75	D21075	九龙低涡源地生消	10/6	降水区域有攀西地区东部，四川省盆地地区大部，陕西西南部，重庆西部和云南北部地区，降水日数为1天	陕西宁强 58.5mm（1天）

2021年西南低涡对我国降水影响简表（续-8）

序号	编号	简述活动的情况	西南低涡对我国降水的影响		
			时间（月/日）	概况	极值
76	D21076	盆地低涡源地生消	10/7	降水区域有川西高原东部，四川省盆地地区西、中、北、东部，重庆西、北、东北部，陕西南部个别地区和湖北西部个别地区，降水日数为1天。其中四川和重庆有成片降水量大于50mm的区域，四川大竹为降水中心，降水量为98.3mm	四川大竹 98.3mm（1天）
77	D21077	盆地低涡西南行	10/18～10/19	降水区域有川西高原、攀西地区东部，四川省盆地地区西、南、中、北部，甘肃、陕西南部和重庆西、北部地区，降水日数为1～2天	四川沐川 8.6mm（2天）
78	D21078	小金低涡东南行移出源地	10/25～10/26	降水区域有川西高原东部，四川省盆地地区大部，甘肃、陕西南部，贵州北部个别地区，湖北西部、云南东北部个别地区和重庆西、北、东北部地区，降水日数为1～2天	四川广安 21.2mm（1天）
79	D21079	盆地低涡东南行	10/31～11/1	降水区域有攀西地区东部，四川省盆地地区大部，陕西南部，湖北西部，重庆和云南、贵州东北部地区，降水日数为1～2天	四川都江堰 24.3mm（1天）
80	D21080	盆地低涡东行	11/6～11/7	降水区域有四川省盆地地区西、北、东部，陕西南部，河南西部，湖北西北部和重庆西、东北部地区，降水日数为1～2天	陕西平利 24.9mm（2天）
81	D21081	九龙低涡源地生消	11/11	降水区域有攀西地区东部个别地区，降水日数为1天	四川昭觉 0.1mm（1天）
82	D21082	九龙低涡东行	11/12～11/13	降水区域有攀西地区东部，云南东北、东部和贵州西部地区，降水日数为1～2天	云南师宗 3.5mm（1天）
83	D21083	九龙低涡东南行	11/14～11/15	降水区域有云南北部地区，降水日数为1天	云南福贡 0.1mm（1天）
84	D21084	盆地低涡东北行转东南行转东北行移出源地	11/15～11/17	降水区域有四川省盆地地区北、东部，陕西南部，湖北西、南部，河南北、南部，重庆西、中、北、东北部，湖南北部，贵州北部和安徽西北部个别地区，降水日数为1～2天	湖南冷水江 14.0 mm（1天）

2021年西南低涡对我国降水影响简表（续-9）

序号	编号	简述活动的情况	西南低涡对我国降水的影响		
			时间（月/日）	概况	极值
85	D21085	盆地低涡源地生消	11/19	降水区域有攀西地区东部个别地区，降水日数为1天	四川雷波 0.1mm（1天）
86	D21086	九龙低涡源地生消	11/20	降水区域有四川省盆地地区西、北、东部和云南东北部个别地区，降水日数为1天	云南盐津 1.7mm（1天）
87	D21087	盆地低涡源地生消	11/24	降水区域有攀西地区东部，重庆西部个别地区，贵州西北部和云南东北部地区，降水日数为1天	四川美姑 3.0mm（1天）
88	D21088	九龙低涡源地生消	12/3	降水区域有攀西地区东部，重庆西部，贵州西北部个别地区和云南东北部地区，降水日数为1天	云南鲁甸 1.7mm（1天）
89	D21089	盆地低涡源地生消	12/6	降水区域有四川省盆地地区东部个别地区和重庆北、东南部地区，降水日数为1天	重庆垫江 0.1mm（1天）
90	D21090	盆地低涡源地生消	12/11	降水区域有四川省盆地地区大部，陕西南部，湖北西部个别地区，云南东北部，贵州北部和重庆西、中、北部地区，降水日数为1天	重庆忠县 8.2mm（1天）
91	D21091	盆地低涡源地生消	12/16	降水区域有四川省盆地地区东部，重庆西、北、东、中部，贵州、湖南北部个别地区和湖北西南部地区，降水日数为1天	重庆万州 10.3mm（1天）
92	D21092	盆地低涡东南行	12/17～12/18	降水区域有四川省盆地地区西、东、北、南部，陕西南部个别地区，重庆西、北部和贵州北部个别地区，降水日数为1～2天	贵州赤水 15.2mm（1天）
93	D21093	盆地低涡源地生消	12/26	降水区域有四川省盆地地区北、东部，陕西南部，湖北西部和重庆西、北、东北部地区，降水日数为1天	四川安岳 15.2mm（1天）
94	D21094	盆地低涡西北行	12/30～12/31	降水区域有四川省盆地地区西、北、东部，贵州北部个别地区和重庆中、东北部地区，降水日数为1天	四川简阳 0.5mm（1天）

2021年西南低涡编号、名称、日期对照表

未移出源地的九龙低涡			移出源地的九龙低涡
③ D21003 宁蒗，Ninglang	㉞ D21034 冕宁，Mianning	㊲ D21067 九龙，Jiulong	㉚ D21030 米易，Miyi
1/10	5/15	8/30～8/31	5/7
⑥ D21006 九龙，Jiulong	㉟ D21035 木里，Muli	(72) D21072 九龙，Jiulong	㊶ D21041 越西，Yuexi
1/20	5/17	9/24	6/2～6/3
⑦ D21007 康定，Kangding	㊴ D21039 盐源，Yanyuan	(75) D21075 峨边，Ebian	(63) D21063 宝兴，Baoxing
1/24	5/30	10/6	8/22～8/23
⑬ D21013 木里，Muli	㊵ D21040 盐源，Yanyuan	(81) D21081 九龙，Jiulong	(71) D21071 九龙，Jiulong
2/17～2/18	5/31～6/1	11/11	9/17～9/22
⑯ D21016 木里，Muli	㊻ D21046 木里，Muli	(82) D21082 盐源，Yanyuan	
3/8	6/24	11/12	
㉕ D21025 木里，Muli	(54) D21054 宁南，Ningnan	(83) D21083 九龙，Jiulong	
4/15	7/31	11/14～11/15	
㉗ D21027 汉源，Hanyuan	(55) D21055 九龙，Jiulong	(86) D21086 九龙，Jiulong	
4/25	8/5	11/20	
㉙ D21029 米易，Miyi	(61) D21061 石棉，Shimian	(88) D21088 冕宁，Mianning	
5/3	8/17	12/3	
㉛ D21031 泸定，Luding	(62) D21062 冕宁，Mianning		
5/8	8/18		

2021年西南低涡编号、名称、日期对照表（续-1）

未移出源地的小金低涡	移出源地的小金低涡
⑫ D21012 黑水，Heishui	⑤ D21005 松潘，Songpan
2/14～2/15	1/19～1/20
㉘ D21028 松潘，Songpan	⑮ D21015 松潘，Songpan
5/2	2/27～2/28
	㉑ D21021 汶川，Wenchuan
	3/31～4/2
	⑦④ D21074 松潘，Songpan
	10/3～10/4
	⑦⑧ D21078 茂县，Maoxian
	10/25～10/26

2021年西南低涡编号、名称、日期对照表（续-2）

未移出源地的四川盆地低涡			移出源地的四川盆地低涡
① D21001 阆中，Langzhong	⑱ D21018 荣昌，Rongchang	㊳ D21038 安岳，Anyue	㉓ D21023 西充，Xichong
1/2～1/3	3/21	5/28	4/6～4/7
② D21002 西充，Xichong	⑲ D21019 西充，Xichong	㊷ D21042 梓潼，Zitong	㉖ D21026 北川，Beichuan
1/5	3/22	6/17	4/19～4/20
④ D21004 南溪，Nanxi	⑳ D21020 广安，Guang'an	㊸ D21043 巴中，Bazhong	㊿① D21051 北川，Beichuan
1/13	3/29	6/19	7/10～7/13
⑧ D21008 蓬溪，Pengxi	㉒ D21022 高坪，Gaoping	㊹ D21044 垫江，Dianjiang	(56) D21056 旺苍，Wangcang
1/27	4/3	6/21	8/6～8/7
⑨ D21009 遂宁，Suining	㉔ D21024 安岳，Anyue	㊺ D21045 铜梁，Tongliang	(84) D21084 乐至，Lezhi
1/30	4/12～4/13	6/22	11/15～11/17
⑩ D21010 阆中，Langzhong	㉜ D21032 内江，Neijiang	㊼ D21047 梓潼，Zitong	
1/31	5/10～5/11	6/26	
⑪ D21011 梓潼，Zitong	㉝ D21033 巴中，Bazhong	㊽ D21048 潼南，Tongnan	
2/6～2/7	5/15	6/27～7/3	
⑭ D21014 苍溪，Cangxi	㊱ D21036 西充，Xichong	㊾ D21049 盐亭，Yanting	
2/25	5/22	7/4～7/5	
⑰ D21017 江油，Jiangyou	㊲ D21037 蓬溪，Pengxi	㊿ D21050 南部，Nanbu	
3/19	5/24～5/25	7/6	

2021年西南低涡编号、名称、日期对照表（续-3）

未移出源地的四川盆地低涡		
(52) D21052 盐亭，Yanting	(68) D21068 巴中，Bazhong	(87) D21087 纳溪，Naxi
7/15～7/18	9/4～9/5	11/24
(53) D21053 高坪，Gaoping	(69) D21069 大足，Dazu	(89) D21089 剑阁，Jiange
7/20	9/12	12/6
(57) D21057 绵阳，Mianyang	(70) D21070 射洪，Shehong	(90) D21090 仪陇，Yilong
8/7～8/8	9/16	12/11
(58) D21058 丰都，Fengdu	(73) D21073 万源，Wanyuan	(91) D21091 通江，Tongjiang
8/10～8/11	9/28	12/16
(59) D21059 南部，Nanbu	(76) D21076 南部，Nanbu	(92) D21092 剑阁，Jiange
8/12～8/13	10/7	12/17～12/18
(60) D21060蓬溪，Pengxi	(77) D21077 苍溪，Cangxi	(93) D21093 营山，Yingshan
8/14	10/18	12/26
(64) D21064 务川，Wuchuan	(79) D21079 岳池，Yuechi	(94) D21094 西充，Xichong
8/24	10/31	12/30～12/31
(65) D21065 蓬安，Peng'an	(80) D21080 仪陇，Yilong	
8/26	11/6	
(66) D21066 旺苍，Wangcang	(85) D21085 纳溪，Naxi	
8/29	11/19	

西南低涡降水及移动路径资料

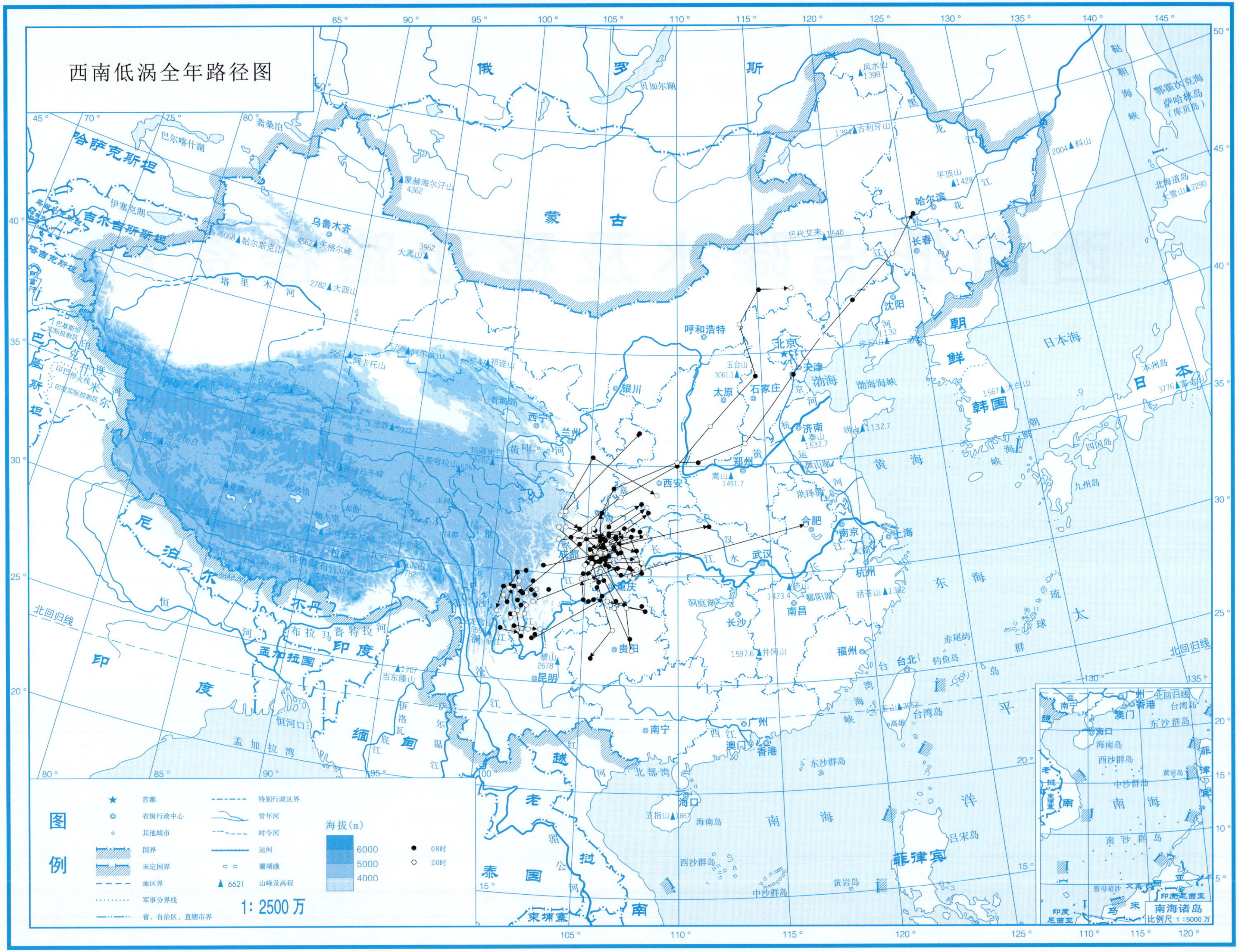

西南低涡全年路径图

图例

★	首都		特别行政区界
◎	省级行政中心		常年河
◦	其他城市		时令河
	国界		运河
	未定国界		珊瑚礁
	地区界	▲ 6621	山峰及高程
	军事分界线		
	省、自治区、直辖市界		

海拔(m)

6000

5000

4000

● 08时

○ 20时

1: 2500万

南海诸岛 比例尺 1:5000万

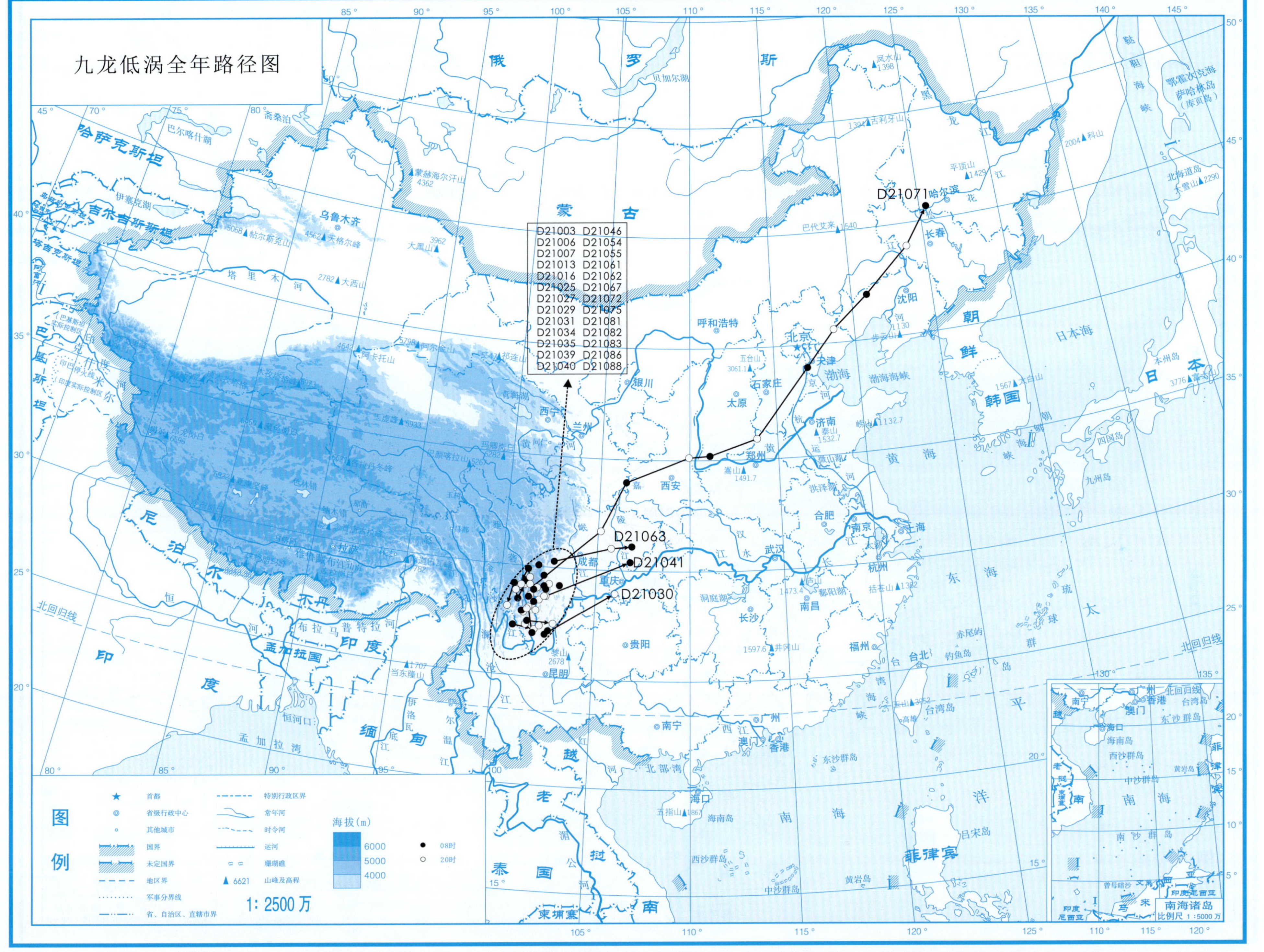

九龙低涡全年路径图
D21003 D21046
D21006 D21054
D21007 D21055
D21013 D21061
D21016 D21062
D21025 D21067
D21027 D21072
D21029 D21075
D21031 D21081
D21034 D21082
D21035 D21083
D21039 D21086
D21040 D21088
D21071
D21063
D21041
D21030
图例
首都
省级行政中心
其他城市
国界
未定国界
地区界
军事分界线
省、自治区、直辖市界
特别行政区界
常年河
时令河
运河
珊瑚礁
6621 山峰及高程
海拔(m)
6000
5000
4000
08时
20时
1: 2500万
南海诸岛
比例尺 1：5000万

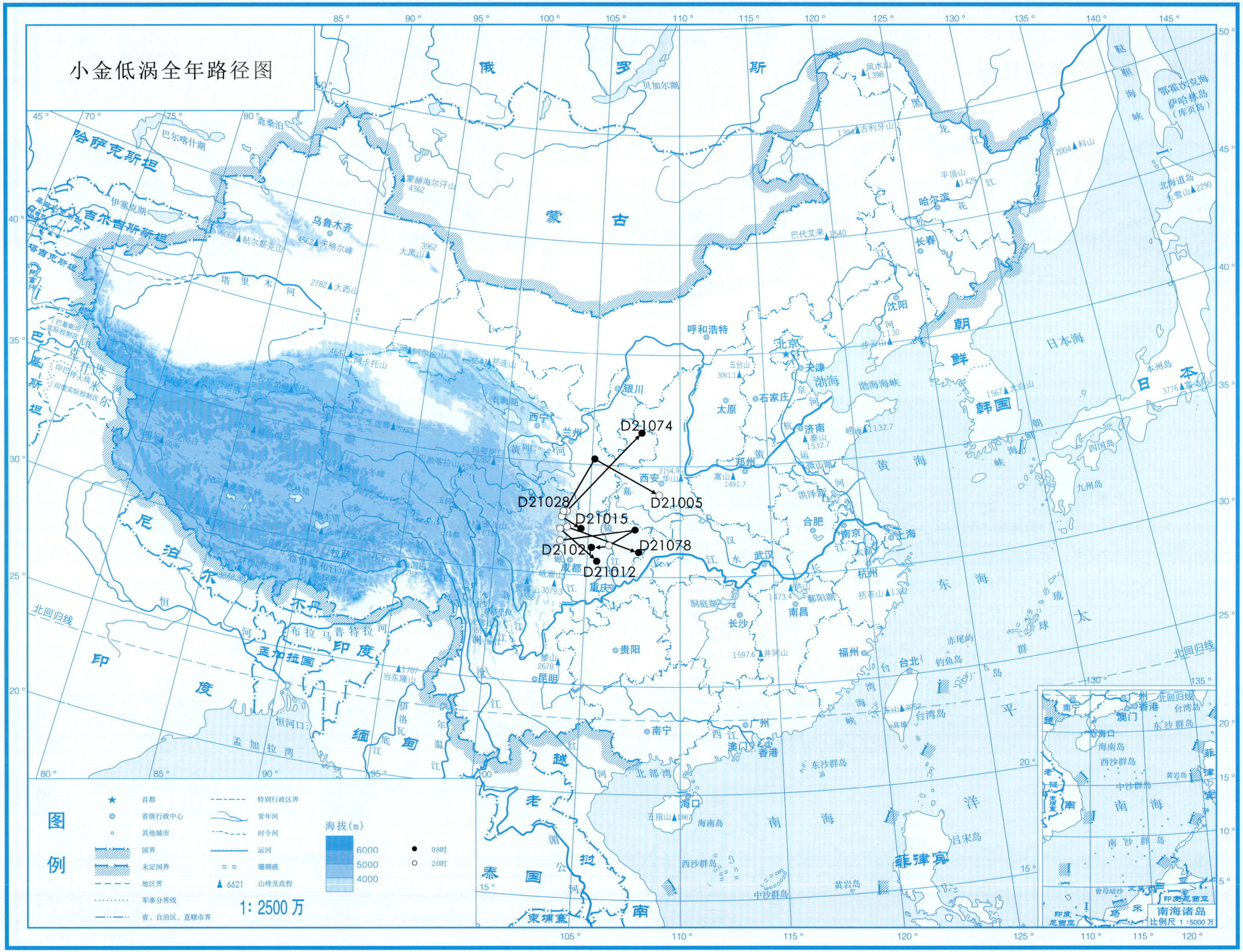

小金低涡全年路径图

D21074
D21005
D21028
D21015
D21078
D21021
D21012

图例

符号	含义	符号	含义
★	首都		特别行政区界
◎	省级行政中心		常年河
○	其他城市		时令河
	国界		运河
	未定国界		珊瑚礁
	地区界	▲ 6621	山峰及高程
	军事分界线		
	省、自治区、直辖市界		

海拔（m）
6000
5000
4000

● 08时
○ 20时

1：2500 万

南海诸岛
比例尺 1：5000 万

四川盆地低涡全年路径图

D21001	D21036	D21065
D21002	D21037	D21066
D21004	D21038	D21068
D21008	D21042	D21069
D21009	D21043	D21070
D21010	D21044	D21073
D21011	D21045	D21076
D21014	D21047	D21077
D21017	D21048	D21079
D21018	D21049	D21080
D21019	D21050	D21085
D21020	D21053	D21087
D21022	D21056	D21089
D21024	D21057	D21090
D21026	D21058	D21091
D21032	D21059	D21092
D21033	D21060	D21093
	D21064	D21094

D21051

D21084

D21023

D21052

图例

★ 首都

◎ 省级行政中心

○ 其他城市

国界

未定国界

地区界

军事分界线

省、自治区、直辖市界

特别行政区界

常年河

时令河

运河

珊瑚礁

▲ 6621 山峰及高程

海拔(m)

6000

5000

4000

● 08时

○ 20时

1: 2500万

南海诸岛

比例尺 1:5000万

总降水量及移动路径图

D21001Langzhong1月2～4日

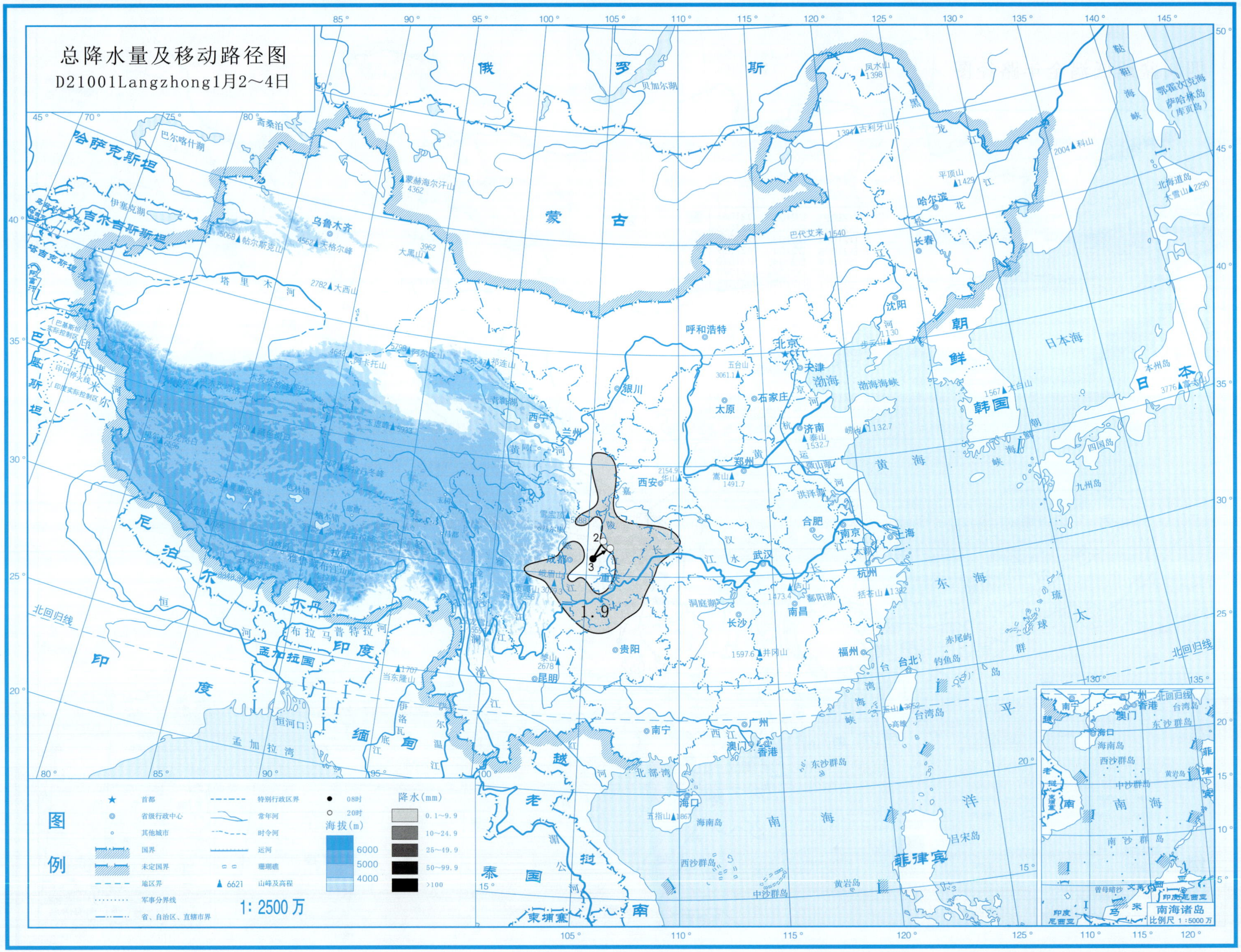

1.9

图例

★	首都
◎	省级行政中心
○	其他城市
	国界
	未定国界
	地区界
	军事分界线
	省、自治区、直辖市界
	特别行政区界
	常年河
	时令河
	运河
	珊瑚礁
▲ 6621	山峰及高程
●	08时
○	20时

海拔(m)：6000 5000 4000

降水(mm)：0.1～9.9；10～24.9；25～49.9；50～99.9；>100

1: 2500万

南海诸岛 比例尺 1:5000万

总降水日数图

1月2～4日

图例

★ 首都
◎ 省级行政中心
。 其他城市
国界
未定国界
地区界
军事分界线
省、自治区、直辖市界
特别行政区界
常年河
时令河
运河
珊瑚礁
▲6621 山峰及高程

海拔(m)
6000
5000
4000

降水日数
1天
2～3天
4天以上

1: 2500 万

南海诸岛
比例尺 1:5000 万

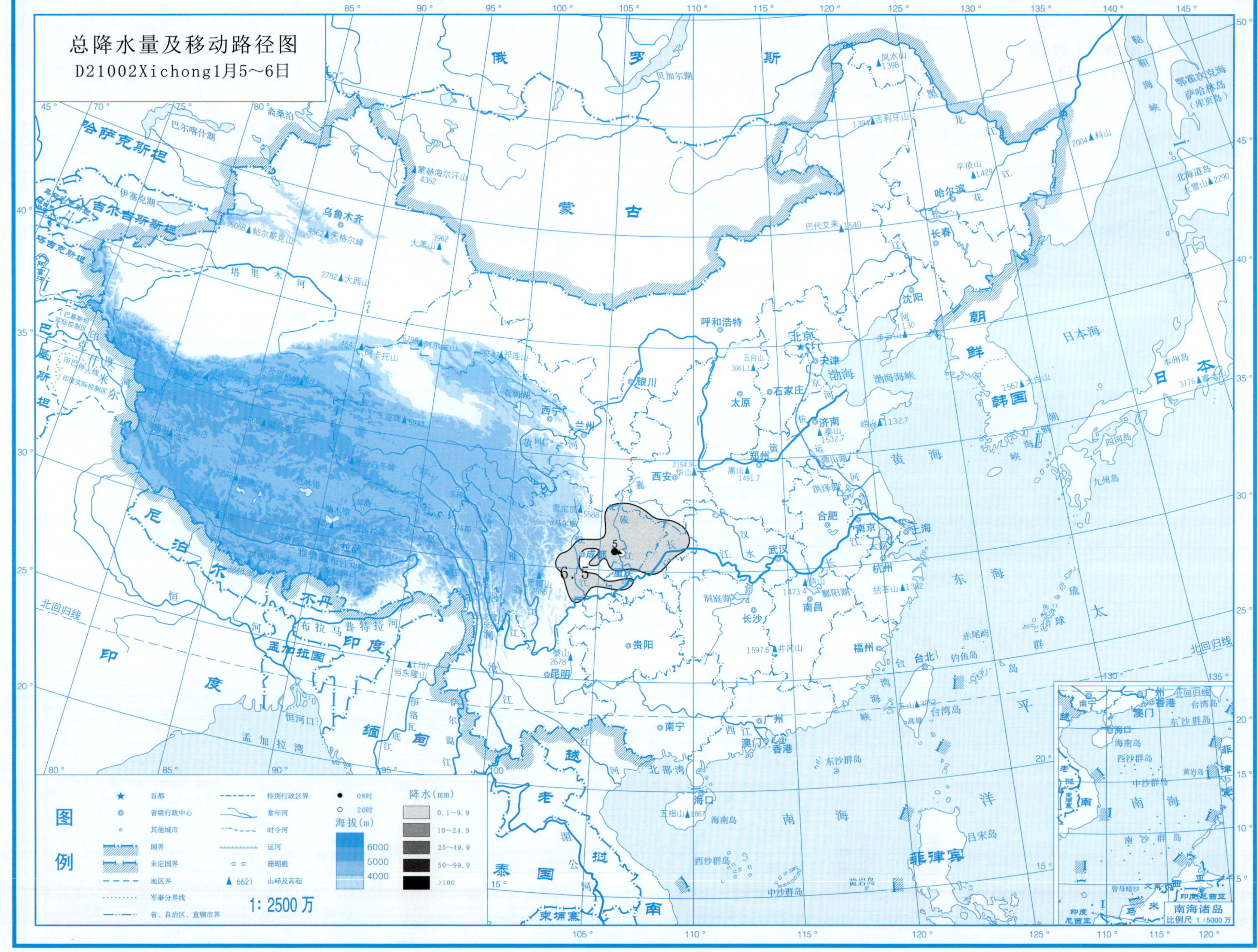
总降水量及移动路径图
D21002Xichong1月5～6日
图例
首都
省级行政中心
其他城市
国界
未定国界
地区界
军事分界线
省、自治区、直辖市界
特别行政区界
常年河
时令河
运河
珊瑚礁
6621 山峰及高程
08时
20时
海拔(m)
6000
5000
4000
降水(mm)
0.1～9.9
10～24.9
25～49.9
50～99.9
>100
1：2500万
南海诸岛
比例尺 1：5000万

总降水日数图

1月5～6日

图例

★ 首都
◎ 省级行政中心
○ 其他城市
国界
未定国界
地区界
军事分界线
省、自治区、直辖市界
特别行政区界
常年河
时令河
运河
珊瑚礁
▲ 6621 山峰及高程

海拔(m)
6000
5000
4000

降水日数
1天
2～3天
4天以上

1：2500万

南海诸岛
比例尺 1：5000万

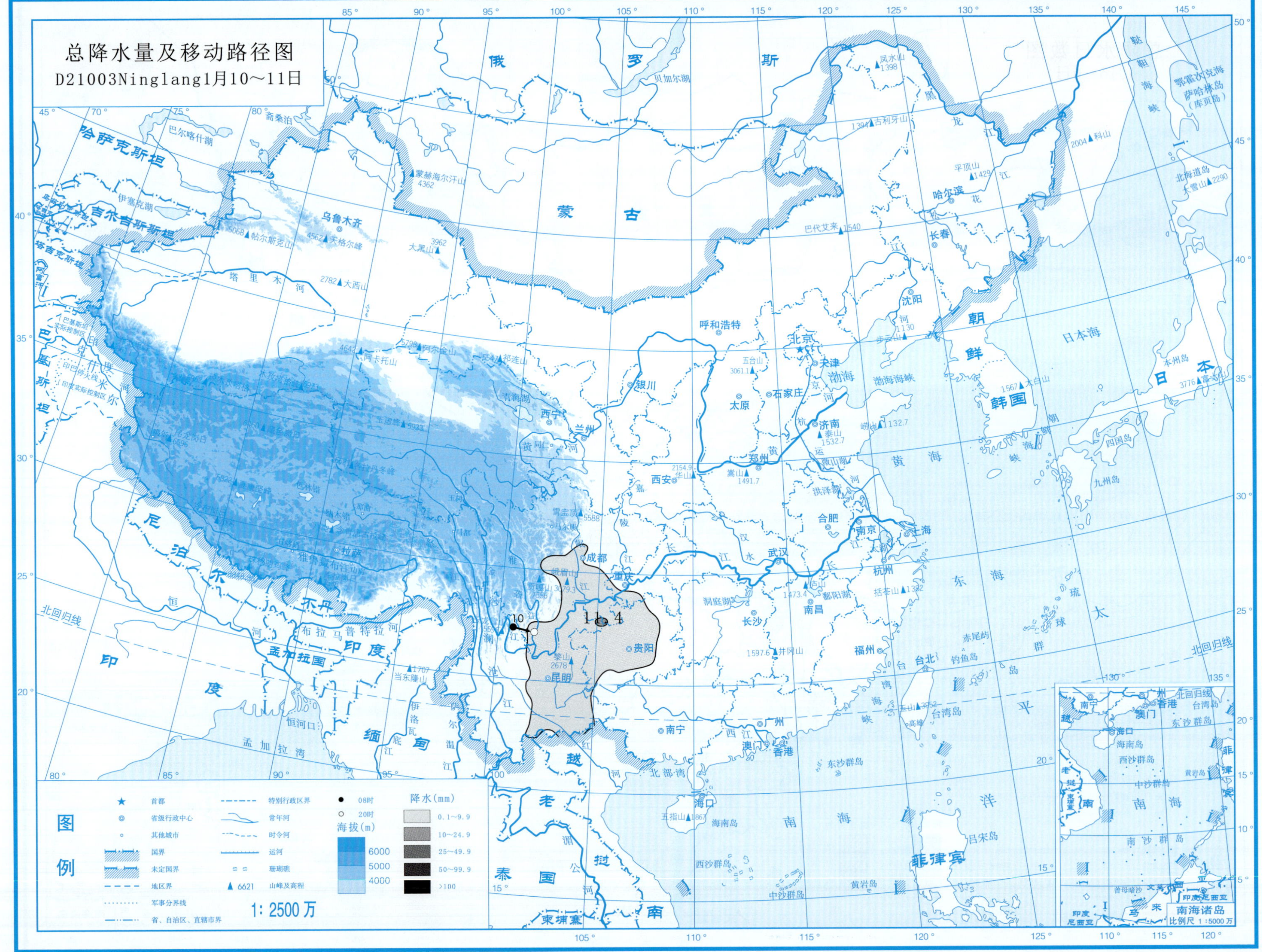
总降水量及移动路径图
D21003Ninglang1月10～11日
10
11
4
图例
降水(mm)
0.1～9.9
10～24.9
25～49.9
50～99.9
>100
海拔(m)
6000
5000
4000
1: 2500万

总降水日数图

1月10～11日

图例

符号	说明	符号	说明
★	首都		特别行政区界
◎	省级行政中心		常年河
∘	其他城市		时令河
	国界		运河
	未定国界		珊瑚礁
	地区界	▲ 6621	山峰及高程
	军事分界线		
	省、自治区、直辖市界		

海拔(m)

6000

5000

4000

降水日数

1天

2～3天

4天以上

1：2500万

南海诸岛

比例尺 1：5000万

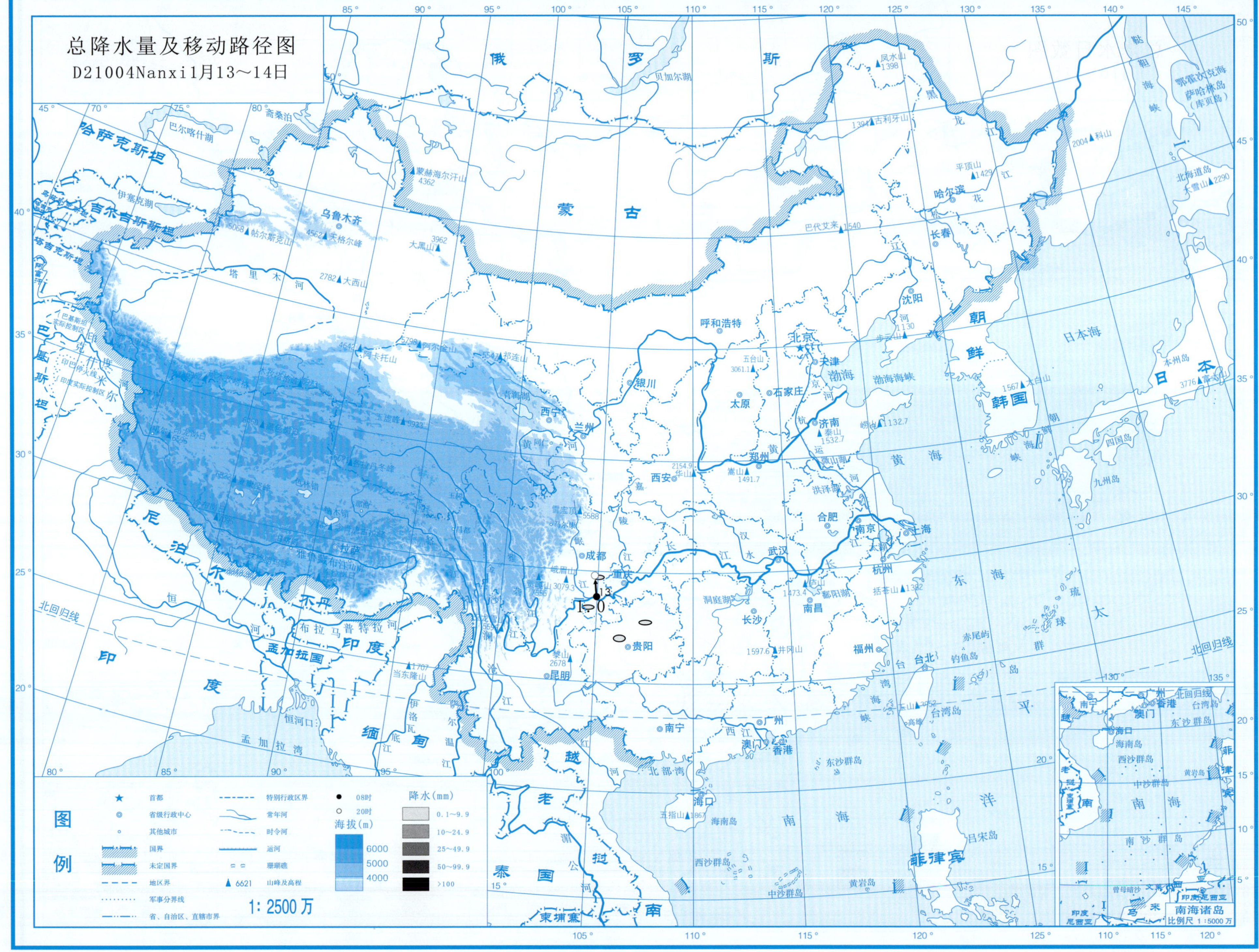
总降水量及移动路径图
D21004Nanxi1月13～14日
图例
首都
省级行政中心
其他城市
国界
未定国界
地区界
军事分界线
省、自治区、直辖市界
特别行政区界
常年河
时令河
运河
珊瑚礁
6621 山峰及高程
08时
20时
海拔(m)
6000
5000
4000
降水(mm)
0.1~9.9
10~24.9
25~49.9
50~99.9
>100
1:2500万
南海诸岛
比例尺 1:5000万

总降水日数图

1月13～14日

图例

- ★ 首都
- ◎ 省级行政中心
- ∘ 其他城市
- 国界
- 未定国界
- 地区界
- 军事分界线
- 省、自治区、直辖市界
- 特别行政区界
- 常年河
- 时令河
- 运河
- 珊瑚礁
- ▲6621 山峰及高程

海拔(m)
6000
5000
4000

降水日数
1天
2～3天
4天以上

1:2500万

南海诸岛
比例尺 1:5000万

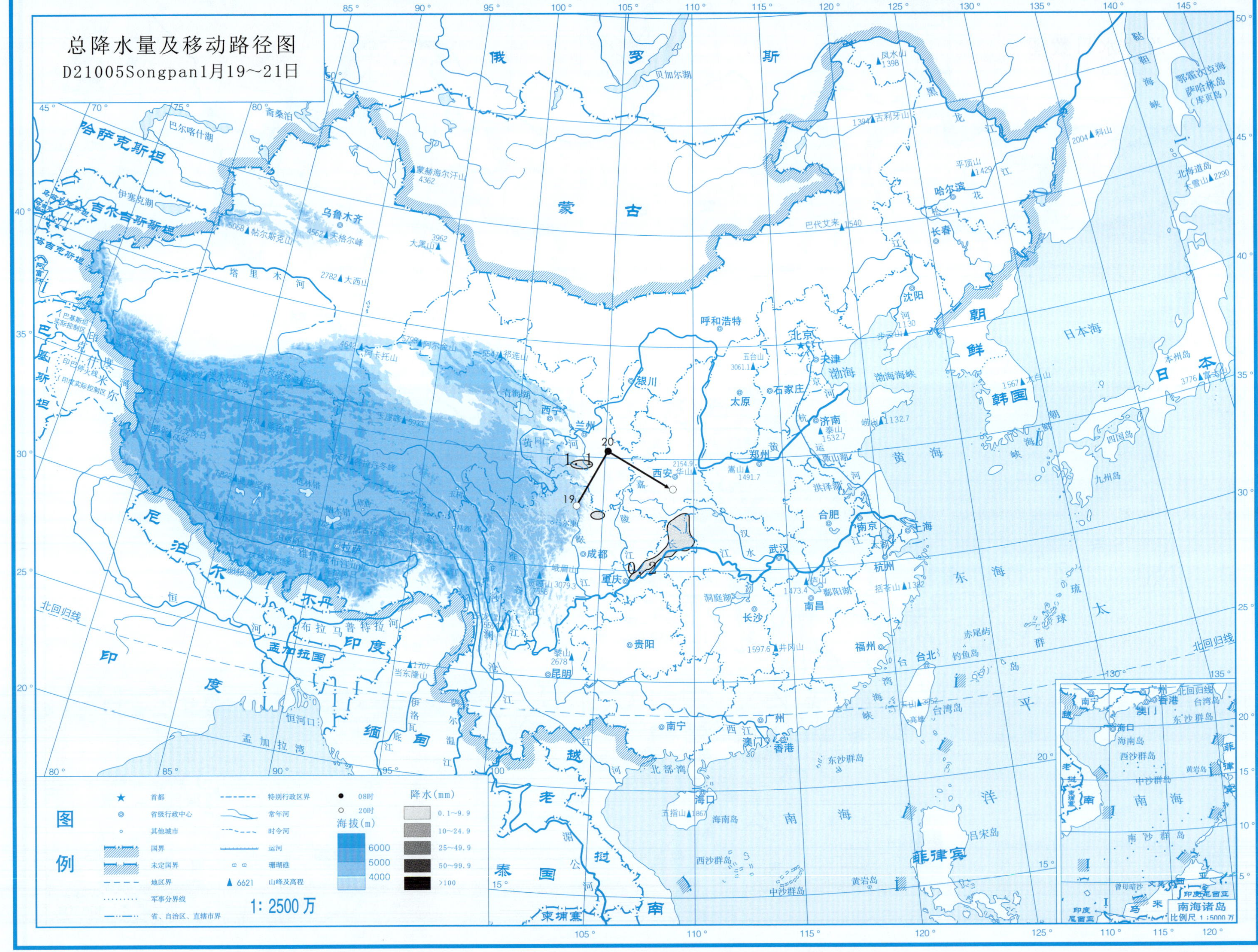

总降水量及移动路径图
D21005Songpan1月19～21日
图例
首都
省级行政中心
其他城市
国界
未定国界
地区界
军事分界线
省、自治区、直辖市界
特别行政区界
常年河
时令河
运河
珊瑚礁
6621 山峰及高程
08时
20时
海拔(m)
6000
5000
4000
降水(mm)
0.1～9.9
10～24.9
25～49.9
50～99.9
>100
1: 2500万
南海诸岛
比例尺 1:5000万

总降水日数图

1月19～21日

图例

- ★ 首都
- ◎ 省级行政中心
- ○ 其他城市
- 国界
- 未定国界
- 地区界
- 军事分界线
- 省、自治区、直辖市界
- 特别行政区界
- 常年河
- 时令河
- 运河
- 珊瑚礁
- ▲ 6621 山峰及高程

海拔(m)

- 6000
- 5000
- 4000

降水日数

- 1天
- 2～3天
- 4天以上

1: 2500 万

南海诸岛

比例尺 1:5000 万

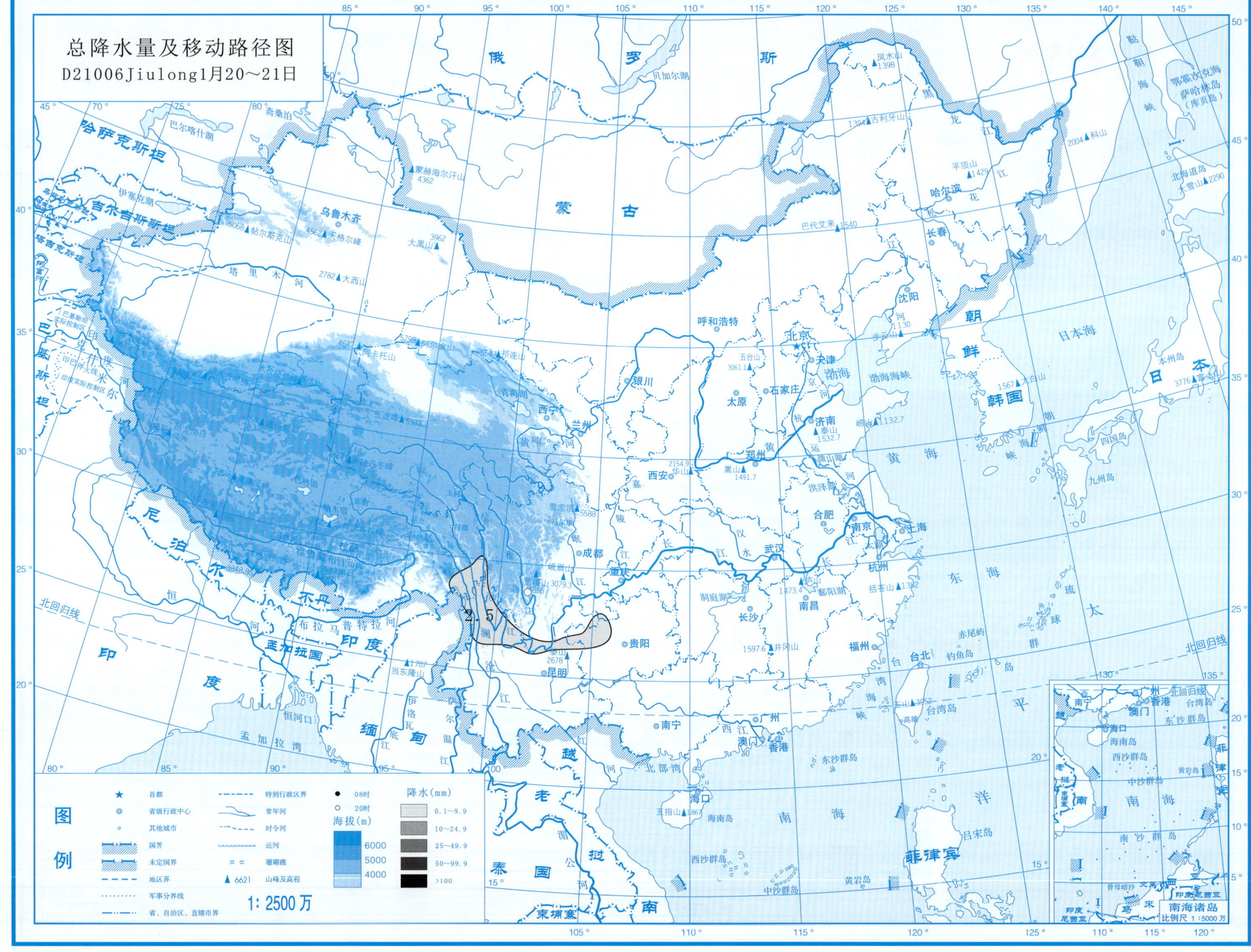

总降水量及移动路径图
D21006Jiulong1月20～21日
2.5
图例
首都
省级行政中心
其他城市
国界
未定国界
地区界
军事分界线
省、自治区、直辖市界
特别行政区界
常年河
时令河
运河
珊瑚礁
6621 山峰及高程
08时
20时
海拔(m)
6000
5000
4000
降水(mm)
0.1～9.9
10～24.9
25～49.9
50～99.9
>100
1: 2500万
南海诸岛
比例尺 1:5000万

总降水日数图

1月20～21日

图例

★ 首都
◎ 省级行政中心
○ 其他城市
国界
未定国界
地区界
军事分界线
省、自治区、直辖市界
特别行政区界
常年河
时令河
运河
珊瑚礁
▲ 6621 山峰及高程

海拔(m)
6000
5000
4000

降水日数
1天
2～3天
4天以上

1：2500万

南海诸岛
比例尺 1：5000 万

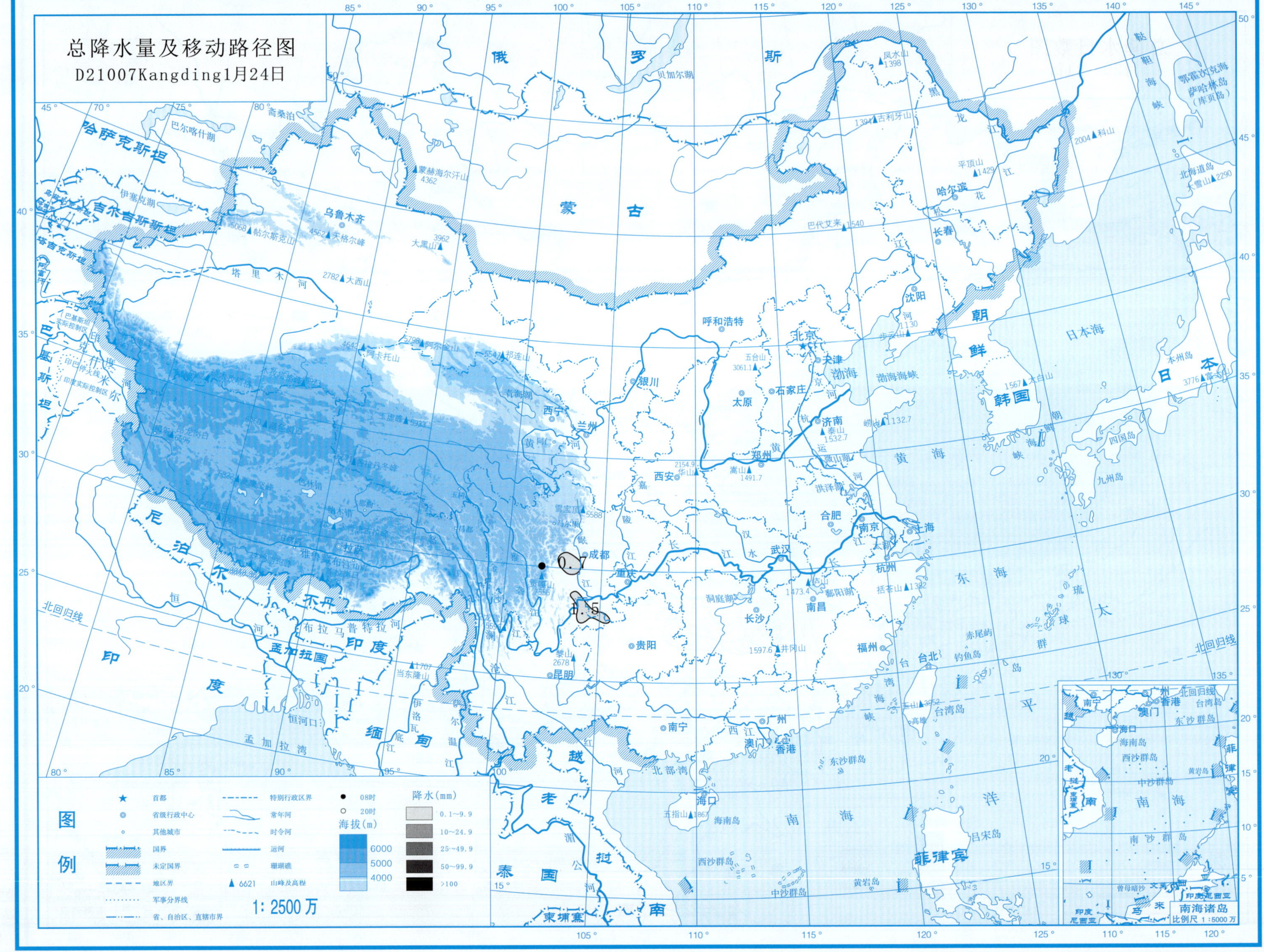
总降水量及移动路径图
D21007Kangding1月24日
0.7
1.5
成都
重庆
贵阳
昆明
图例
首都
省级行政中心
其他城市
国界
未定国界
地区界
军事分界线
省、自治区、直辖市界
特别行政区界
常年河
时令河
运河
珊瑚礁
6621 山峰及高程
08时
20时
海拔(m)
6000
5000
4000
降水(mm)
0.1~9.9
10~24.9
25~49.9
50~99.9
>100
1: 2500万
南海诸岛
比例尺 1:5000万

总降水日数图

1月24日

图例

- ★ 首都
- ◎ 省级行政中心
- ○ 其他城市
- 国界
- 未定国界
- 地区界
- 军事分界线
- 省、自治区、直辖市界
- 特别行政区界
- 常年河
- 时令河
- 运河
- 珊瑚礁
- ▲ 6621 山峰及高程

海拔(m)

- 6000
- 5000
- 4000

降水日数

- 1天
- 2~3天
- 4天以上

1: 2500万

南海诸岛

比例尺 1:5000 万

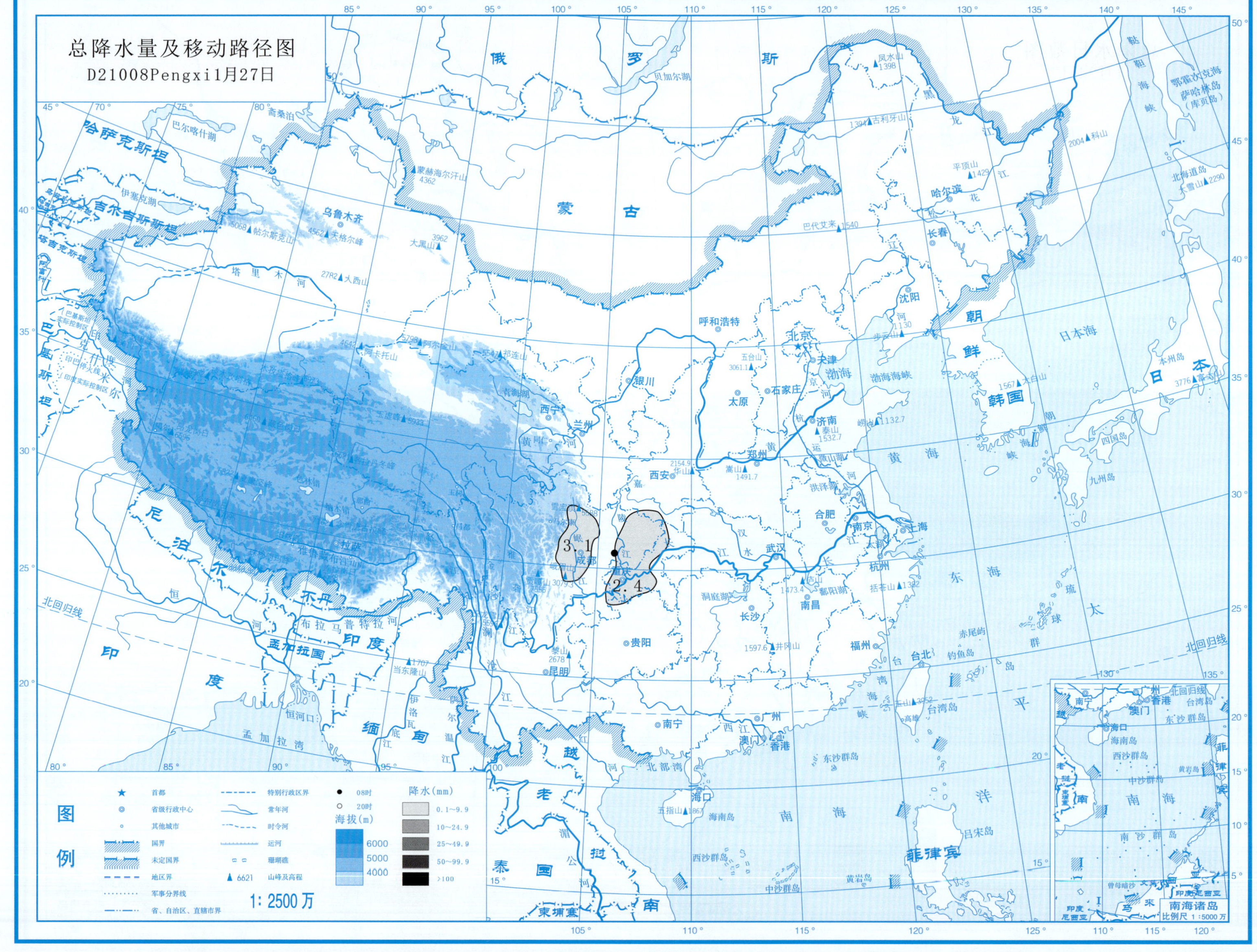
总降水量及移动路径图
D21008Pengxi1月27日
3.1
2.4
图例
首都
省级行政中心
其他城市
国界
未定国界
地区界
军事分界线
省、自治区、直辖市界
特别行政区界
常年河
时令河
运河
珊瑚礁
6621 山峰及高程
08时
20时
海拔(m)
6000
5000
4000
降水(mm)
0.1～9.9
10～24.9
25～49.9
50～99.9
>100
1: 2500万
南海诸岛
比例尺 1:5000万

总降水日数图

1月27日

图例

★ 首都
◎ 省级行政中心
◦ 其他城市
国界
未定国界
地区界
军事分界线
省、自治区、直辖市界
特别行政区界
常年河
时令河
运河
珊瑚礁
▲6621 山峰及高程

海拔(m)
6000
5000
4000

降水日数
1天
2~3天
4天以上

1∶2500万

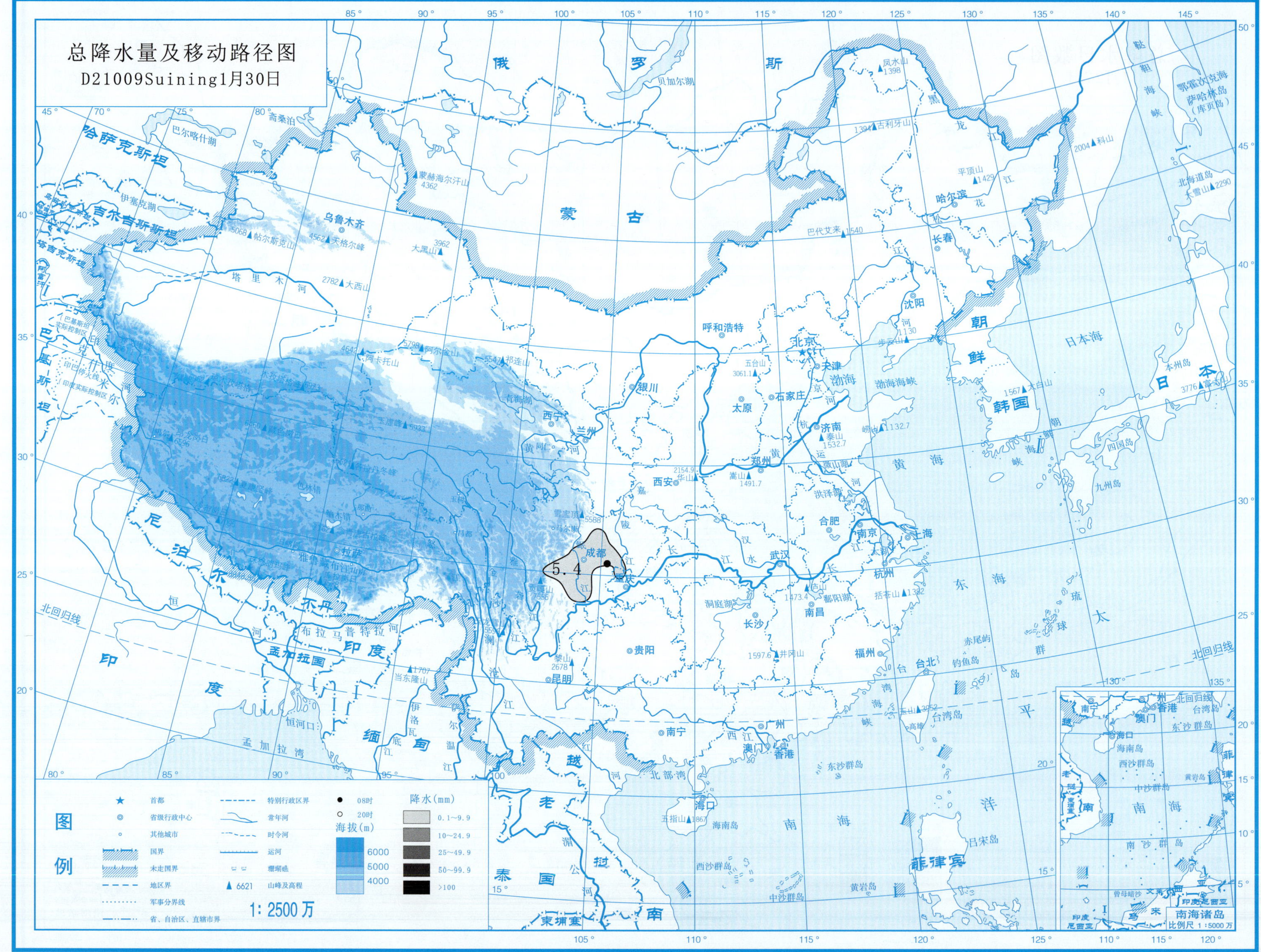
总降水量及移动路径图
D21009Suining1月30日
5.4
成都
图例
首都
省级行政中心
其他城市
国界
未定国界
地区界
军事分界线
省、自治区、直辖市界
特别行政区界
常年河
时令河
运河
珊瑚礁
6621 山峰及高程
08时
20时
海拔(m)
6000
5000
4000
降水(mm)
0.1~9.9
10~24.9
25~49.9
50~99.9
>100
1:2500万
南海诸岛
比例尺 1:5000万

总降水日数图

1月30日

图例

- ★ 首都
- ◎ 省级行政中心
- ○ 其他城市
- 国界
- 未定国界
- 地区界
- 军事分界线
- 省、自治区、直辖市界
- 特别行政区界
- 常年河
- 时令河
- 运河
- 珊瑚礁
- ▲ 6621 山峰及高程

海拔(m)

- 6000
- 5000
- 4000

降水日数

- 1天
- 2~3天
- 4天以上

1: 2500 万

南海诸岛 比例尺 1 : 5000 万

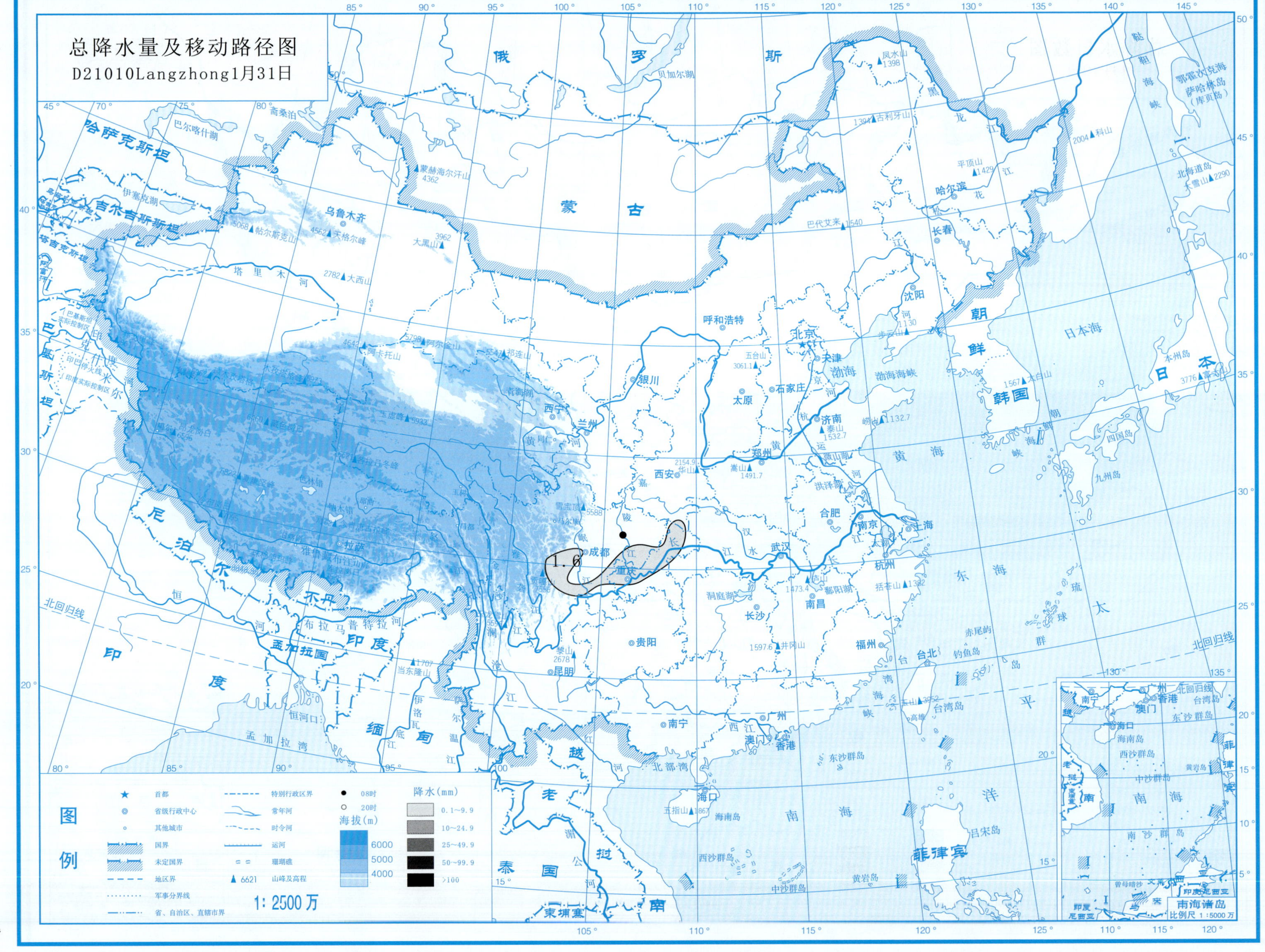
总降水量及移动路径图
D21010Langzhong1月31日
1.6
图例
首都
省级行政中心
其他城市
国界
未定国界
地区界
军事分界线
省、自治区、直辖市界
特别行政区界
常年河
时令河
运河
珊瑚礁
6621 山峰及高程
08时
20时
海拔(m)
6000
5000
4000
降水(mm)
0.1~9.9
10~24.9
25~49.9
50~99.9
>100
1: 2500万
南海诸岛
比例尺 1:5000万

总降水日数图

1月31日

图例

- ★ 首都
- ◎ 省级行政中心
- ○ 其他城市
- 国界
- 未定国界
- 地区界
- 军事分界线
- 省、自治区、直辖市界
- 特别行政区界
- 常年河
- 时令河
- 运河
- 珊瑚礁
- ▲ 6621 山峰及高程

海拔(m)：6000、5000、4000

降水日数：1天、2~3天、4天以上

1: 2500万

南海诸岛 比例尺 1: 5000万

总降水量及移动路径图

D21011Zitong2月6～8日

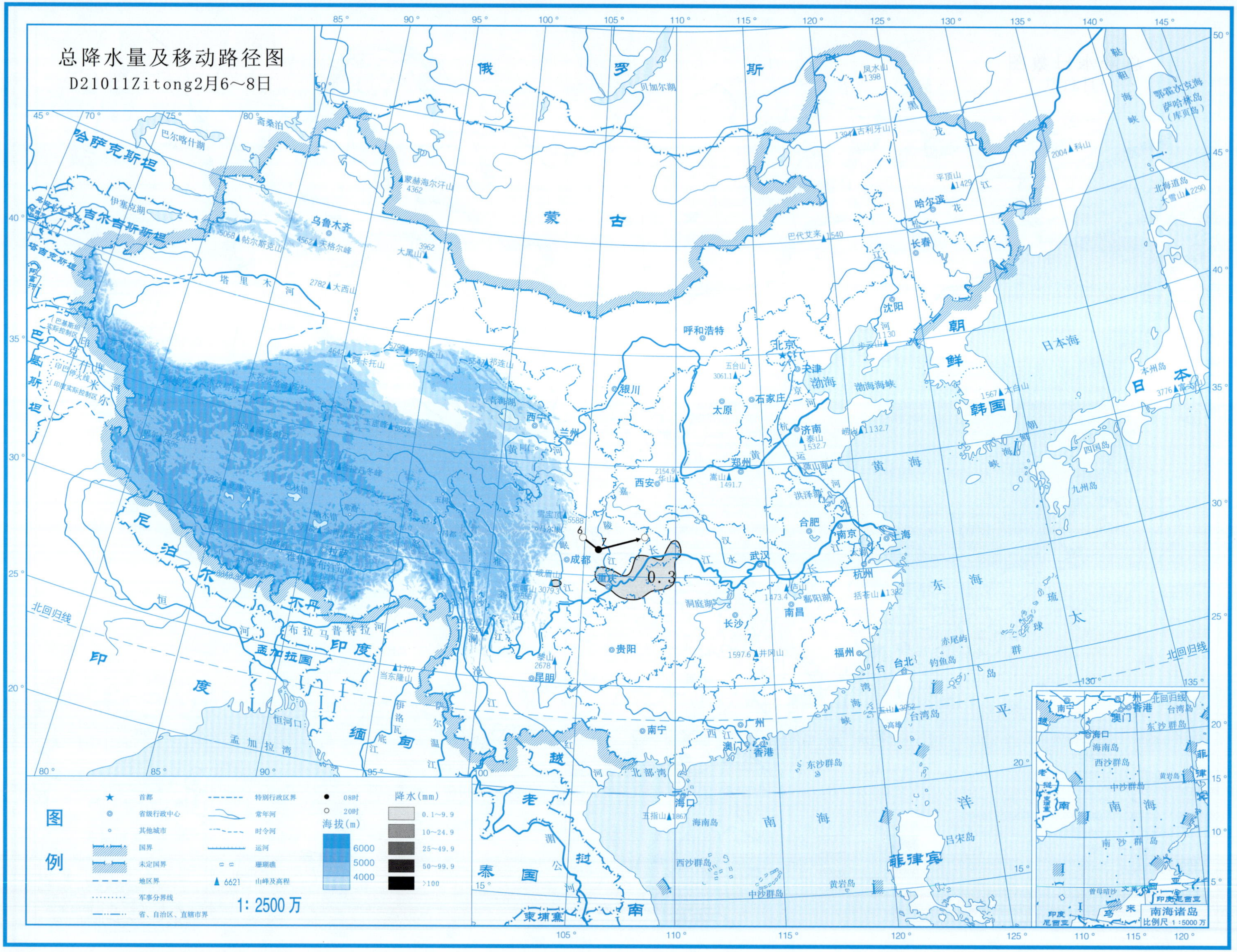

6 7

0.3

图例

符号	含义
★	首都
◎	省级行政中心
○	其他城市
	国界
	未定国界
	地区界
	军事分界线
	省、自治区、直辖市界
	特别行政区界
	常年河
	时令河
	运河
	珊瑚礁
▲ 6621	山峰及高程
●	08时
○	20时

海拔(m)：6000、5000、4000

降水(mm)
0.1～9.9
10～24.9
25～49.9
50～99.9
>100

1: 2500 万

南海诸岛 比例尺 1:5000 万

总降水日数图

2月6～8日

图例

- ★ 首都
- ◎ 省级行政中心
- ∘ 其他城市
- 国界
- 未定国界
- 地区界
- 军事分界线
- 省、自治区、直辖市界
- 特别行政区界
- 常年河
- 时令河
- 运河
- 珊瑚礁
- ▲6621 山峰及高程

海拔(m)

6000
5000
4000

降水日数

1天
2～3天
4天以上

1∶2500万

南海诸岛
比例尺 1∶5000万

总降水量及移动路径图

D21012Heishui2月14～15日

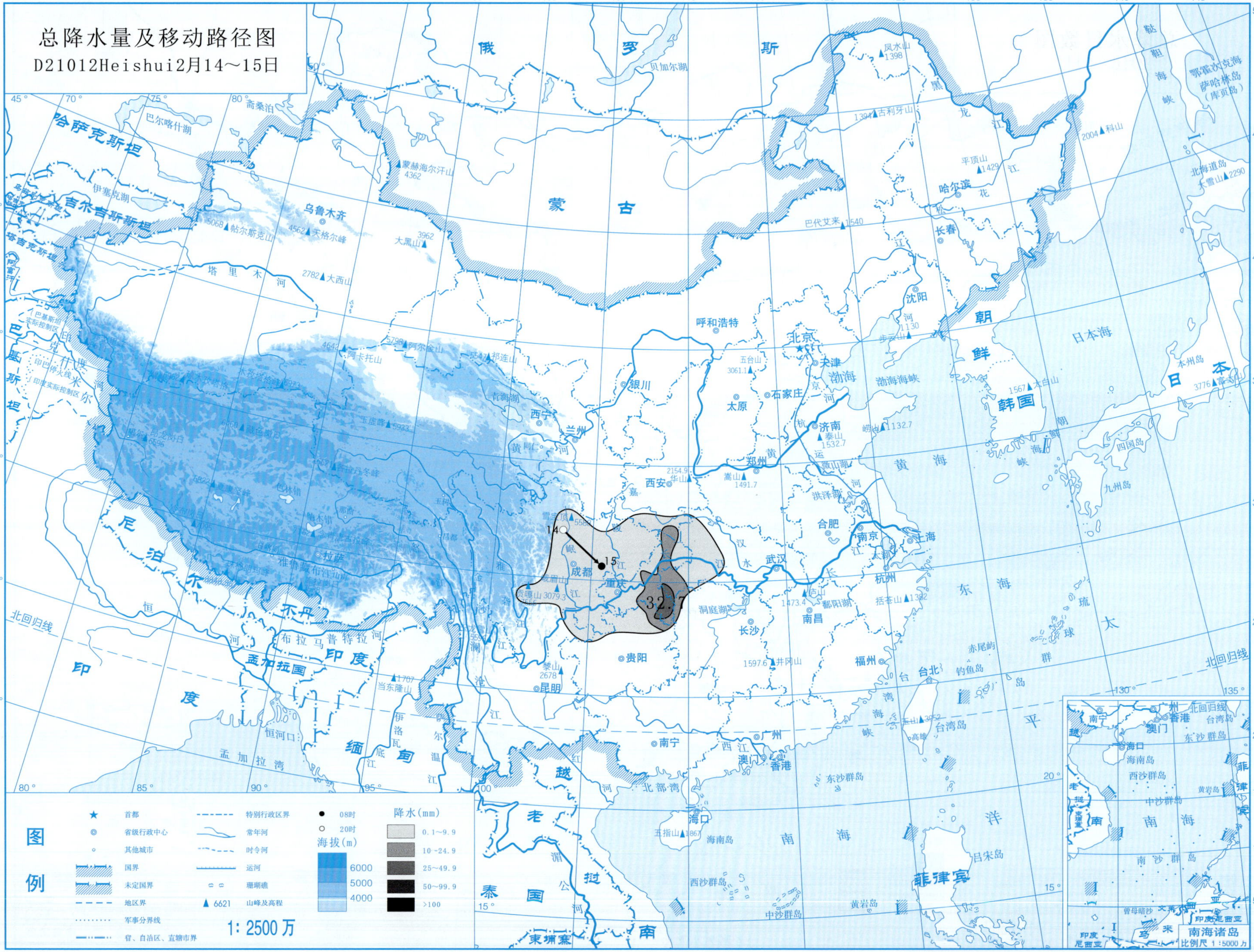

图例

符号	符号	路径	降水(mm)
首都	特别行政区界	08时	0.1～9.9
省级行政中心	常年河	20时	10～24.9
其他城市	时令河		25～49.9
国界	运河		50～99.9
未定国界	珊瑚礁		>100
地区界	6621 山峰及高程		
军事分界线			
省、自治区、直辖市界			

海拔(m)：6000、5000、4000

1: 2500万

南海诸岛 比例尺 1:5000万

总降水日数图

2月14～15日

图例

- ★ 首都
- ◎ 省级行政中心
- ○ 其他城市
- 国界
- 未定国界
- 地区界
- 军事分界线
- 省、自治区、直辖市界
- 特别行政区界
- 常年河
- 时令河
- 运河
- 珊瑚礁
- ▲ 6621 山峰及高程

海拔(m)

- 6000
- 5000
- 4000

降水日数

- 1天
- 2~3天
- 4天以上

1: 2500万

南海诸岛 比例尺 1:5000万

总降水量及移动路径图

D21013Muli2月17～18日

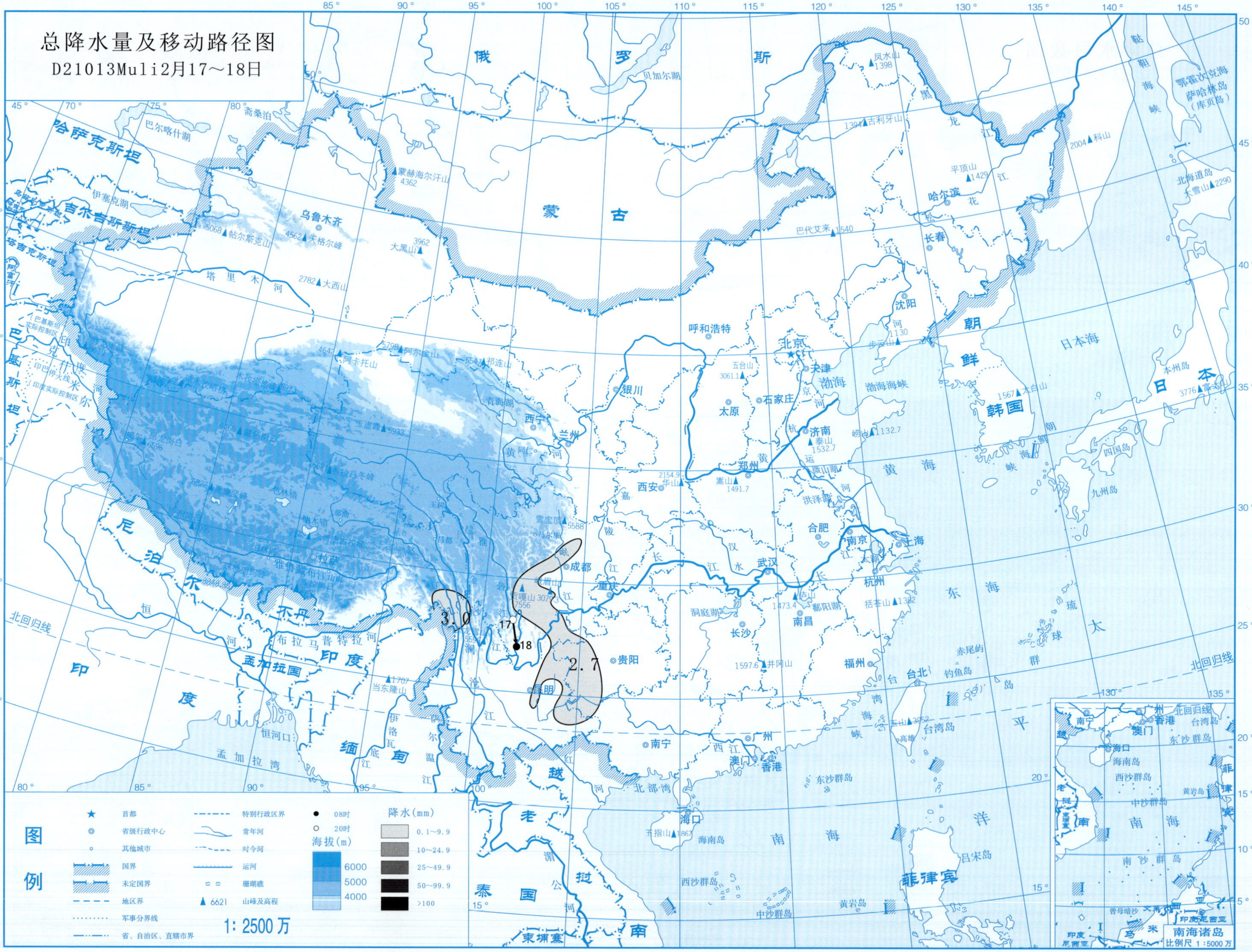

图例

- ★ 首都
- ◎ 省级行政中心
- ∘ 其他城市
- 国界
- 未定国界
- 地区界
- 军事分界线
- 省、自治区、直辖市界
- 特别行政区界
- 常年河
- 时令河
- 运河
- 珊瑚礁
- ▲ 6621 山峰及高程
- ● 08时
- ○ 20时

海拔(m)

- 6000
- 5000
- 4000

降水(mm)

- 0.1～9.9
- 10～24.9
- 25～49.9
- 50～99.9
- >100

1∶2500万

南海诸岛 比例尺 1∶5000万

总降水日数图

2月17～18日

图例

★ 首都
◎ 省级行政中心
○ 其他城市
国界
未定国界
地区界
军事分界线
省、自治区、直辖市界
特别行政区界
常年河
时令河
运河
珊瑚礁
▲6621 山峰及高程

海拔(m)
6000
5000
4000

降水日数
1天
2～3天
4天以上

1：2500万

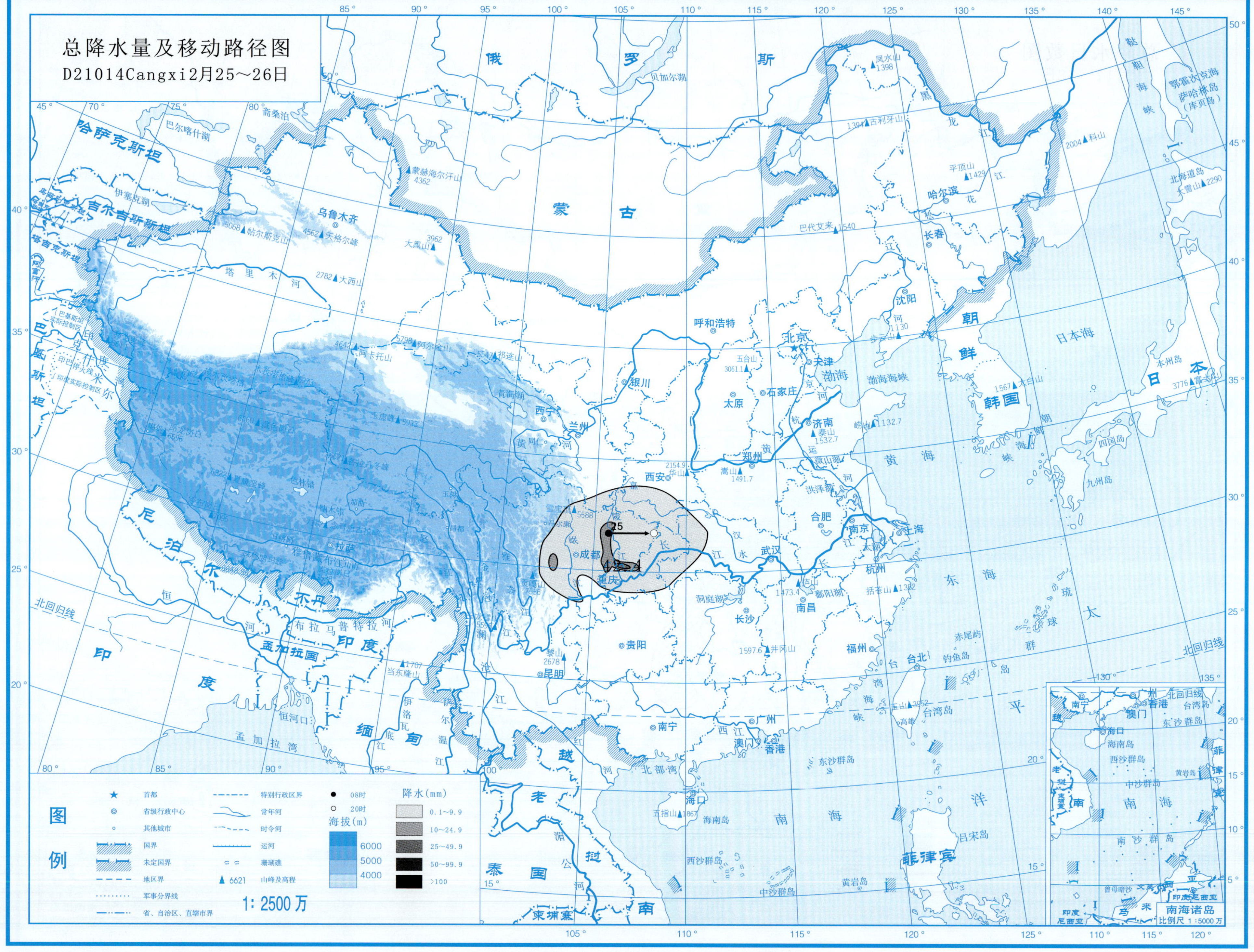
总降水量及移动路径图
D21014Cangxi2月25～26日
图例
首都
省级行政中心
其他城市
国界
未定国界
地区界
军事分界线
省、自治区、直辖市界
特别行政区界
常年河
时令河
运河
珊瑚礁
6621 山峰及高程
08时
20时
海拔(m)
6000
5000
4000
降水(mm)
0.1～9.9
10～24.9
25～49.9
50～99.9
>100
1: 2500万
南海诸岛
比例尺 1:5000万

总降水日数图

2月25～26日

图例

符号	说明
★	首都
◎	省级行政中心
○	其他城市
	国界
	未定国界
	地区界
	军事分界线
	省、自治区、直辖市界
	特别行政区界
	常年河
	时令河
	运河
	珊瑚礁
▲ 6621	山峰及高程

海拔(m)

6000

5000

4000

降水日数

1天

2～3天

4天以上

1∶2500万

南海诸岛

比例尺 1∶5000万

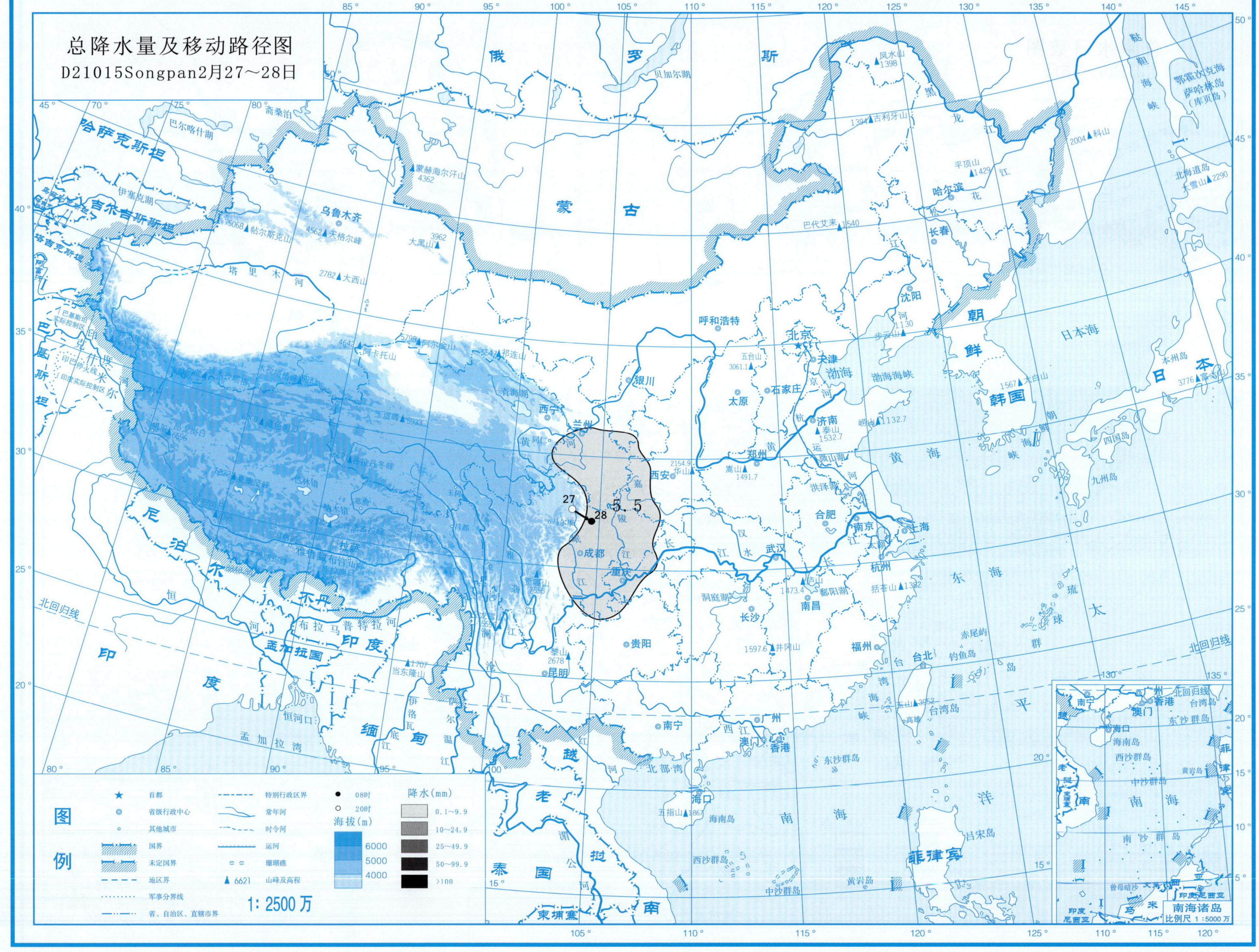

总降水量及移动路径图
D21015Songpan2月27～28日
27
28
5.5
图例
首都
省级行政中心
其他城市
国界
未定国界
地区界
军事分界线
省、自治区、直辖市界
特别行政区界
常年河
时令河
运河
珊瑚礁
6621 山峰及高程
08时
20时
海拔(m)
6000
5000
4000
降水(mm)
0.1～9.9
10～24.9
25～49.9
50～99.9
>100
1:2500万
南海诸岛
比例尺 1:5000万

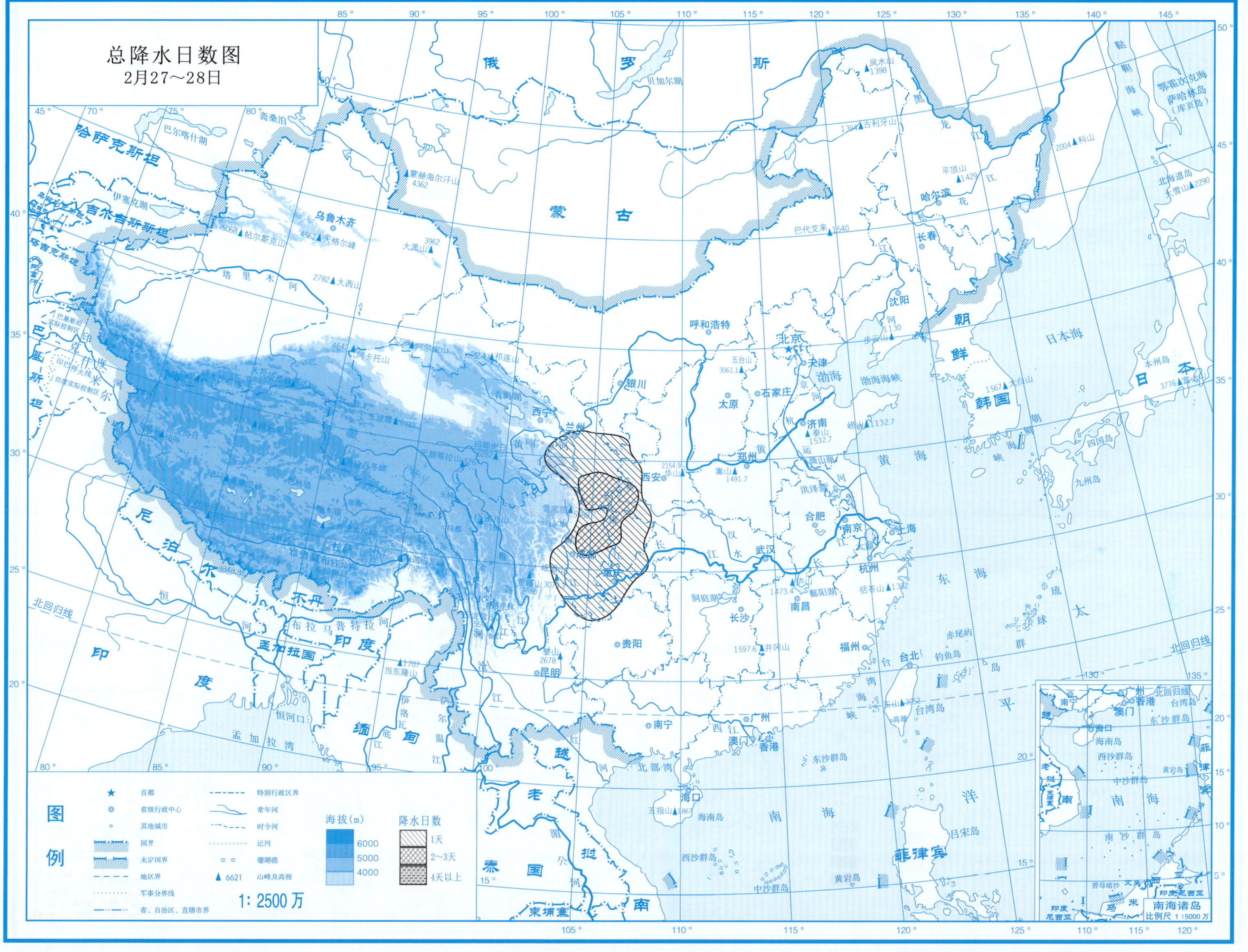
总降水日数图
2月27～28日
图例
首都
省级行政中心
其他城市
国界
未定国界
地区界
军事分界线
省、自治区、直辖市界
特别行政区界
常年河
时令河
运河
珊瑚礁
6621 山峰及高程
海拔(m)
6000
5000
4000
降水日数
1天
2～3天
4天以上
1:2500万
南海诸岛
比例尺 1:5000万

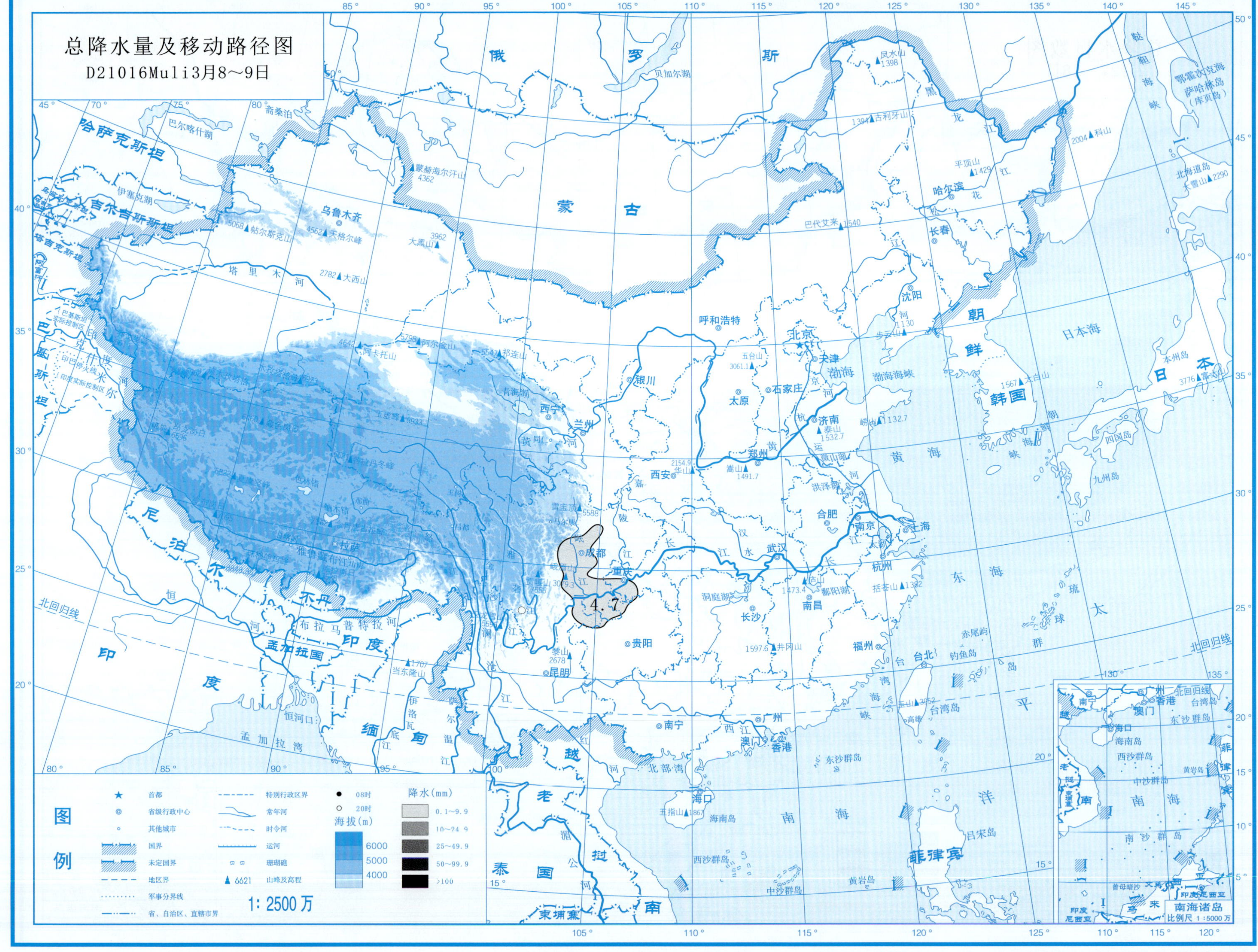
总降水量及移动路径图
D21016Muli3月8～9日
4.7
图例
首都
省级行政中心
其他城市
国界
未定国界
地区界
军事分界线
省、自治区、直辖市界
特别行政区界
常年河
时令河
运河
珊瑚礁
6621 山峰及高程
08时
20时
海拔(m)
6000
5000
4000
降水(mm)
0.1～9.9
10～24.9
25～49.9
50～99.9
>100
1:2500万
南海诸岛
比例尺 1:5000万

总降水日数图

3月8～9日

图例

★	首都	— · —	特别行政区界
◎	省级行政中心	～	常年河
○	其他城市	- - -	时令河
	国界		运河
	未定国界		珊瑚礁
- - -	地区界	▲ 6621	山峰及高程
······	军事分界线		
— · · —	省、自治区、直辖市界		

海拔(m)

6000

5000

4000

降水日数

1天

2～3天

4天以上

1∶2500万

南海诸岛

比例尺 1∶5000万

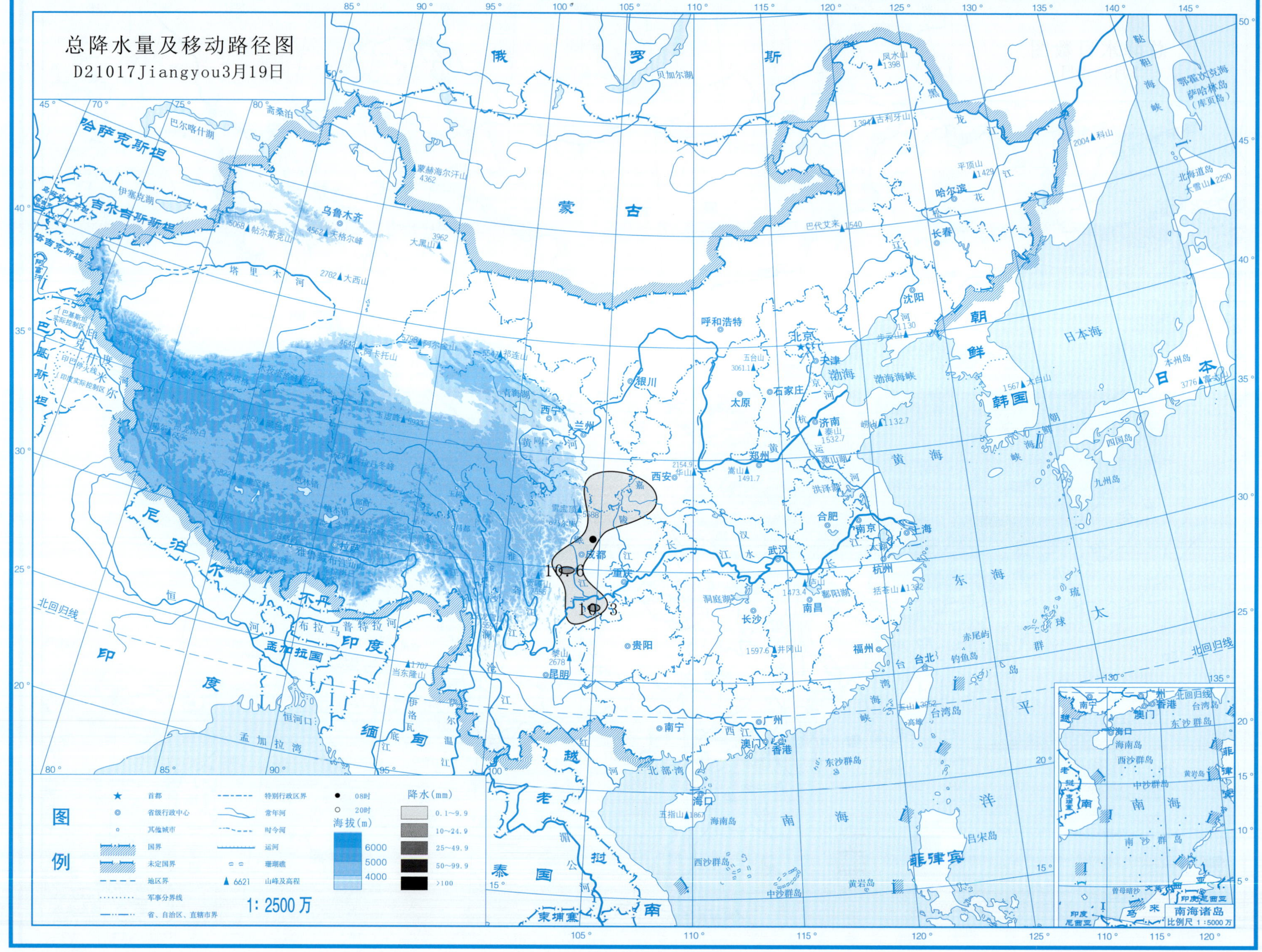
总降水量及移动路径图
D21017Jiangyou3月19日
图例
首都
省级行政中心
其他城市
国界
未定国界
地区界
军事分界线
省、自治区、直辖市界
特别行政区界
常年河
时令河
运河
珊瑚礁
山峰及高程
08时
20时
海拔(m)
6000
5000
4000
降水(mm)
0.1~9.9
10~24.9
25~49.9
50~99.9
>100
1: 2500万
南海诸岛
比例尺 1:5000万

总降水日数图
3月19日

图例

- ★ 首都
- ◎ 省级行政中心
- ∘ 其他城市
- 国界
- 未定国界
- 地区界
- 军事分界线
- 省、自治区、直辖市界
- 特别行政区界
- 常年河
- 时令河
- 运河
- 珊瑚礁
- ▲6621 山峰及高程

海拔(m)
6000
5000
4000

降水日数
1天
2～3天
4天以上

1：2500万

南海诸岛
比例尺 1：5000万

总降水量及移动路径图

D21018Rongchang3月21日

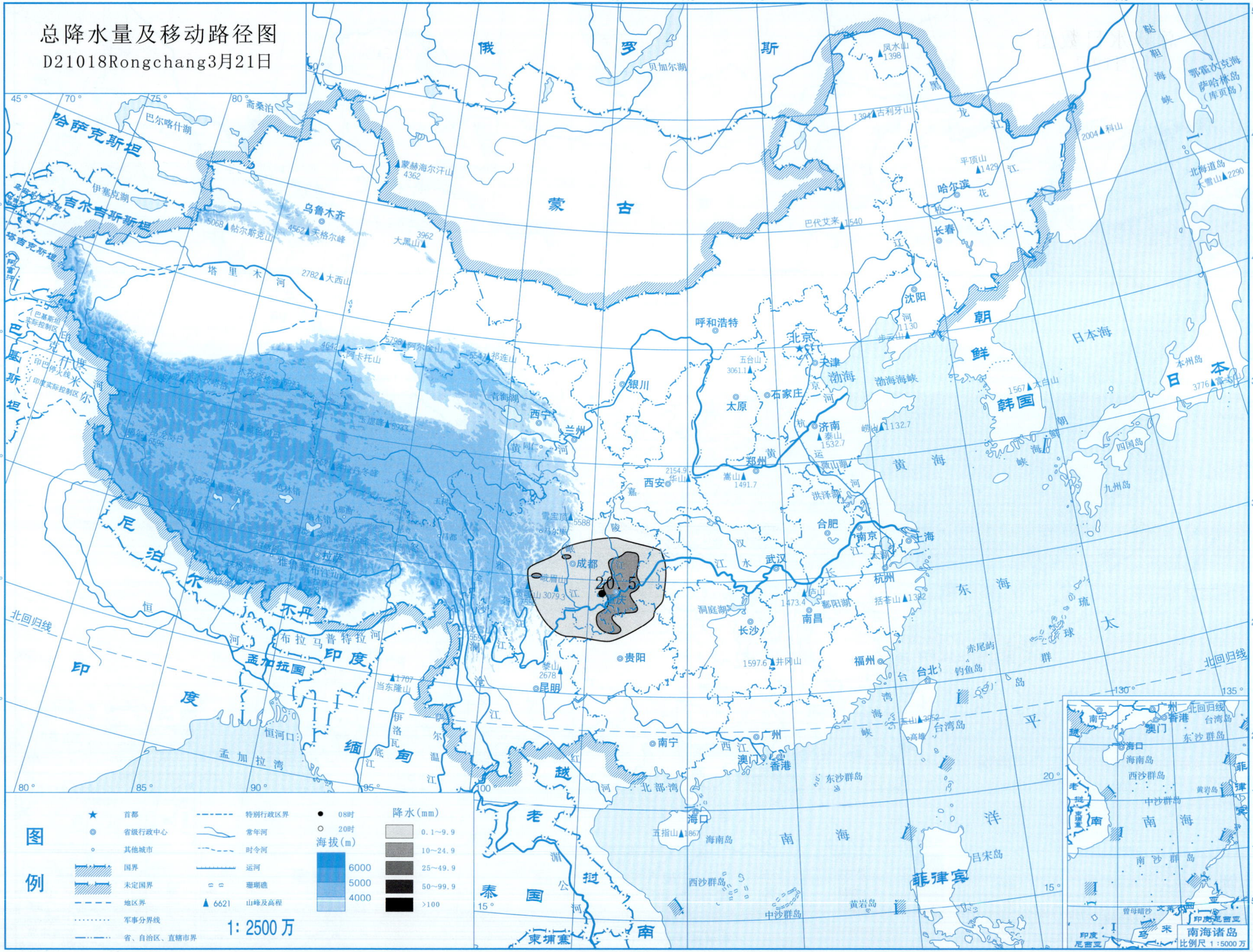

20.5

图例

★	首都
◎	省级行政中心
○	其他城市
	国界
	未定国界
	地区界
	军事分界线
	省、自治区、直辖市界
	特别行政区界
	常年河
	时令河
	运河
	珊瑚礁
▲ 6621	山峰及高程
●	08时
○	20时

海拔(m): 6000, 5000, 4000

降水(mm)
0.1~9.9
10~24.9
25~49.9
50~99.9
>100

1:2500万

南海诸岛 比例尺 1:5000万

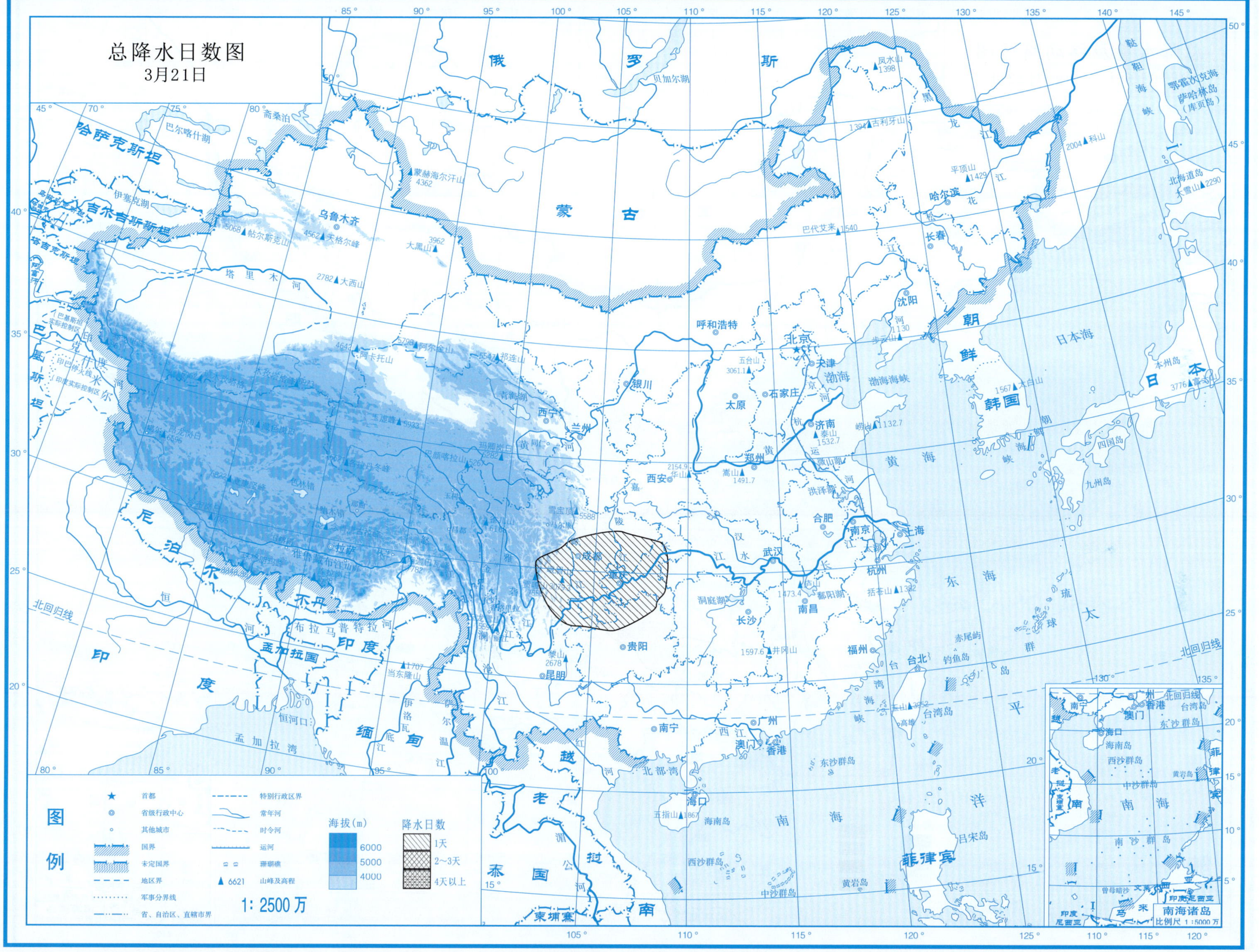
总降水日数图
3月21日
图例
降水日数
1天
2~3天
4天以上
海拔(m)
6000
5000
4000
1: 2500 万
南海诸岛

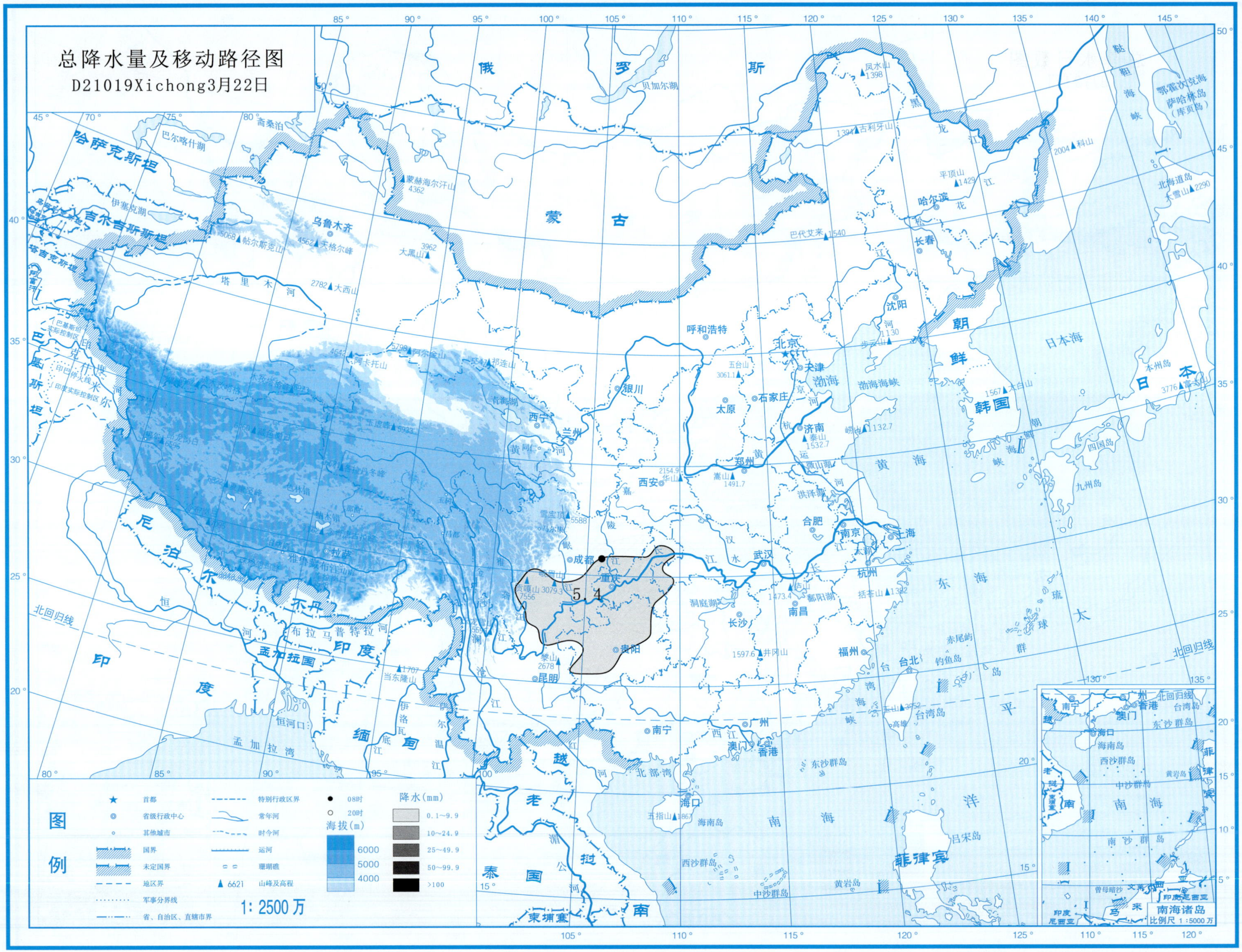

总降水量及移动路径图

D21019Xichong3月22日

5.4

图例

- ★ 首都
- ◎ 省级行政中心
- ○ 其他城市
- 国界
- 未定国界
- 地区界
- 军事分界线
- 省、自治区、直辖市界
- 特别行政区界
- 常年河
- 时令河
- 运河
- 珊瑚礁
- ▲ 6621 山峰及高程
- ● 08时
- ○ 20时

海拔(m)：6000、5000、4000

降水(mm)：0.1~9.9、10~24.9、25~49.9、50~99.9、>100

1: 2500 万

南海诸岛 比例尺 1:5000万

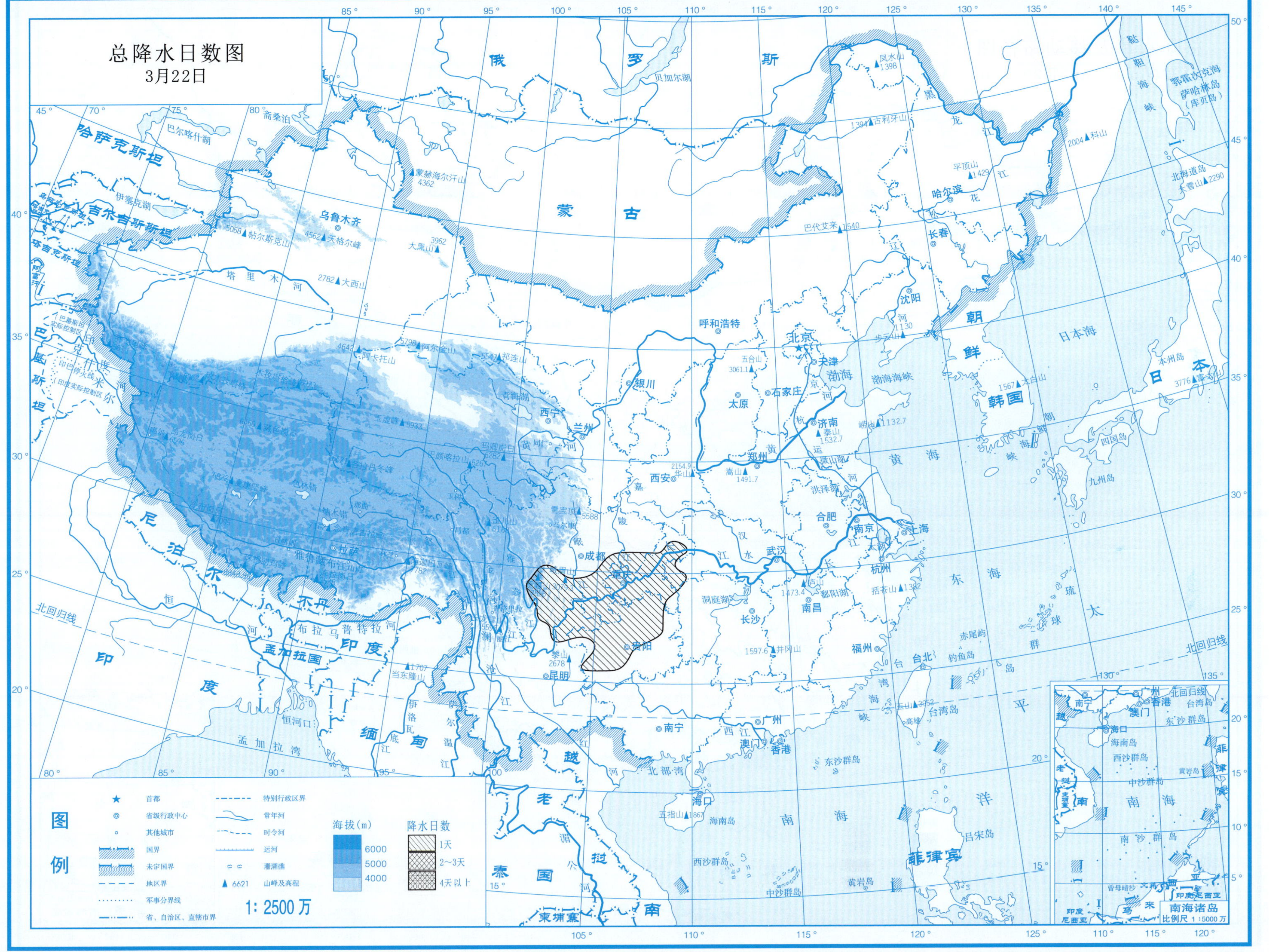

总降水日数图
3月22日
图例
首都
省级行政中心
其他城市
国界
未定国界
地区界
军事分界线
省、自治区、直辖市界
特别行政区界
常年河
时令河
运河
珊瑚礁
山峰及高程
海拔(m)
6000
5000
4000
降水日数
1天
2~3天
4天以上
1:2500万
南海诸岛
比例尺 1:5000万

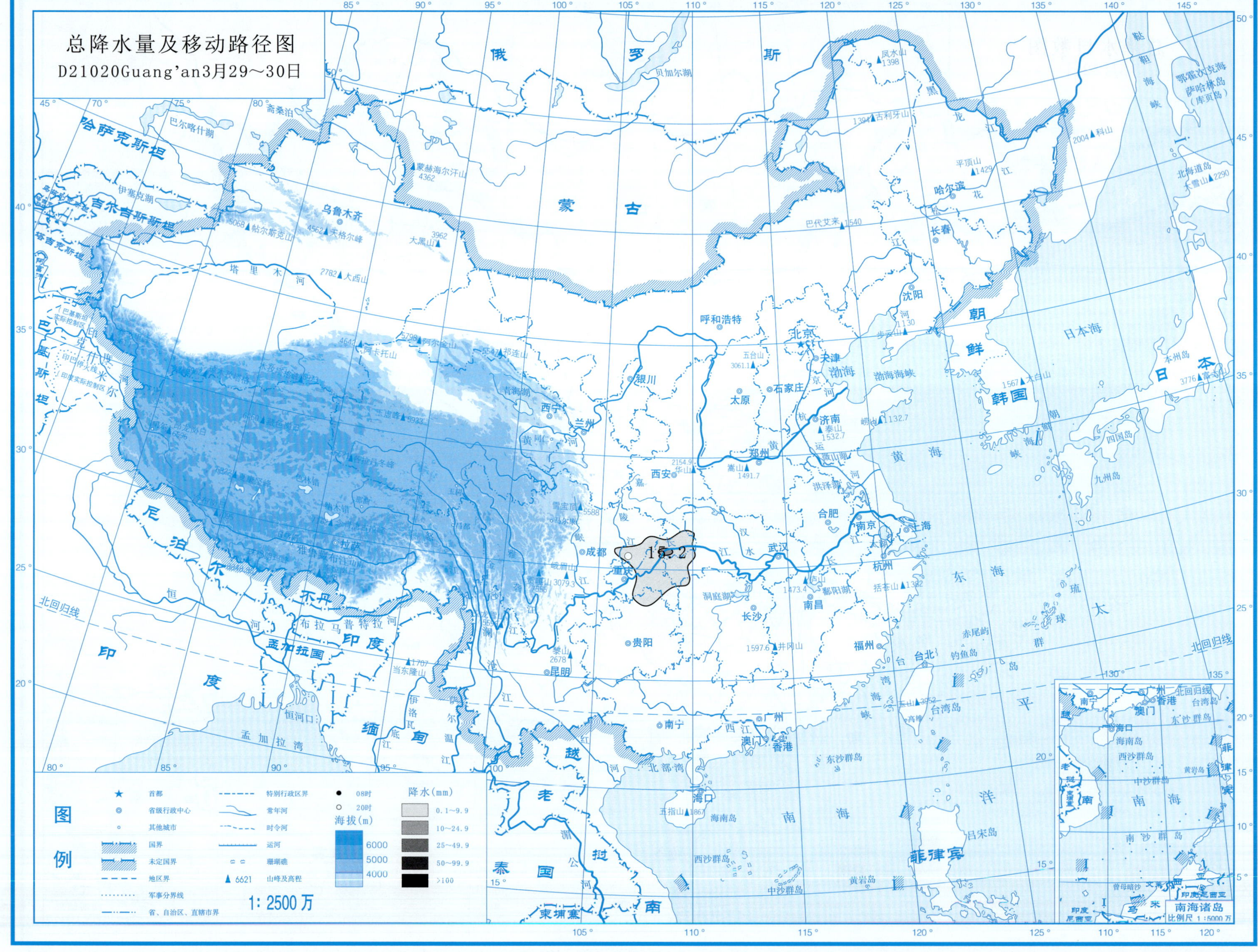
总降水量及移动路径图
D21020Guang'an3月29～30日
15.2
图例
首都
省级行政中心
其他城市
国界
未定国界
地区界
军事分界线
省、自治区、直辖市界
特别行政区界
常年河
时令河
运河
珊瑚礁
6621 山峰及高程
08时
20时
海拔(m)
6000
5000
4000
降水(mm)
0.1～9.9
10～24.9
25～49.9
50～99.9
≥100
1: 2500 万
南海诸岛
比例尺 1:5000 万

总降水日数图

3月29～30日

图例

★ 首都
◎ 省级行政中心
○ 其他城市
国界
未定国界
地区界
军事分界线
省、自治区、直辖市界
特别行政区界
常年河
时令河
运河
珊瑚礁
▲ 6621 山峰及高程

海拔(m)
6000
5000
4000

降水日数
1天
2～3天
4天以上

1∶2500万

南海诸岛
比例尺 1∶5000万

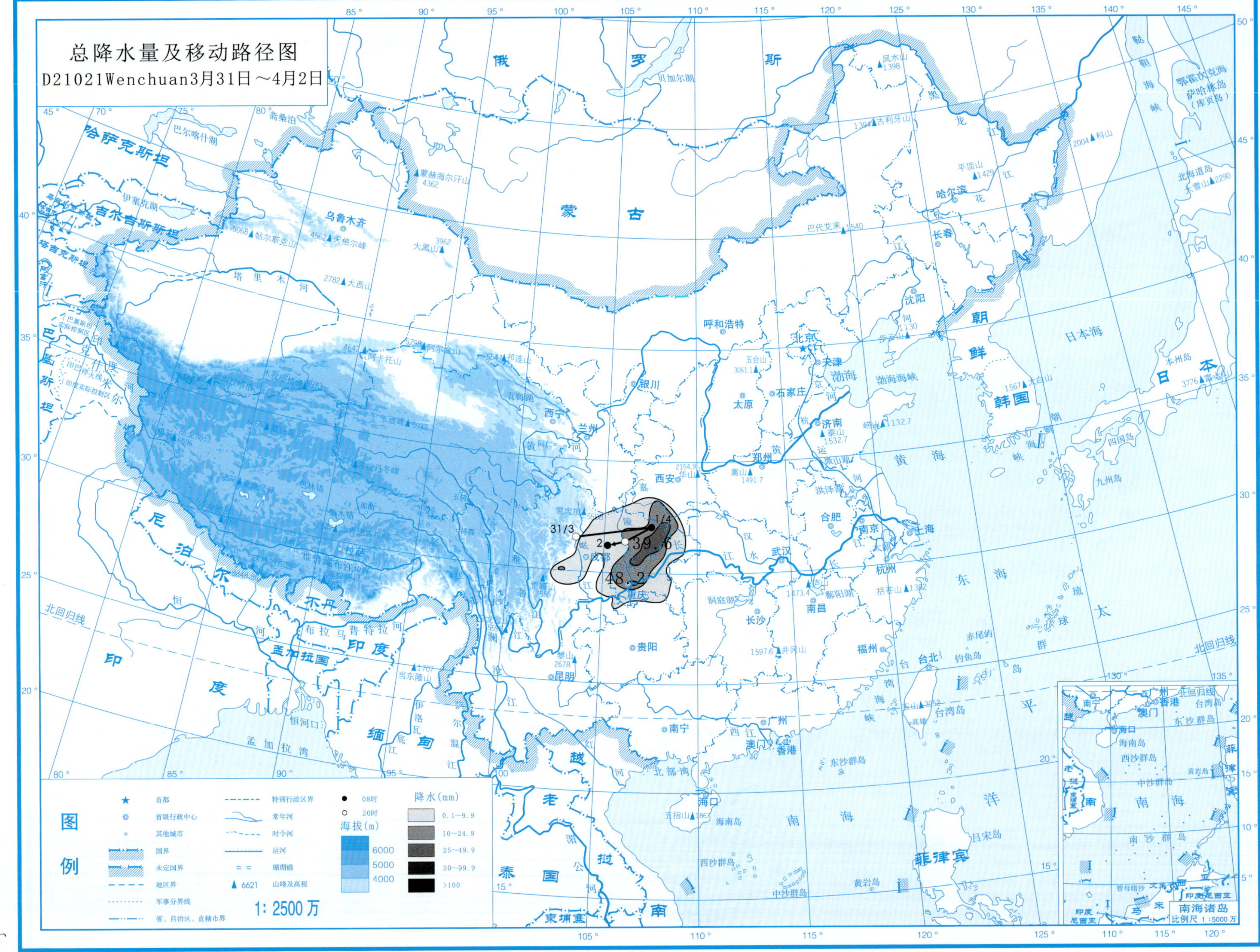
总降水量及移动路径图
D21021Wenchuan3月31日～4月2日
31/3
1/4
2
39.6
48.2
图例
首都
省级行政中心
其他城市
国界
未定国界
地区界
军事分界线
省、自治区、直辖市界
特别行政区界
常年河
时令河
运河
珊瑚礁
山峰及高程
08时
20时
海拔(m)
6000
5000
4000
降水(mm)
0.1~9.9
10~24.9
25~49.9
50~99.9
>100
1: 2500 万
南海诸岛
比例尺 1:5000 万

总降水日数图

3月31日～4月2日

图例

★ 首都
◎ 省级行政中心
○ 其他城市
国界
未定国界
地区界
军事分界线
省、自治区、直辖市界
特别行政区界
常年河
时令河
运河
珊瑚礁
▲6621 山峰及高程

海拔(m)
6000
5000
4000

降水日数
1天
2～3天
4天以上

1∶2500万

南海诸岛
比例尺 1∶5000万

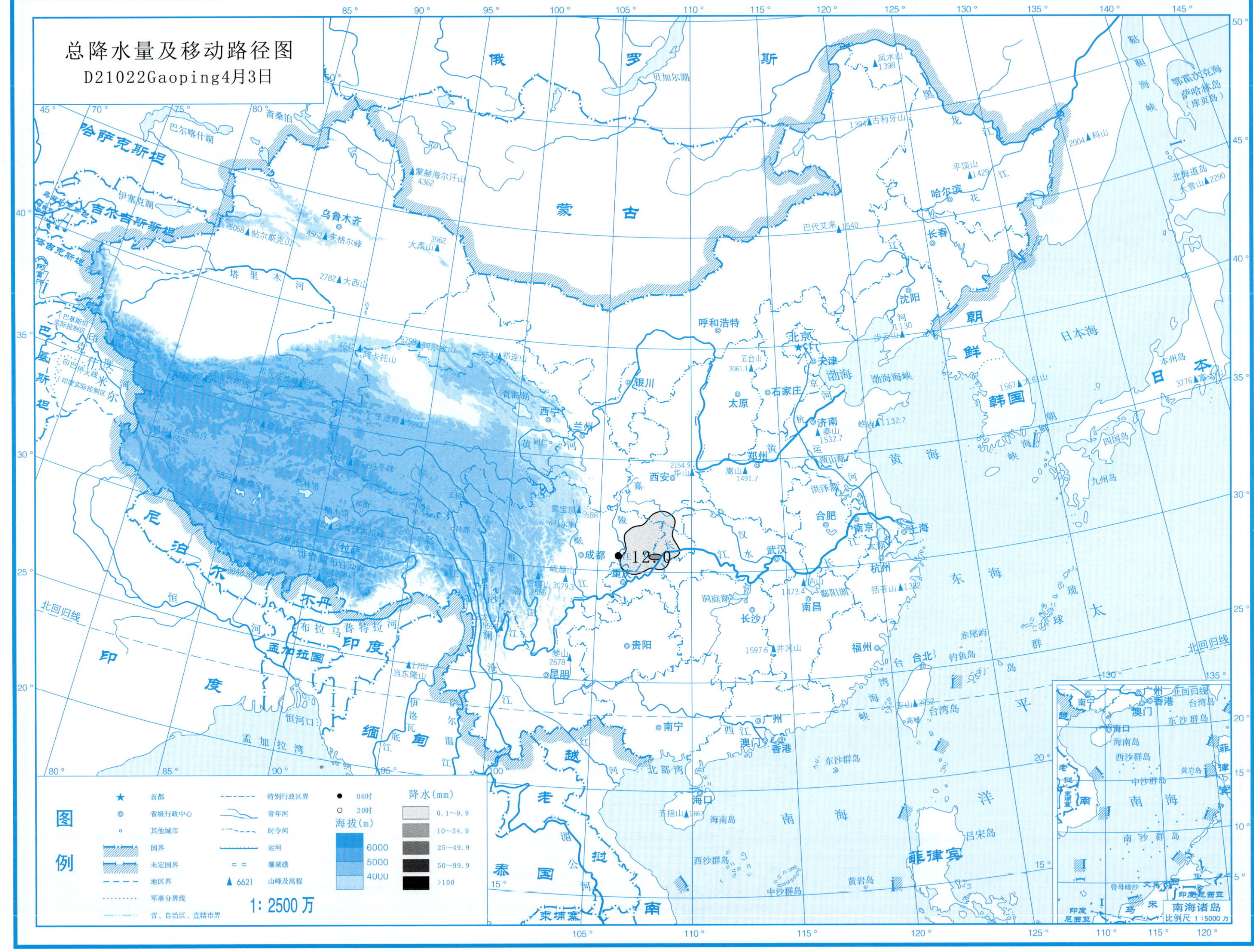

总降水量及移动路径图
D21022Gaoping4月3日
12.0
图例
首都
省级行政中心
其他城市
国界
未定国界
地区界
军事分界线
省、自治区、直辖市界
特别行政区界
常年河
时令河
运河
珊瑚礁
6621 山峰及高程
08时
20时
海拔(m)
6000
5000
4000
降水(mm)
0.1~9.9
10~24.9
25~49.9
50~99.9
>100
1：2500万
南海诸岛
比例尺 1：5000万

总降水日数图

4月3日

图例

★ 首都
◎ 省级行政中心
。其他城市
国界
未定国界
地区界
军事分界线
省、自治区、直辖市界
特别行政区界
常年河
时令河
运河
珊瑚礁
▲6621 山峰及高程

海拔(m)
6000
5000
4000

降水日数
1天
2～3天
4天以上

1∶2500 万

南海诸岛
比例尺 1∶5000 万

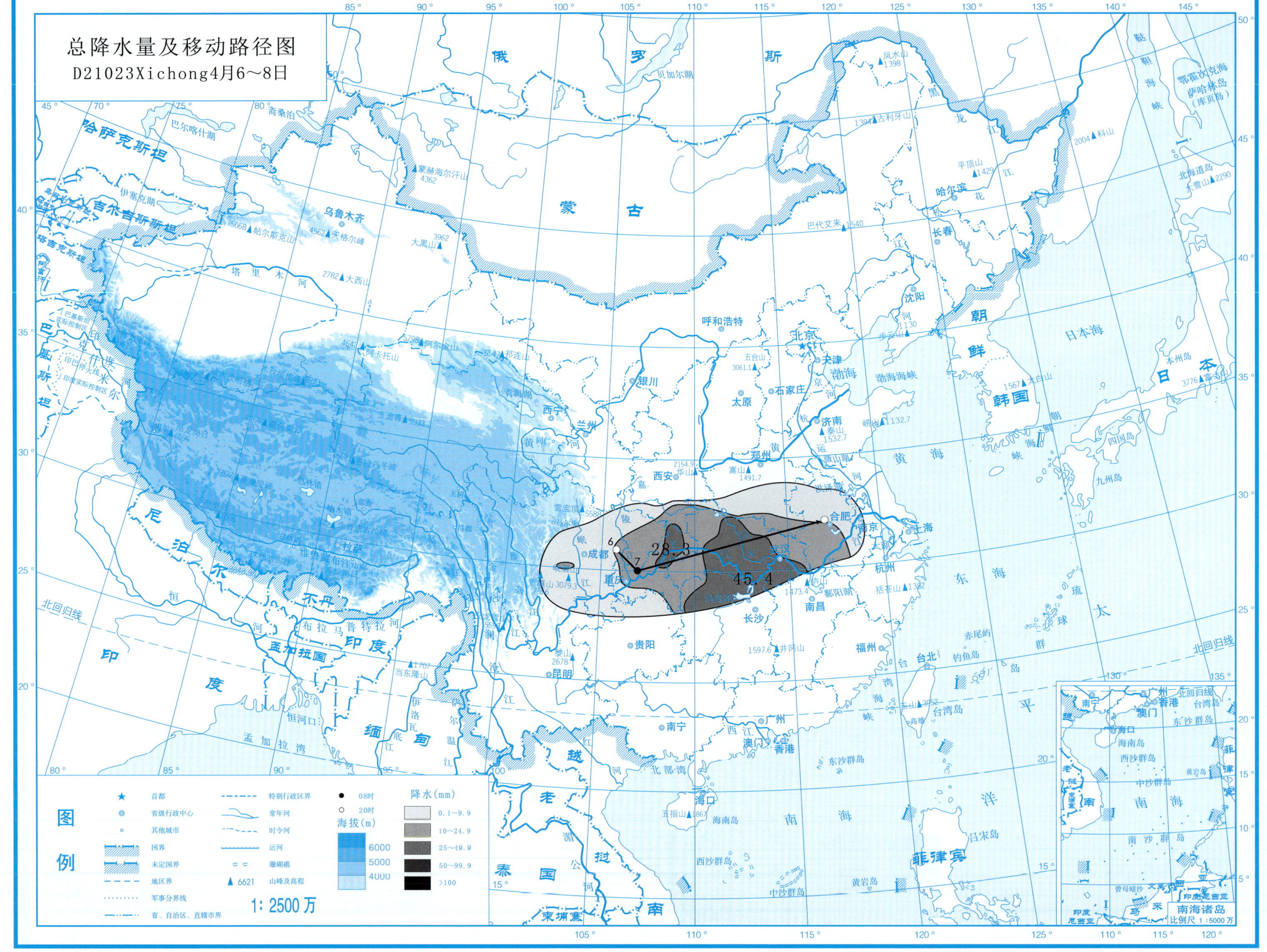
总降水量及移动路径图
D21023Xichong4月6～8日
28.3
45.4
图例
降水(mm)
0.1～9.9
10～24.9
25～49.9
50～99.9
>100
1: 2500 万
南海诸岛
比例尺 1:5000 万

总降水日数图

4月6～8日

图例

★ 首都
◎ 省级行政中心
○ 其他城市
国界
未定国界
地区界
军事分界线
省、自治区、直辖市界
特别行政区界
常年河
时令河
运河
珊瑚礁
▲6621 山峰及高程

海拔(m)
6000
5000
4000

降水日数
1天
2～3天
4天以上

1: 2500万

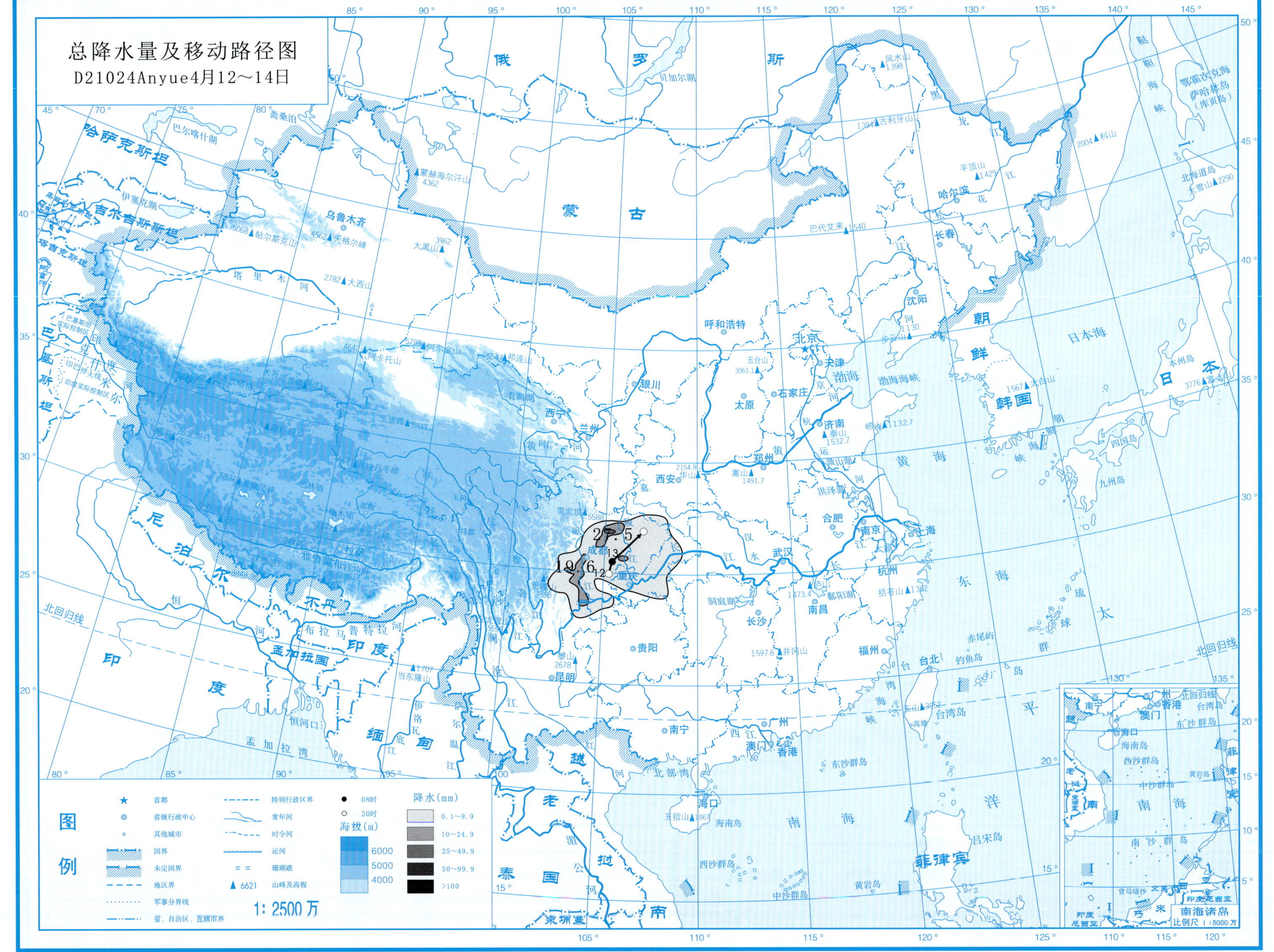
总降水量及移动路径图
D21024Anyue4月12～14日
图例
首都
省级行政中心
其他城市
国界
未定国界
地区界
军事分界线
省、自治区、直辖市界
特别行政区界
常年河
时令河
运河
珊瑚礁
6621 山峰及高程
08时
20时
海拔(m)
6000
5000
4000
降水(mm)
0.1～9.9
10～24.9
25～49.9
50～99.9
>100
1：2500万
南海诸岛
比例尺 1：5000万

总降水日数图

4月12～14日

图例

★ 首都

◎ 省级行政中心

○ 其他城市

国界

未定国界

地区界

军事分界线

省、自治区、直辖市界

特别行政区界

常年河

时令河

运河

珊瑚礁

▲ 6621 山峰及高程

海拔(m)

6000

5000

4000

降水日数

1天

2～3天

4天以上

1：2500万

南海诸岛

比例尺 1：5000万

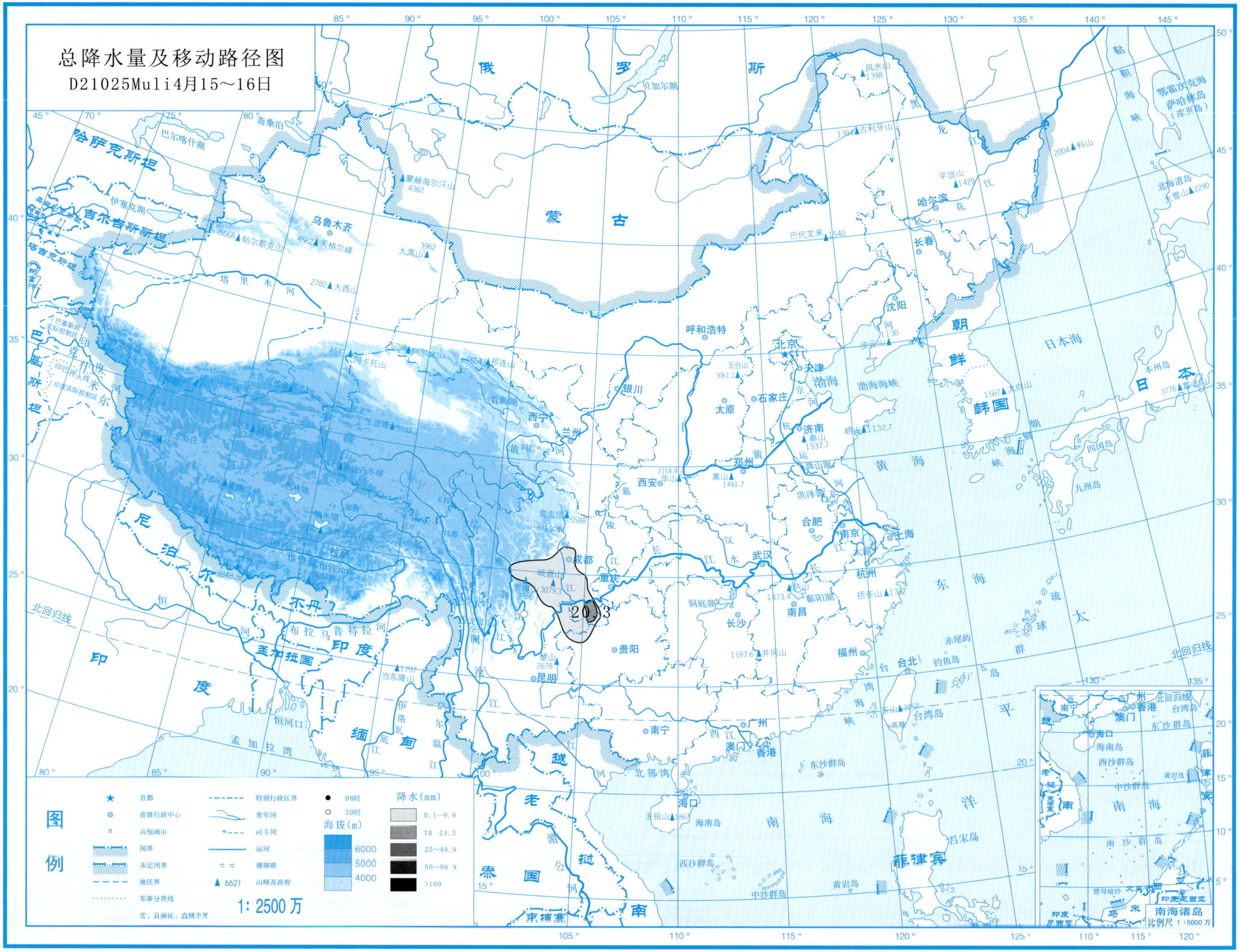
总降水量及移动路径图
D21025Muli4月15～16日
20.3
图例
首都
省级行政中心
其他城市
国界
未定国界
地区界
军事分界线
省、自治区、直辖市界
特别行政区界
常年河
时令河
运河
珊瑚礁
6621 山峰及高程
08时
20时
海拔(m)
6000
5000
4000
降水(mm)
0.1～9.9
10～24.9
25～49.9
50～99.9
>100
1:2500万
南海诸岛
比例尺 1:5000万

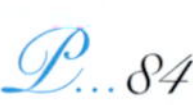

总降水日数图

4月15～16日

图例

- ★ 首都
- ◎ 省级行政中心
- ○ 其他城市
- 国界
- 未定国界
- 地区界
- 军事分界线
- 省、自治区、直辖市界
- 特别行政区界
- 常年河
- 时令河
- 运河
- 珊瑚礁
- ▲ 6621 山峰及高程

海拔(m)：6000，5000，4000

降水日数：1天，2～3天，4天以上

1∶2500万

南海诸岛 比例尺 1∶5000万

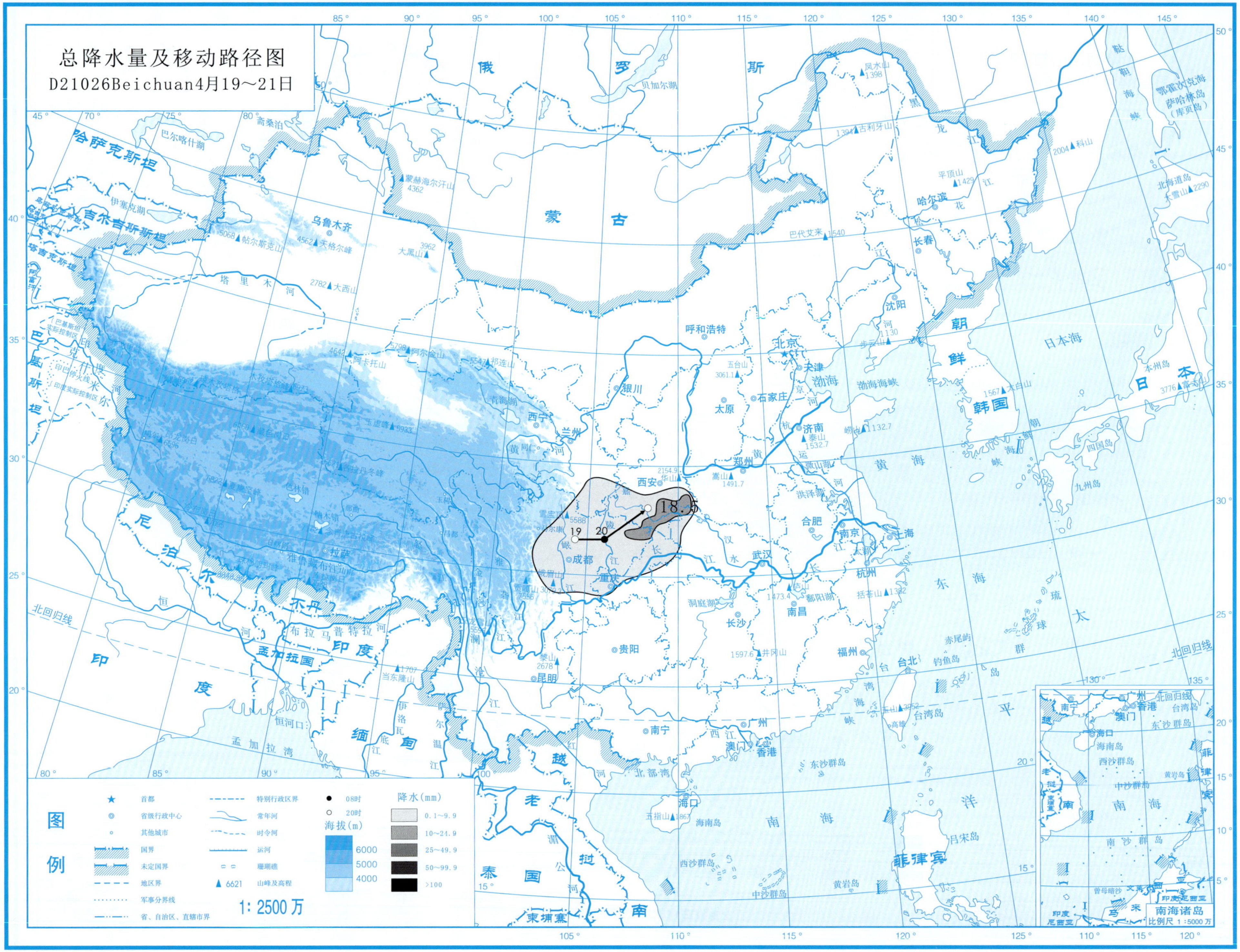

总降水量及移动路径图

D21026Beichuan4月19～21日

图例

★	首都
◎	省级行政中心
○	其他城市
	国界
	未定国界
	地区界
	军事分界线
	省、自治区、直辖市界
	特别行政区界
	常年河
	时令河
	运河
	珊瑚礁
▲ 6621	山峰及高程
●	08时
○	20时

海拔(m)：6000、5000、4000

降水(mm)：0.1～9.9、10～24.9、25～49.9、50～99.9、>100

1：2500万

南海诸岛 比例尺 1：5000万

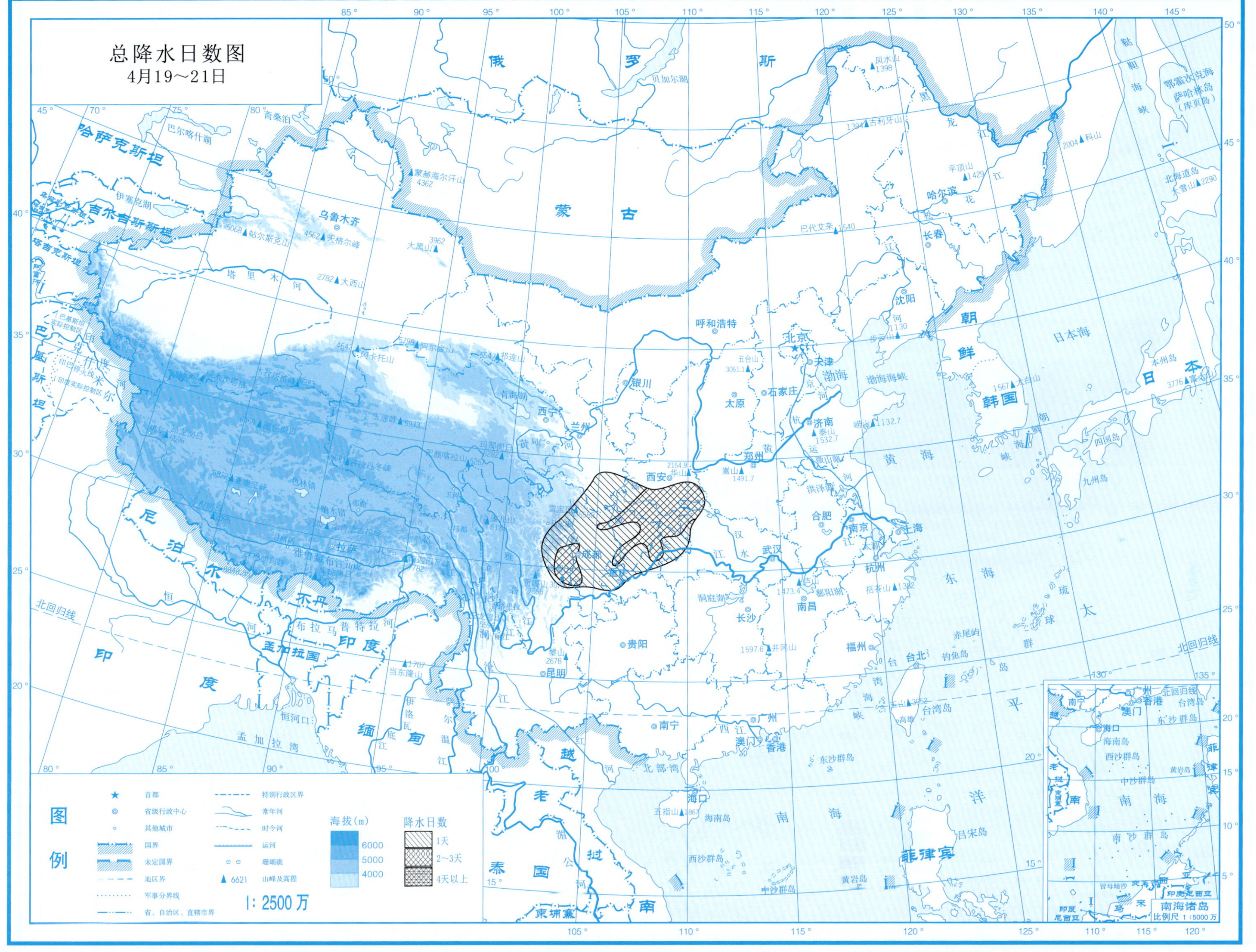

总降水日数图
4月19～21日
图例
首都
省级行政中心
其他城市
国界
未定国界
地区界
军事分界线
省、自治区、直辖市界
特别行政区界
常年河
时令河
运河
珊瑚礁
6621 山峰及高程
1∶2500万
海拔(m)
6000
5000
4000
降水日数
1天
2～3天
4天以上
南海诸岛
比例尺 1∶5000万

总降水量及移动路径图

D21027Hanyuan4月25～26日

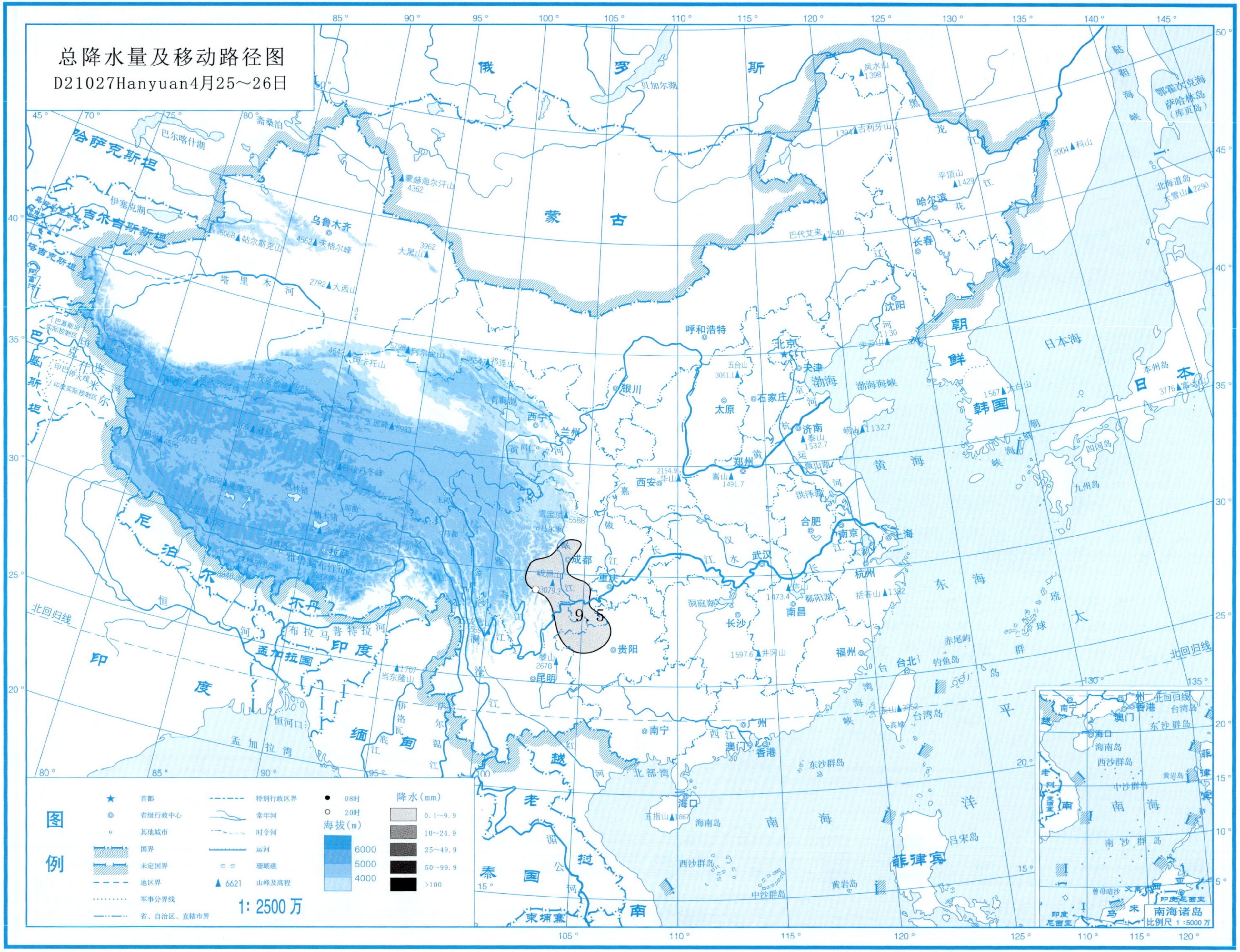

9.5

图例

★ 首都
◎ 省级行政中心
○ 其他城市
国界
未定国界
地区界
军事分界线
省、自治区、直辖市界
特别行政区界
常年河
时令河
运河
珊瑚礁
▲6621 山峰及高程

● 08时
○ 20时

海拔(m)
6000
5000
4000

降水(mm)
0.1～9.9
10～24.9
25～49.9
50～99.9
>100

1:2500万

南海诸岛
比例尺 1:5000万

总降水日数图

4月25～26日

图例

★ 首都
◎ 省级行政中心
○ 其他城市
国界
未定国界
地区界
军事分界线
省、自治区、直辖市界
特别行政区界
常年河
时令河
运河
珊瑚礁
▲ 6621 山峰及高程

海拔(m)
6000
5000
4000

降水日数
1天
2～3天
4天以上

1：2500 万

南海诸岛
比例尺 1：5000 万

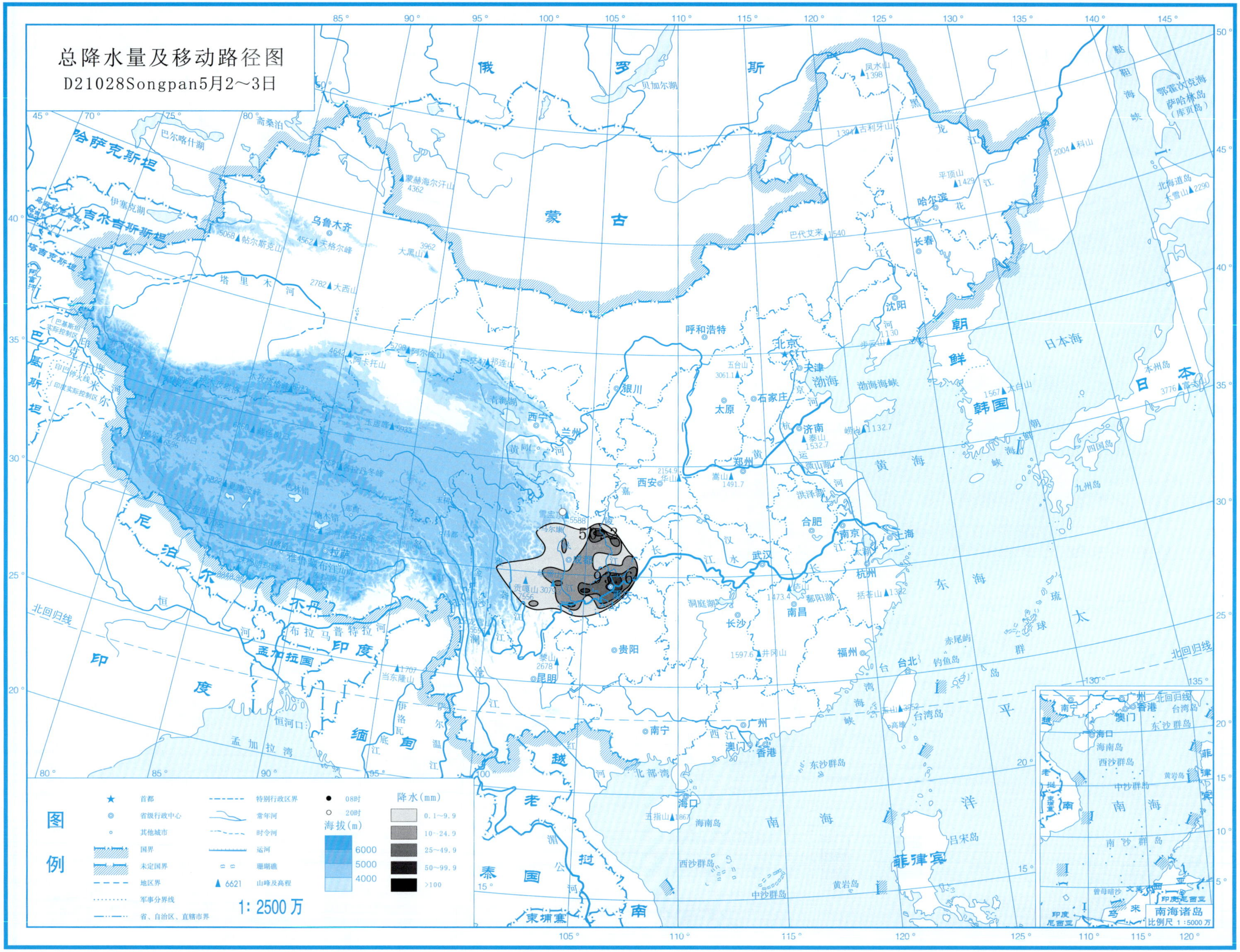

总降水量及移动路径图

D21028Songpan5月2～3日

图例

★	首都
◎	省级行政中心
○	其他城市
	国界
	未定国界
	地区界
	军事分界线
	省、自治区、直辖市界
	特别行政区界
	常年河
	时令河
	运河
	珊瑚礁
▲ 6621	山峰及高程
●	08时
○	20时

海拔(m)：6000　5000　4000

降水(mm)：0.1～9.9　10～24.9　25～49.9　50～99.9　>100

1:2500万

南海诸岛
比例尺 1:5000万

总降水日数图
5月2～3日

图例
首都
省级行政中心
其他城市
国界
未定国界
地区界
军事分界线
省、自治区、直辖市界
特别行政区界
常年河
时令河
运河
珊瑚礁
6621 山峰及高程

海拔(m)
6000
5000
4000

降水日数
1天
2～3天
4天以上

1：2500万

南海诸岛
比例尺 1：5000万

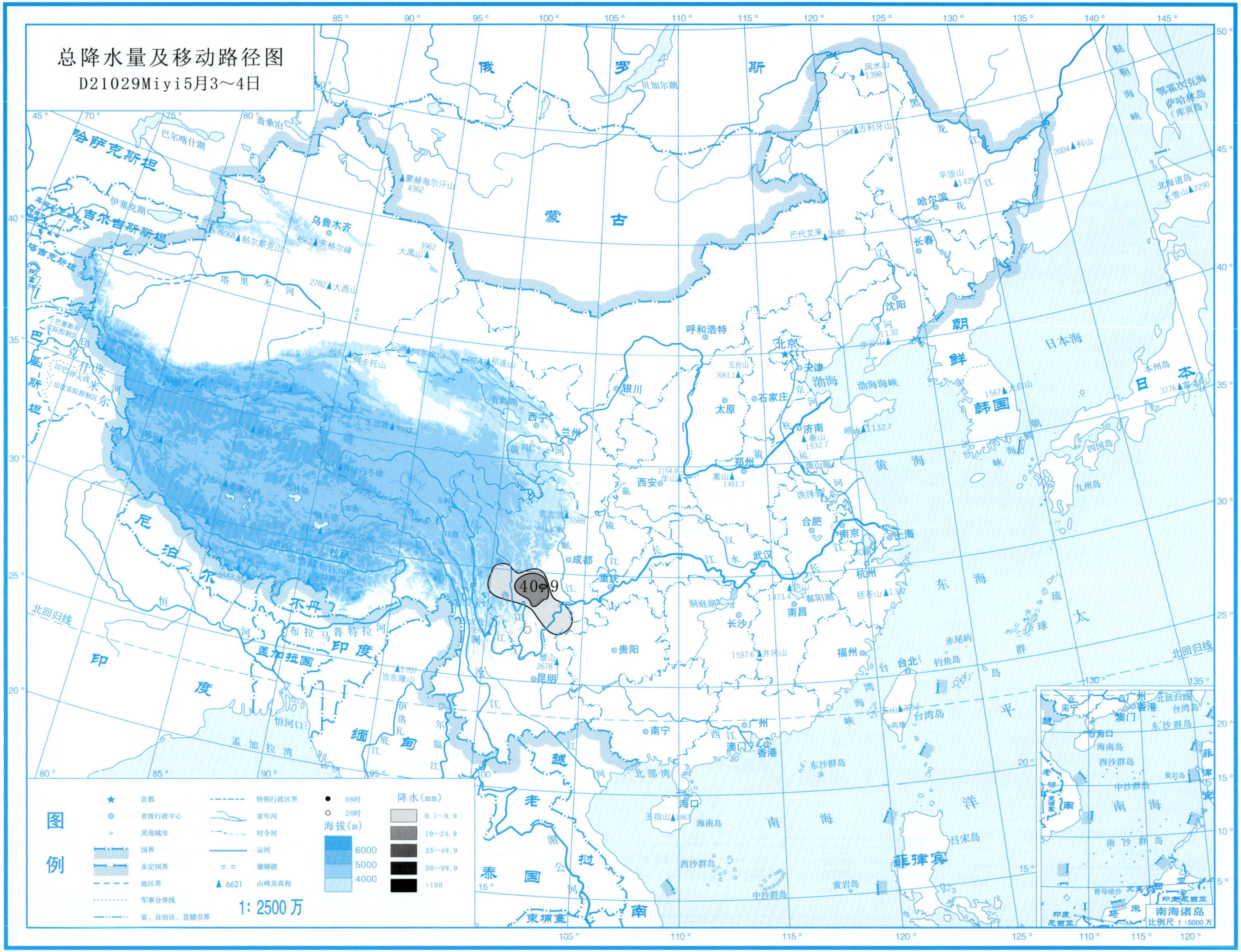

总降水量及移动路径图

D21029Miyi5月3～4日

总降水日数图

5月3～4日

图例

★ 首都
◎ 省级行政中心
○ 其他城市
国界
未定国界
地区界
军事分界线
省、自治区、直辖市界
特别行政区界
常年河
时令河
运河
珊瑚礁
▲6621 山峰及高程

海拔(m)
6000
5000
4000

降水日数
1天
2～3天
4天以上

1：2500万

南海诸岛
比例尺 1：5000万

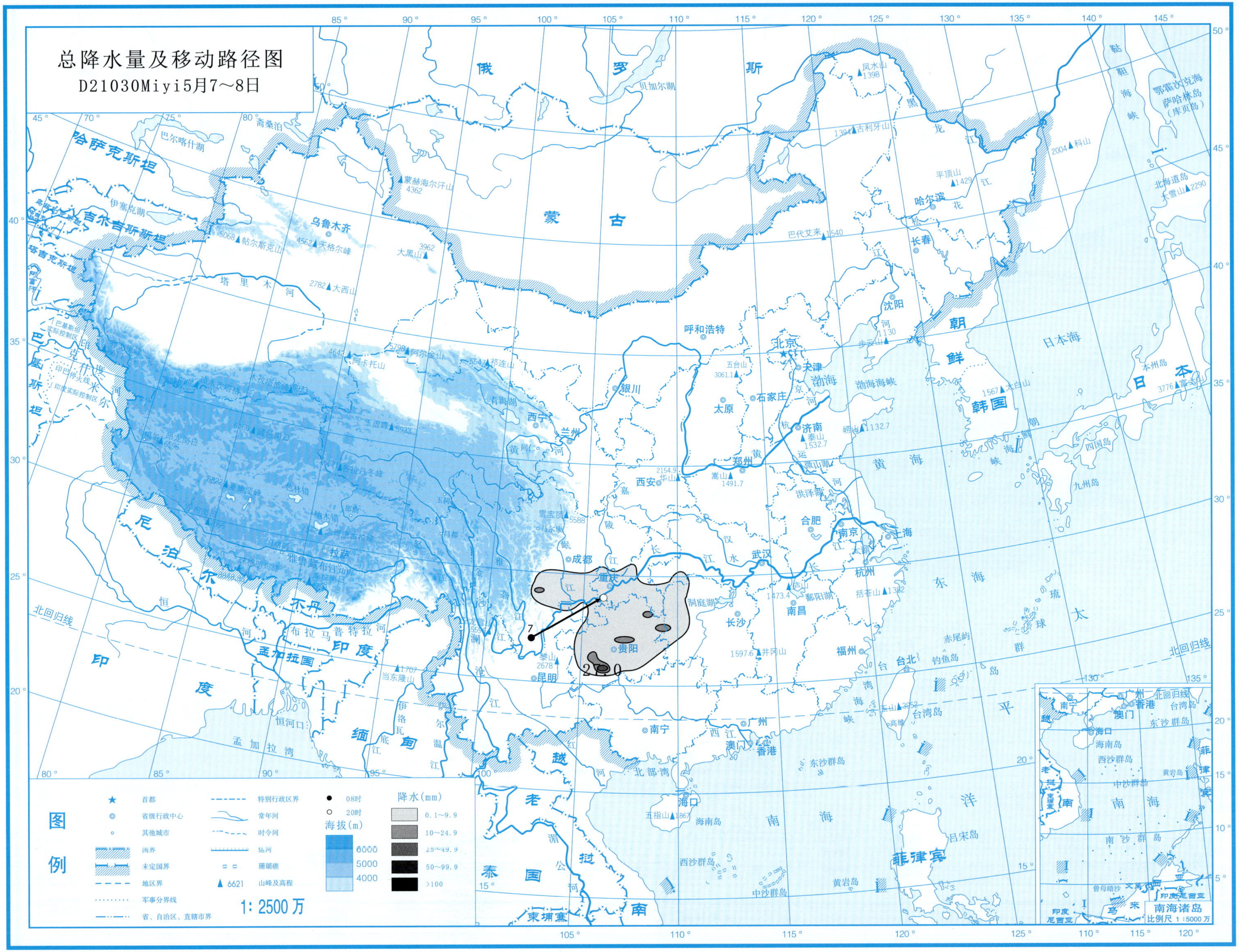

总降水量及移动路径图

D21030Miyi5月7～8日

图例

符号	说明	符号	说明
★	首都		特别行政区界
◎	省级行政中心		常年河
○	其他城市		时令河
	国界		运河
	未定国界		珊瑚礁
	地区界	▲ 6621	山峰及高程
	军事分界线		
	省、自治区、直辖市界		

● 08时

○ 20时

海拔（m）：6000、5000、4000

降水（mm）：0.1～9.9、10～24.9、25～49.9、50～99.9、>100

1∶2500万

南海诸岛 比例尺 1∶5000万

总降水日数图

5月7～8日

图例

★	首都		特别行政区界
◎	省级行政中心		常年河
◦	其他城市		时令河
	国界		运河
	未定国界		珊瑚礁
	地区界	▲ 6621	山峰及高程
	军事分界线		
	省、自治区、直辖市界		

海拔(m)

6000

5000

4000

降水日数

1天

2～3天

4天以上

1: 2500万

南海诸岛

比例尺 1:5000万

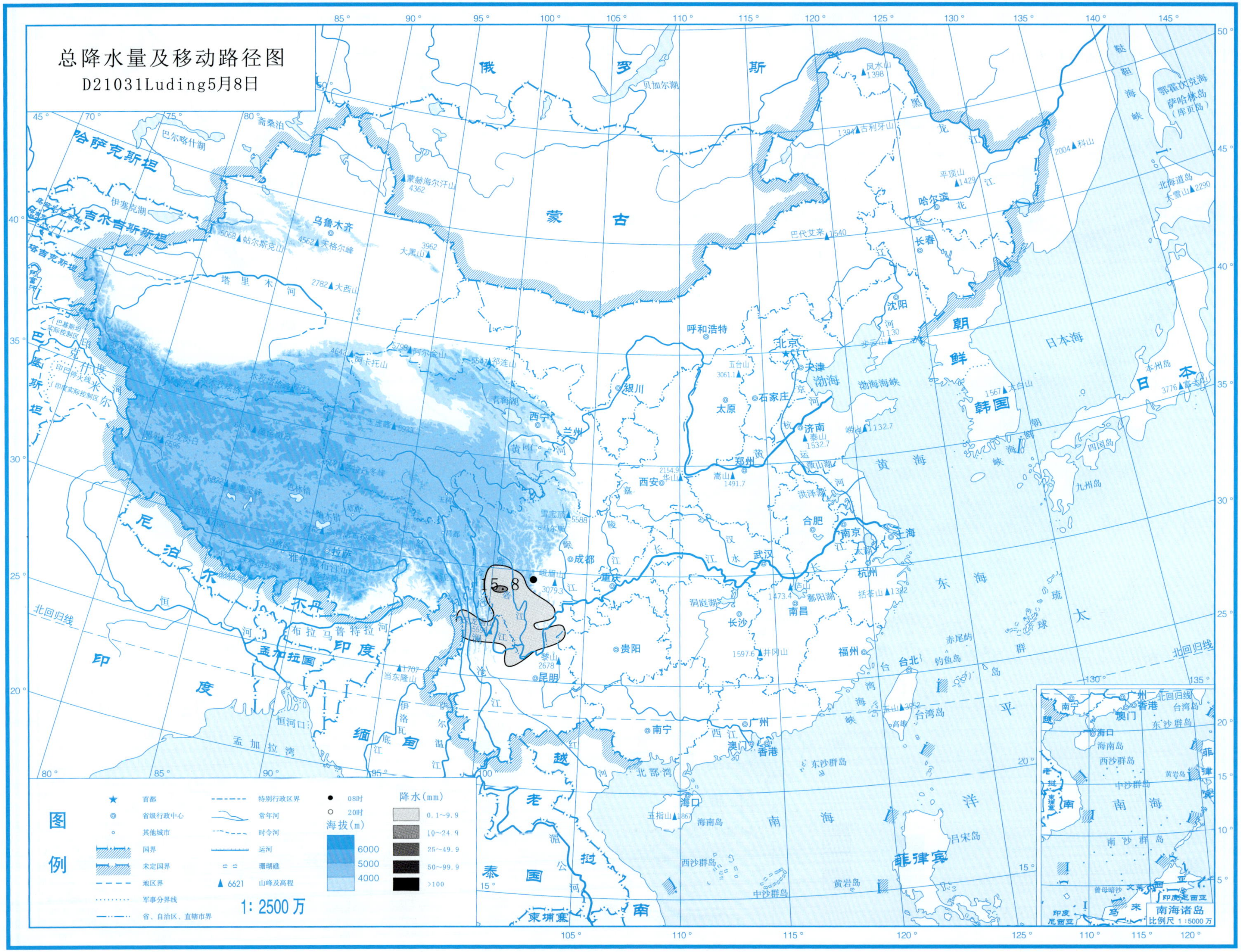

总降水量及移动路径图

D21031Luding5月8日

15.8

图例

★ 首都	特别行政区界	● 08时	降水(mm)
省级行政中心	常年河	○ 20时	0.1~9.9
其他城市	时令河	海拔(m)	10~24.9
国界	运河	6000	25~49.9
未定国界	珊瑚礁	5000	50~99.9
地区界	▲ 6621 山峰及高程	4000	>100
军事分界线			
省、自治区、直辖市界			

1: 2500 万

南海诸岛 比例尺 1 : 5000 万

总降水日数图

5月8日

图例

★ 首都
◎ 省级行政中心
○ 其他城市
国界
未定国界
地区界
军事分界线
省、自治区、直辖市界
特别行政区界
常年河
时令河
运河
珊瑚礁
▲ 6621 山峰及高程

海拔（m）
6000
5000
4000

降水日数
1天
2~3天
4天以上

1：2500万

南海诸岛
比例尺 1：5000万

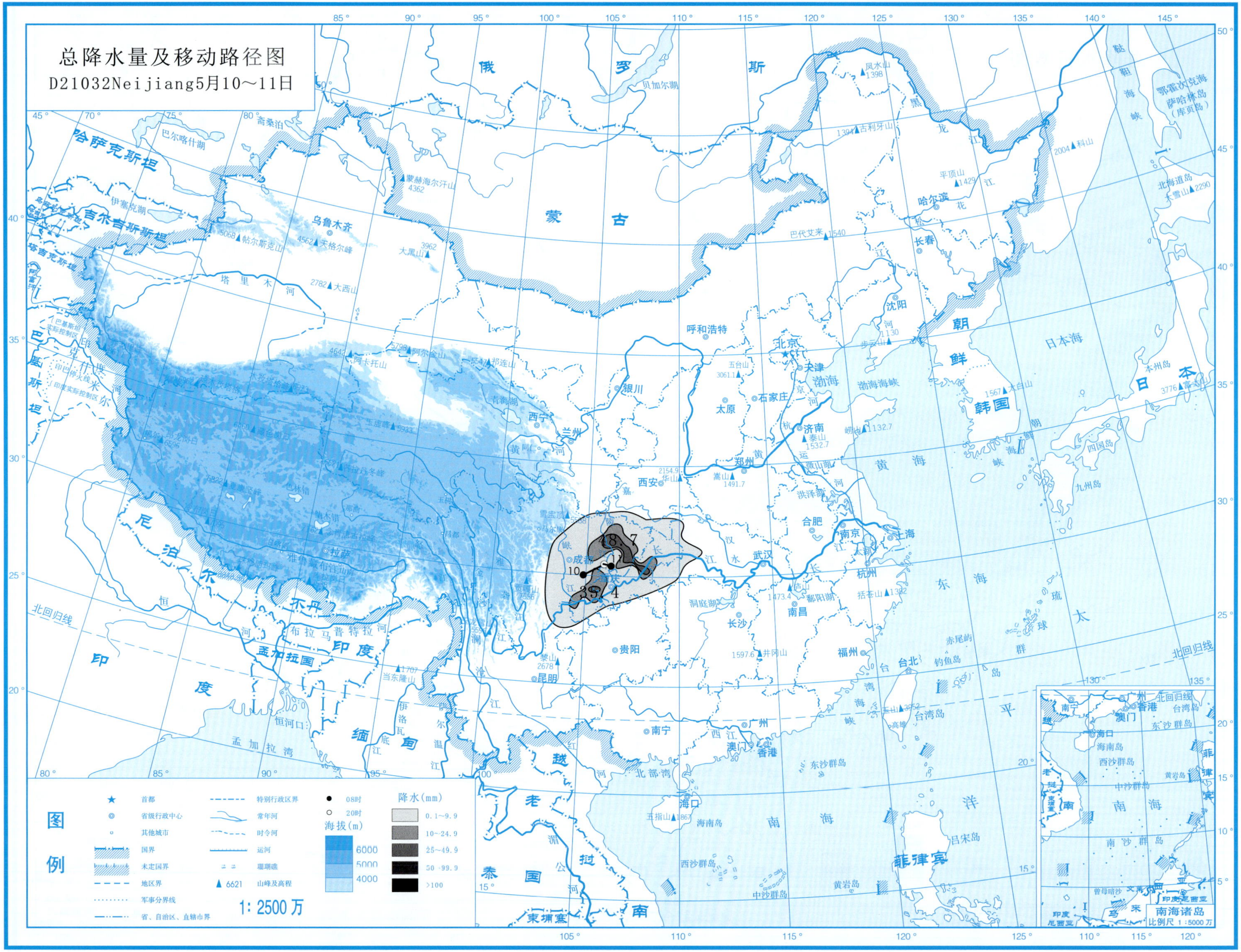

总降水量及移动路径图

D21032Neijiang5月10～11日

图例

符号	说明	符号	说明
★	首都		特别行政区界
◎	省级行政中心		常年河
◦	其他城市		时令河
	国界		运河
	未定国界		珊瑚礁
	地区界	▲ 6621	山峰及高程
	军事分界线		
	省、自治区、直辖市界		

● 08时

○ 20时

海拔（m）：6000、5000、4000

降水（mm）：0.1～9.9、10～24.9、25～49.9、50～99.9、>100

1:2500万

南海诸岛 比例尺 1:5000万

总降水日数图

5月10～11日

图例

★ 首都
◎ 省级行政中心
○ 其他城市
国界
未定国界
地区界
军事分界线
省、自治区、直辖市界
特别行政区界
常年河
时令河
运河
珊瑚礁
▲6621 山峰及高程

海拔(m)
6000
5000
4000

降水日数
1天
2～3天
4天以上

1∶2500万

南海诸岛
比例尺 1∶5000万

总降水量及移动路径图

D21033Bazhong5月15日

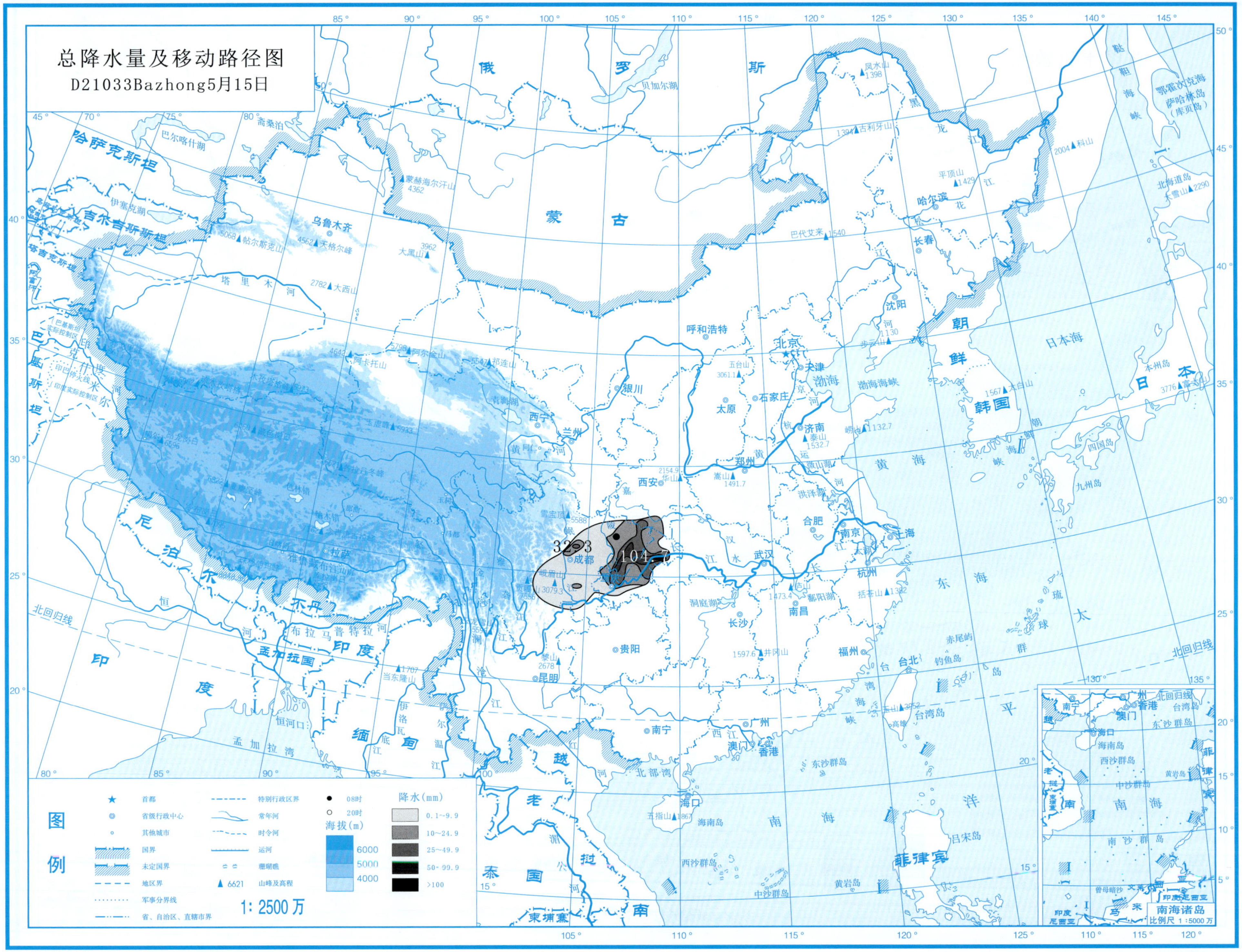

图例

★ 首都
◎ 省级行政中心
○ 其他城市
国界
未定国界
地区界
军事分界线
省、自治区、直辖市界
特别行政区界
常年河
时令河
运河
珊瑚礁
▲ 6621 山峰及高程

● 08时
○ 20时

海拔(m)
6000
5000
4000

降水(mm)
0.1~9.9
10~24.9
25~49.9
50~99.9
>100

1: 2500 万

南海诸岛
比例尺 1:5000 万

总降水日数图

5月15日

图例

★ 首都
◎ 省级行政中心
○ 其他城市
国界
未定国界
地区界
军事分界线
省、自治区、直辖市界
特别行政区界
常年河
时令河
运河
珊瑚礁
▲6621 山峰及高程

海拔(m)
6000
5000
4000

降水日数
1天
2-3天
4天以上

1:2500万

南海诸岛
比例尺 1:5000万

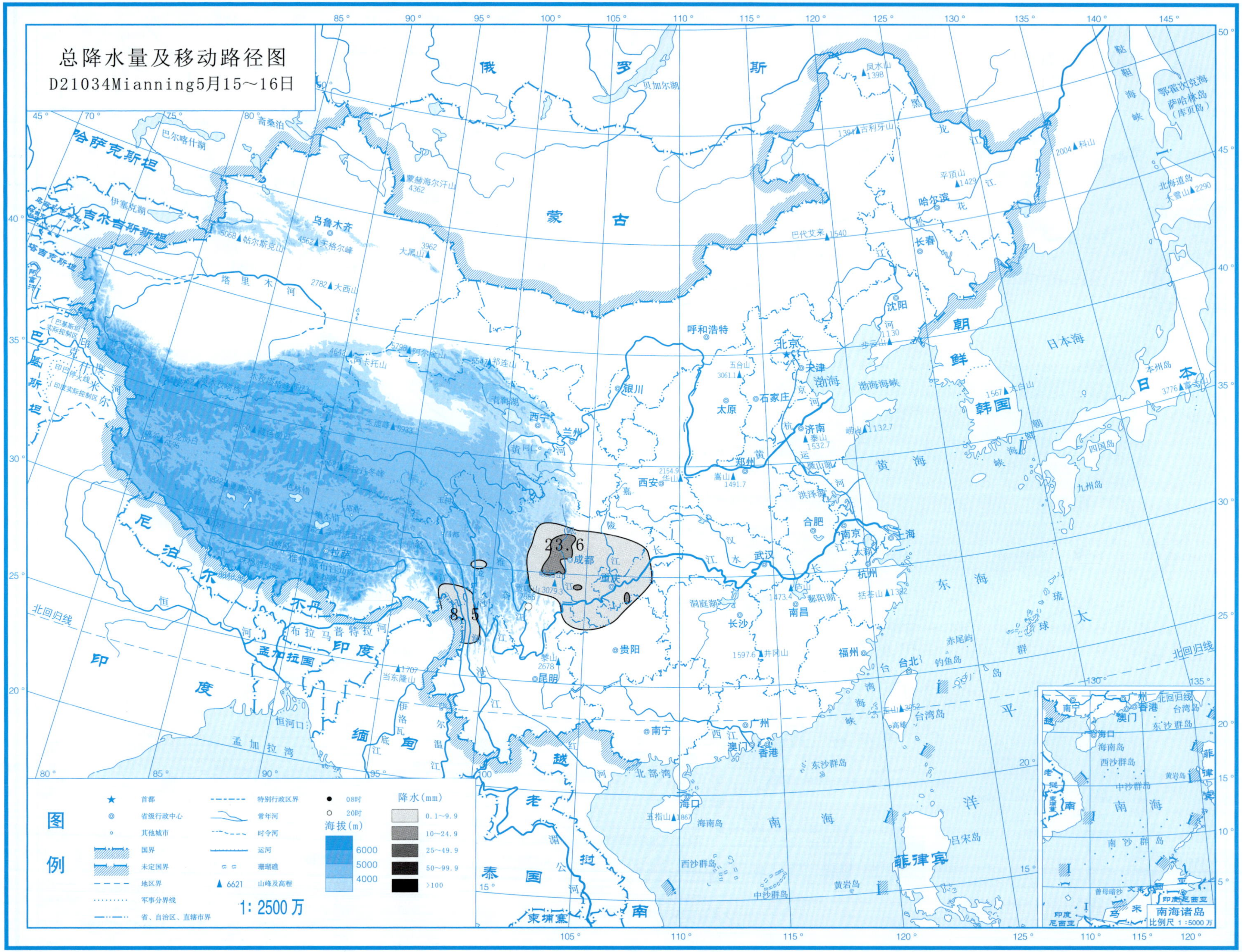

总降水量及移动路径图

D21034Mianning5月15～16日

23.6

8.5

图例

符号	说明	符号	说明
★	首都		特别行政区界
◎	省级行政中心		常年河
○	其他城市		时令河
	国界		运河
	未定国界		珊瑚礁
	地区界	▲ 6621	山峰及高程
	军事分界线		
	省、自治区、直辖市界		

● 08时

○ 20时

海拔(m)：6000、5000、4000

降水(mm)：0.1～9.9、10～24.9、25～49.9、50～99.9、>100

1:2500万

南海诸岛

比例尺 1:5000万

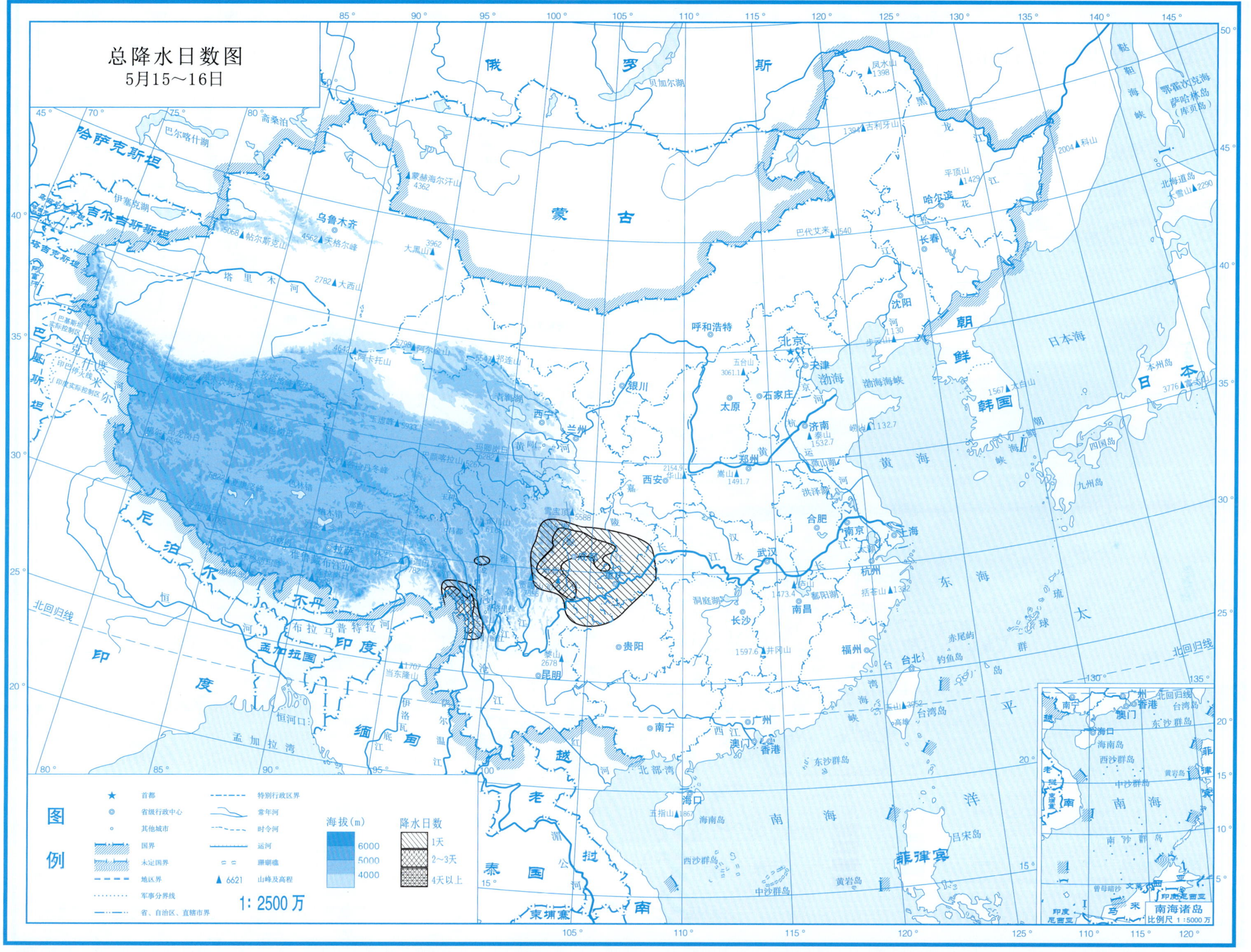
总降水日数图
5月15～16日
图例
首都
省级行政中心
其他城市
国界
未定国界
地区界
军事分界线
省、自治区、直辖市界
特别行政区界
常年河
时令河
运河
珊瑚礁
山峰及高程
海拔(m)
6000
5000
4000
降水日数
1天
2～3天
4天以上
1: 2500万
南海诸岛
比例尺 1:5000万

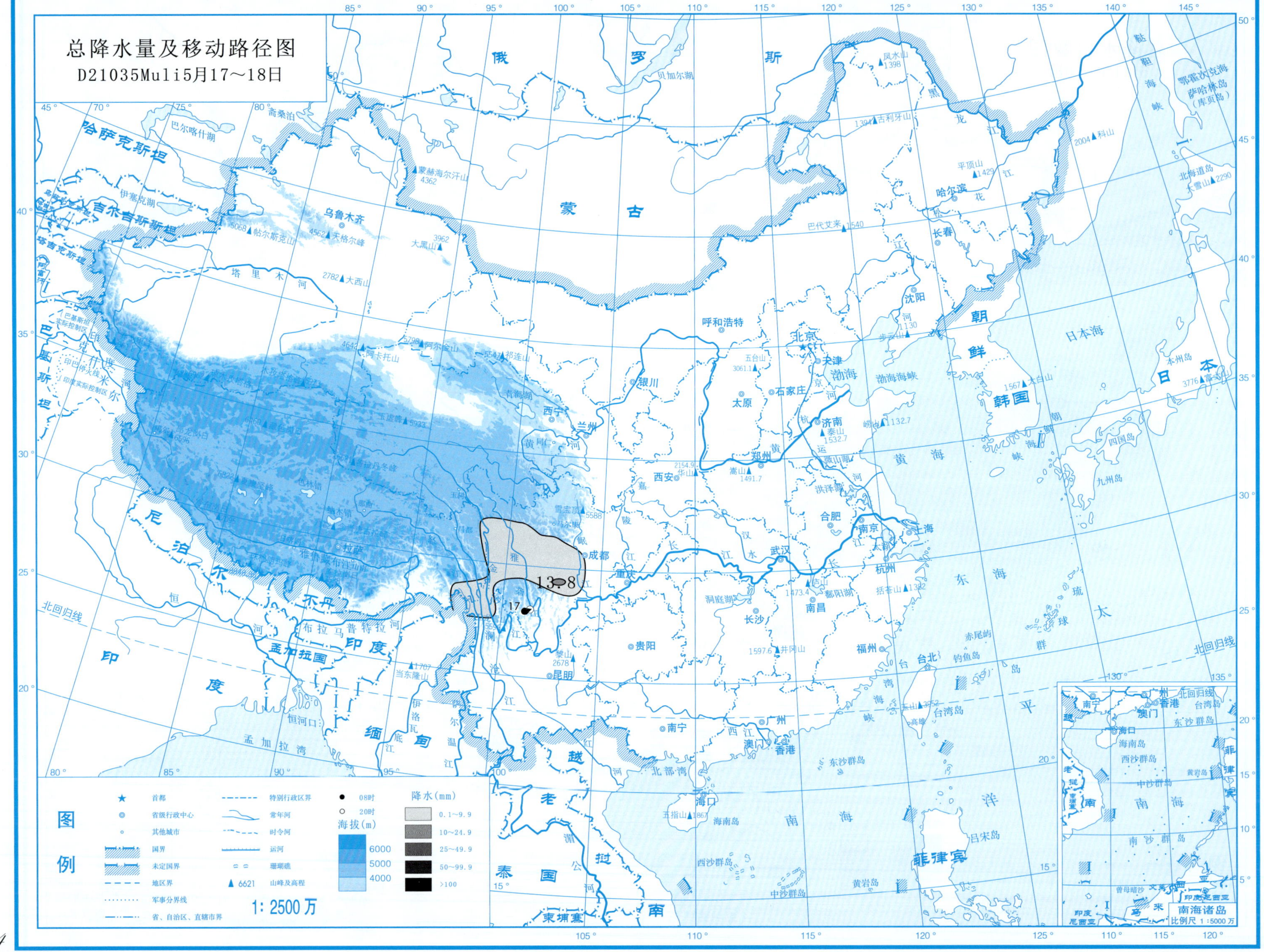
总降水量及移动路径图
D21035Muli5月17～18日
13.8
17
图例
首都
省级行政中心
其他城市
国界
未定国界
地区界
军事分界线
省、自治区、直辖市界
特别行政区界
常年河
时令河
运河
珊瑚礁
6621 山峰及高程
08时
20时
海拔(m)
6000
5000
4000
降水(mm)
0.1～9.9
10～24.9
25～49.9
50～99.9
>100
1: 2500万
南海诸岛
比例尺 1：5000万

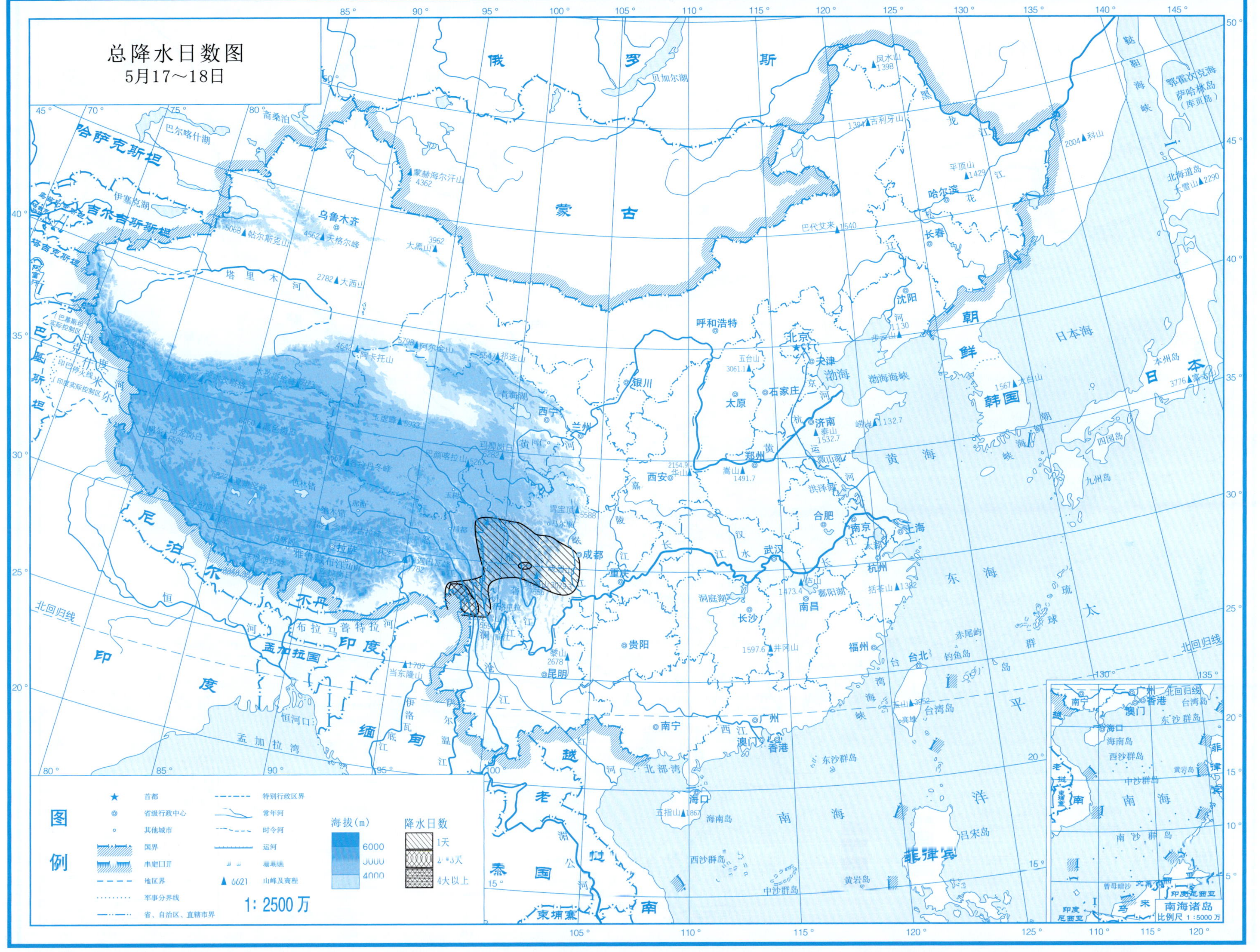

总降水日数图
5月17～18日
图例
首都
省级行政中心
其他城市
国界
未定国界
地区界
军事分界线
省、自治区、直辖市界
特别行政区界
常年河
时令河
运河
珊瑚礁
6621 山峰及高程
海拔(m)
6000
5000
4000
降水日数
1天
2～3天
4天以上
1∶2500万
南海诸岛
比例尺 1∶5000万
俄罗斯
蒙古
哈萨克斯坦
吉尔吉斯斯坦
塔吉克斯坦
尼泊尔
不丹
孟加拉国
印度
缅甸
老挝
泰国
越南
柬埔寨
朝鲜
韩国
日本
菲律宾
日本海
黄海
东海
南海
太平洋

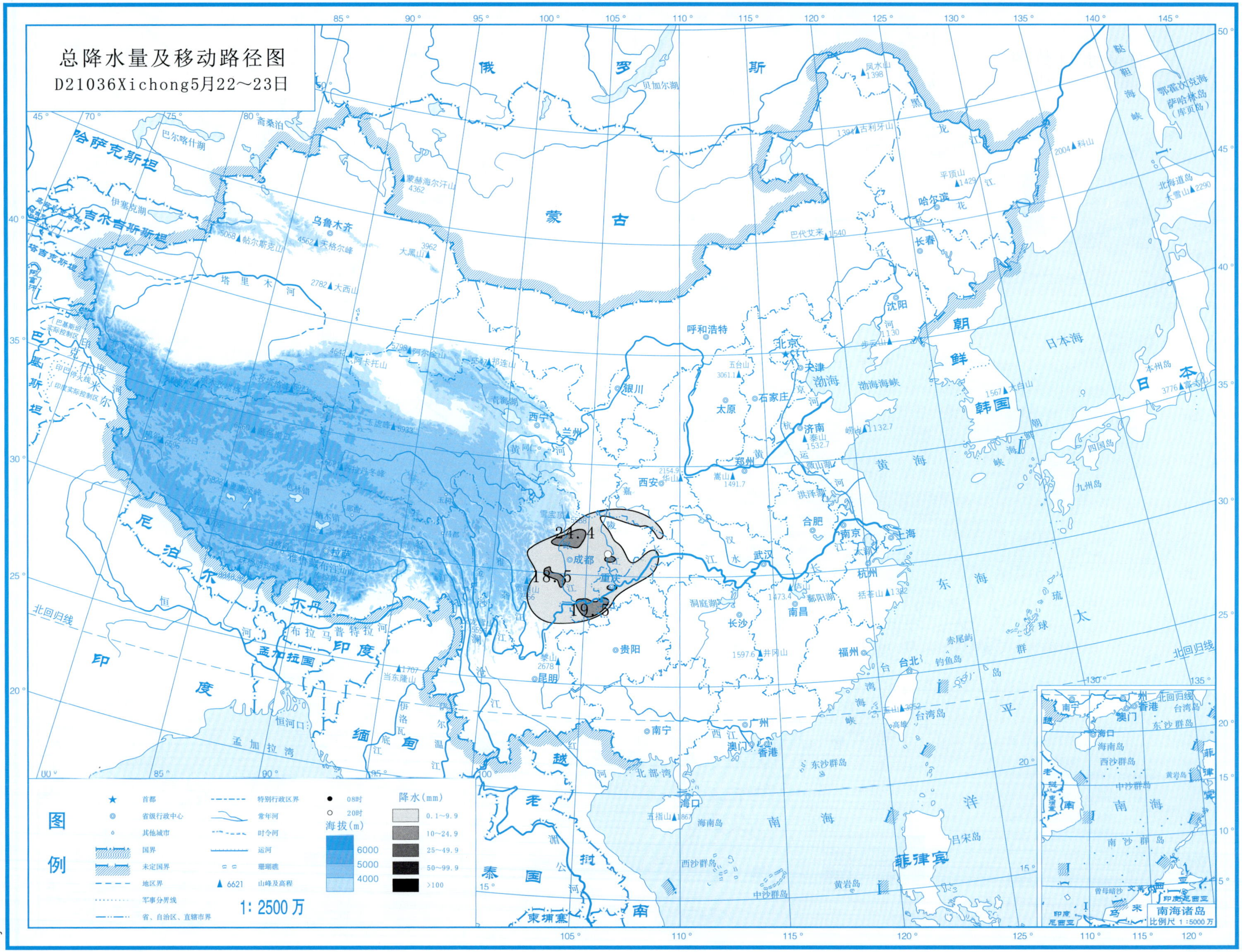

总降水量及移动路径图

D21036Xichong5月22～23日

24.4
18.5
19.5

图例

★ 首都
◎ 省级行政中心
○ 其他城市
国界
未定国界
地区界
军事分界线
省、自治区、直辖市界
特别行政区界
常年河
时令河
运河
珊瑚礁
▲ 6621 山峰及高程

● 08时
○ 20时

海拔(m)
6000
5000
4000

降水(mm)
0.1～9.9
10～24.9
25～49.9
50～99.9
>100

1: 2500万

南海诸岛
比例尺 1:5000万

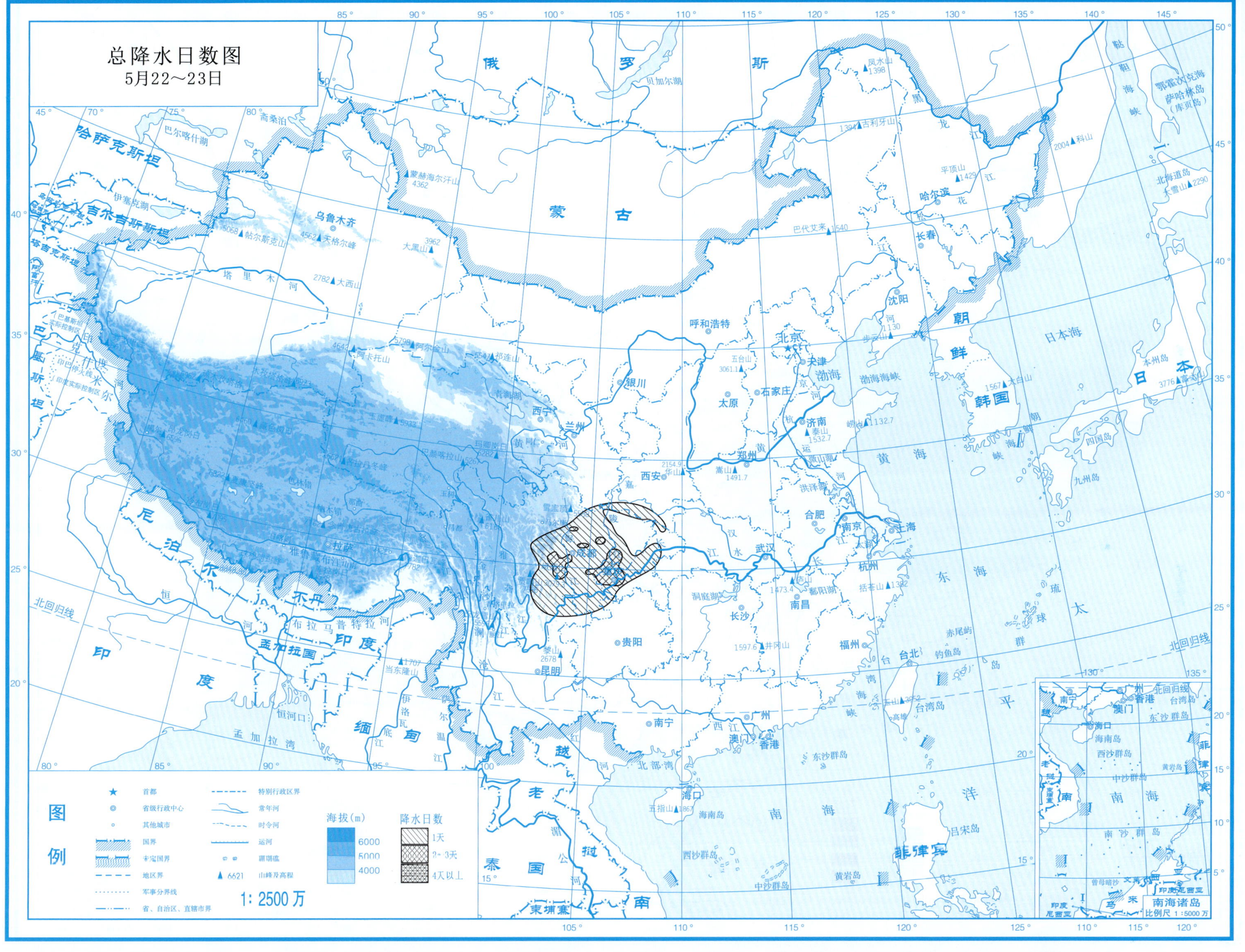
总降水日数图
5月22～23日
图例
首都
省级行政中心
其他城市
国界
未定国界
地区界
军事分界线
省、自治区、直辖市界
特别行政区界
常年河
时令河
运河
湖沼
6621 山峰及高程
海拔(m)
6000
5000
4000
降水日数
1天
2～3天
4天以上
1：2500万
俄 罗 斯
蒙 古
哈萨克斯坦
吉尔吉斯斯坦
塔吉克斯坦
巴基斯坦
尼泊尔
不丹
孟加拉国
印 度
缅 甸
老 挝
越 南
泰 国
柬埔寨
朝 鲜
韩 国
日 本
菲律宾
贝加尔湖
巴尔喀什湖
伊塞克湖
斋桑泊
乌鲁木齐
呼和浩特
北京
天津
石家庄
太原
银川
兰州
西宁
西安
郑州
济南
合肥
南京
上海
杭州
武汉
长沙
南昌
福州
台北
贵阳
昆明
南宁
广州
澳门
香港
海口
拉萨
成都
沈阳
长春
哈尔滨
渤海
黄 海
东 海
南 海
日本海
太 平 洋
北回归线
台湾岛
海南岛
东沙群岛
西沙群岛
中沙群岛
黄岩岛
南沙群岛
钓鱼岛
赤尾屿
南海诸岛
比例尺 1：5000万

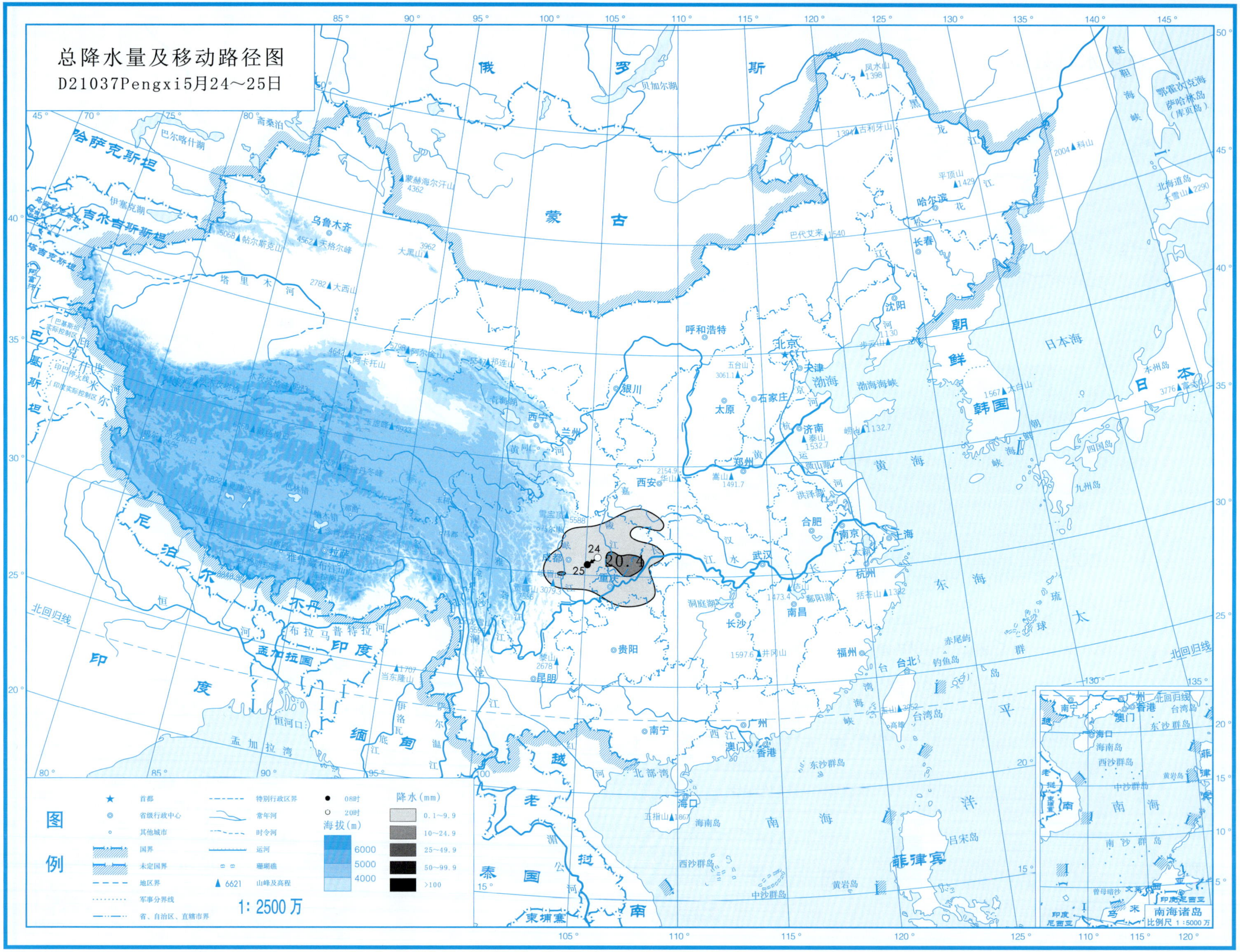

总降水量及移动路径图

D21037Pengxi5月24～25日

24

25

20.4

图例

符号	说明
★	首都
◎	省级行政中心
○	其他城市
	国界
	未定国界
	地区界
	军事分界线
	省、自治区、直辖市界
	特别行政区界
	常年河
	时令河
	运河
	珊瑚礁
▲ 6621	山峰及高程
●	08时
○	20时

海拔(m)：6000、5000、4000

降水(mm)：0.1～9.9、10～24.9、25～49.9、50～99.9、>100

1: 2500 万

南海诸岛 比例尺 1：5000 万

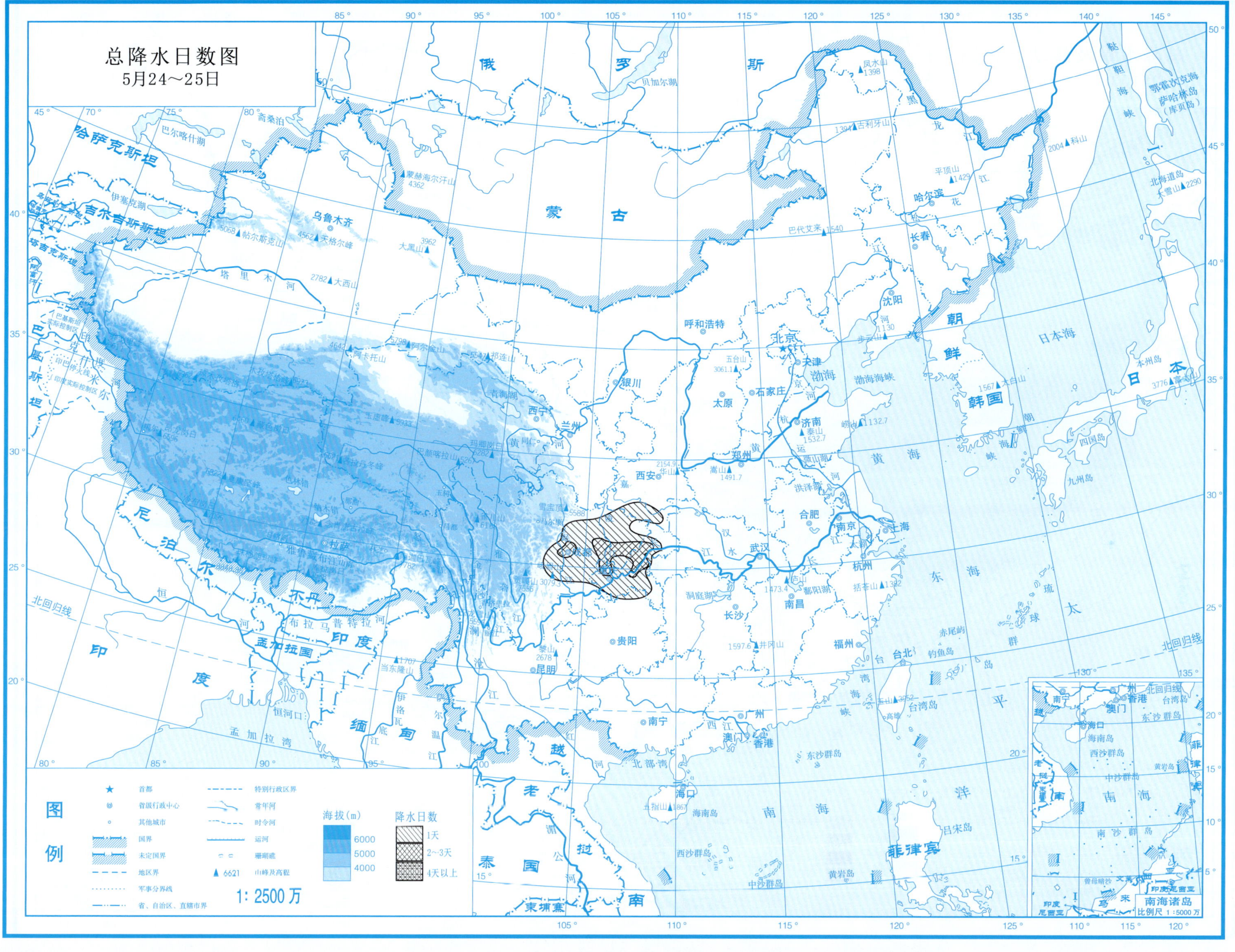

总降水日数图
5月24～25日
图例
首都
省级行政中心
其他城市
国界
未定国界
地区界
军事分界线
省、自治区、直辖市界
特别行政区界
常年河
时令河
运河
珊瑚礁
山峰及高程
海拔(m)
6000
5000
4000
降水日数
1天
2～3天
4天以上
1: 2500万
俄罗斯
蒙古
哈萨克斯坦
吉尔吉斯斯坦
塔吉克斯坦
巴基斯坦
印度
尼泊尔
不丹
孟加拉国
缅甸
老挝
越南
泰国
柬埔寨
朝鲜
韩国
日本
菲律宾
北京
天津
石家庄
太原
呼和浩特
沈阳
长春
哈尔滨
济南
郑州
西安
银川
兰州
西宁
乌鲁木齐
拉萨
成都
重庆
贵阳
昆明
南宁
长沙
武汉
南昌
合肥
南京
上海
杭州
福州
台北
广州
香港
澳门
海口
渤海
黄海
东海
南海
日本海
太平洋
孟加拉湾
北部湾
贝加尔湖
巴尔喀什湖
塔里木河
黄河
长江
南海诸岛
比例尺 1:5000万

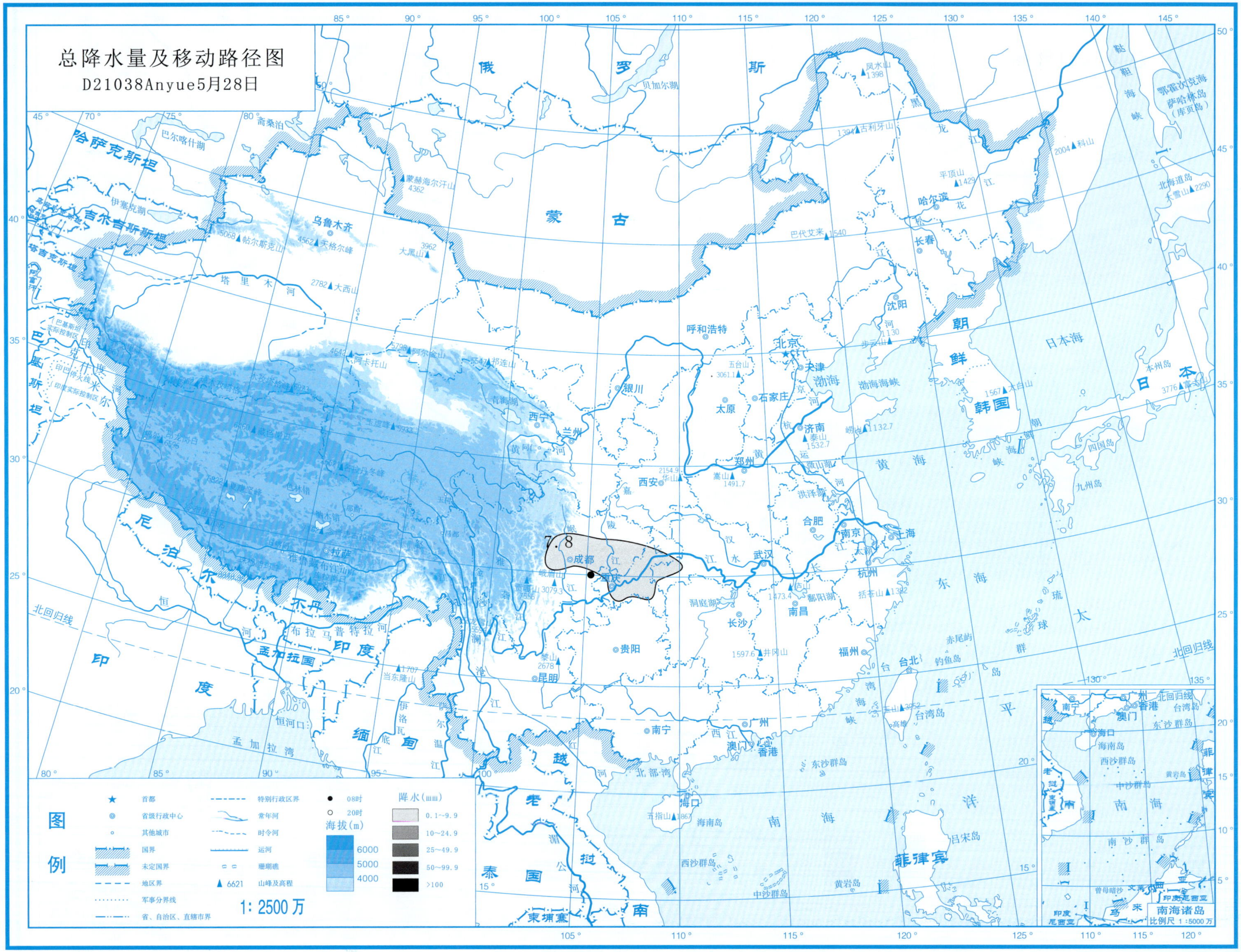

总降水量及移动路径图

D21038Anyue5月28日

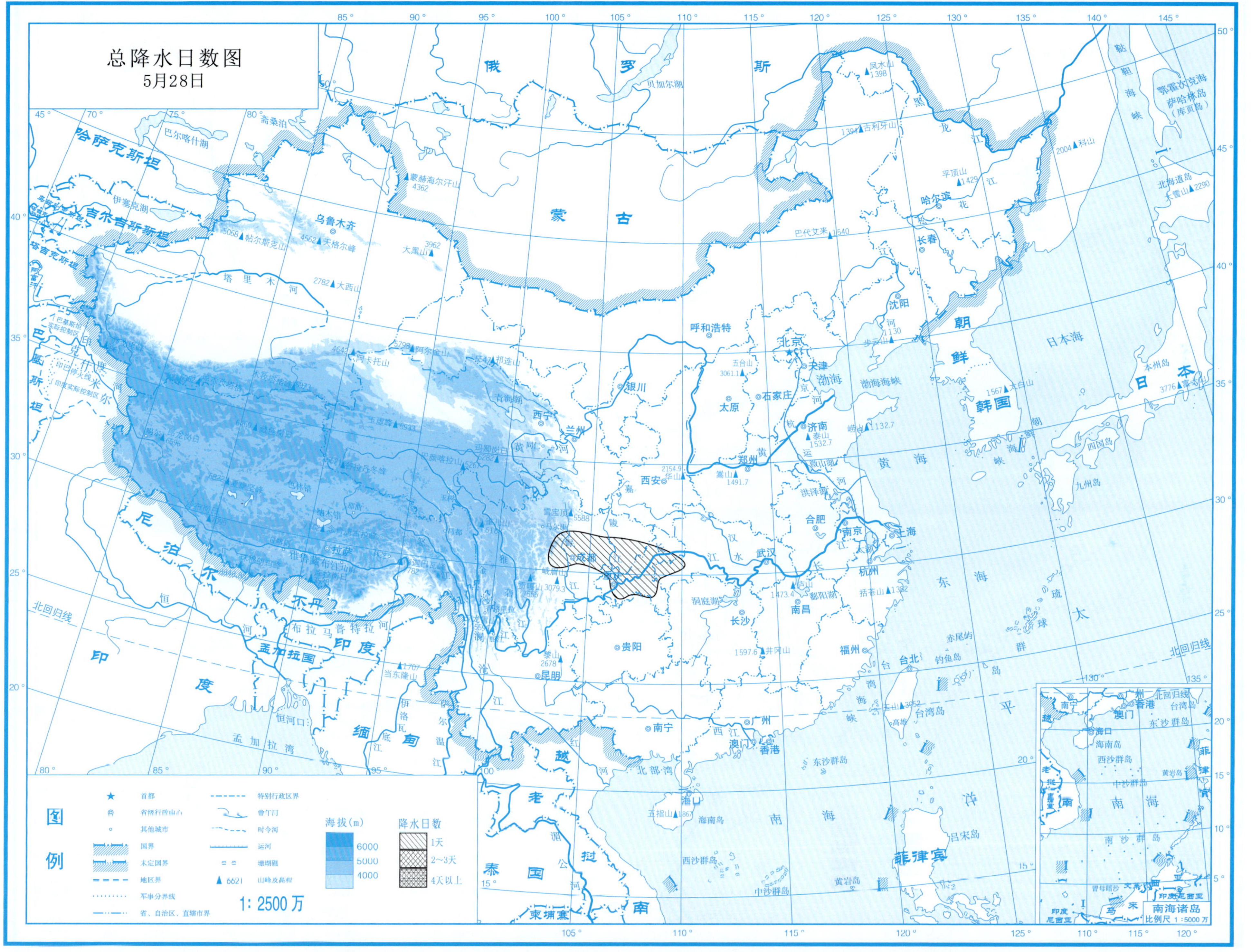
总降水日数图
5月28日
图例
首都
省级行政中心
其他城市
国界
未定国界
地区界
军事分界线
省、自治区、直辖市界
特别行政区界
运河
1: 2500万
海拔(m)
6000
5000
4000
降水日数
1天
2~3天
4天以上
南海诸岛
比例尺 1:5000万

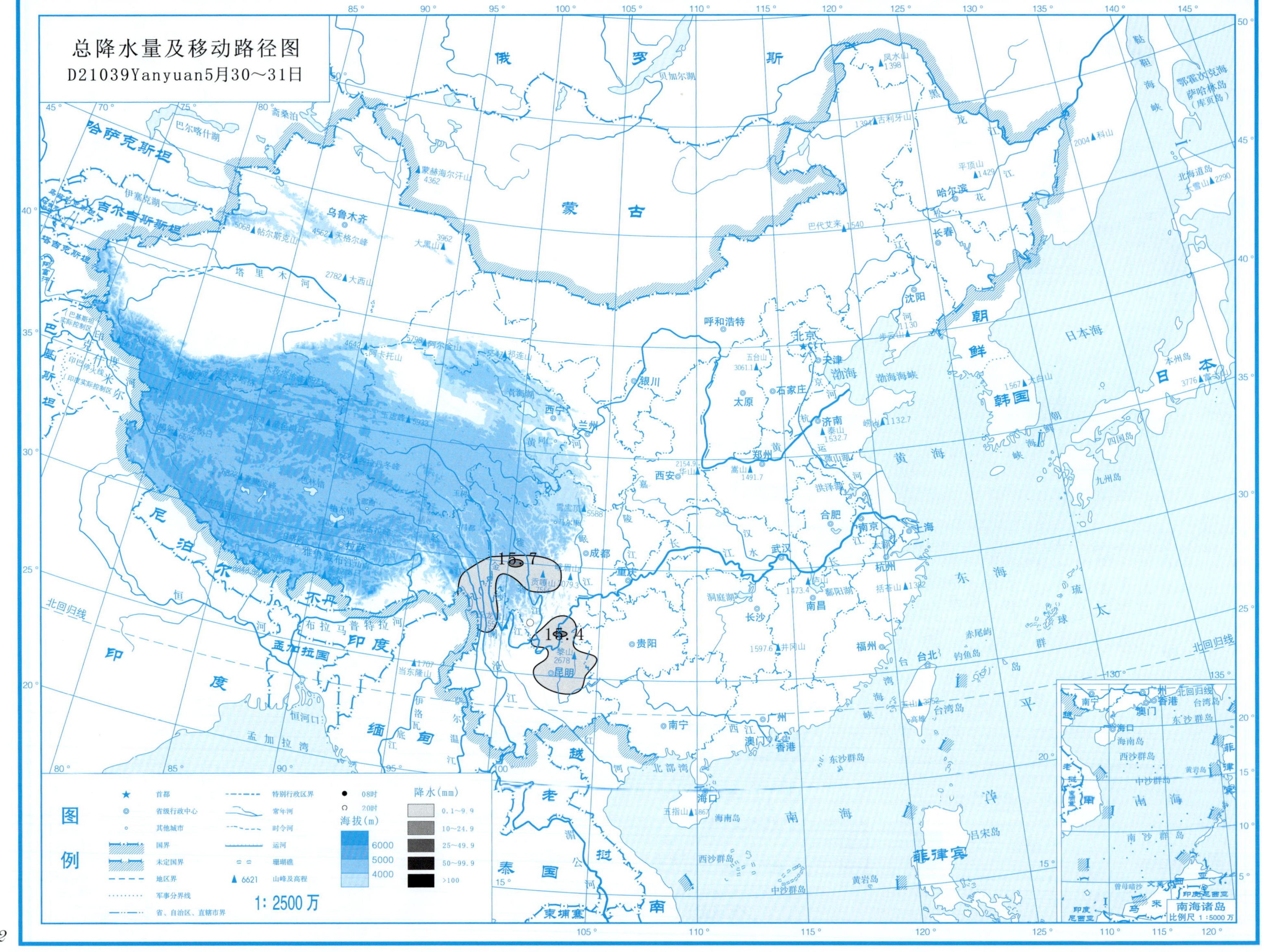
总降水量及移动路径图
D21039Yanyuan5月30～31日
15.7
15.4
昆明
贵阳
成都
重庆
拉萨
北京
图例
首都
省级行政中心
其他城市
国界
未定国界
地区界
军事分界线
省、自治区、直辖市界
特别行政区界
常年河
时令河
运河
珊瑚礁
6621 山峰及高程
08时
20时
海拔(m)
6000
5000
4000
降水(mm)
0.1～9.9
10～24.9
25～49.9
50～99.9
>100
1: 2500 万
南海诸岛
比例尺 1:5000 万

总降水日数图

5月30～31日

图例

- ★ 首都
- ◎ 省级行政中心
- ○ 其他城市
- 国界
- 未定国界
- 地区界
- 军事分界线
- 省、自治区、直辖市界
- 特别行政区界
- 常年河
- 时令河
- 运河
- 珊瑚礁
- ▲ 6621 山峰及高程

海拔(m)

- 6000
- 5000
- 4000

降水日数

- 1天
- 2～3天
- 4天以上

1∶2500万

南海诸岛

比例尺 1∶5000万

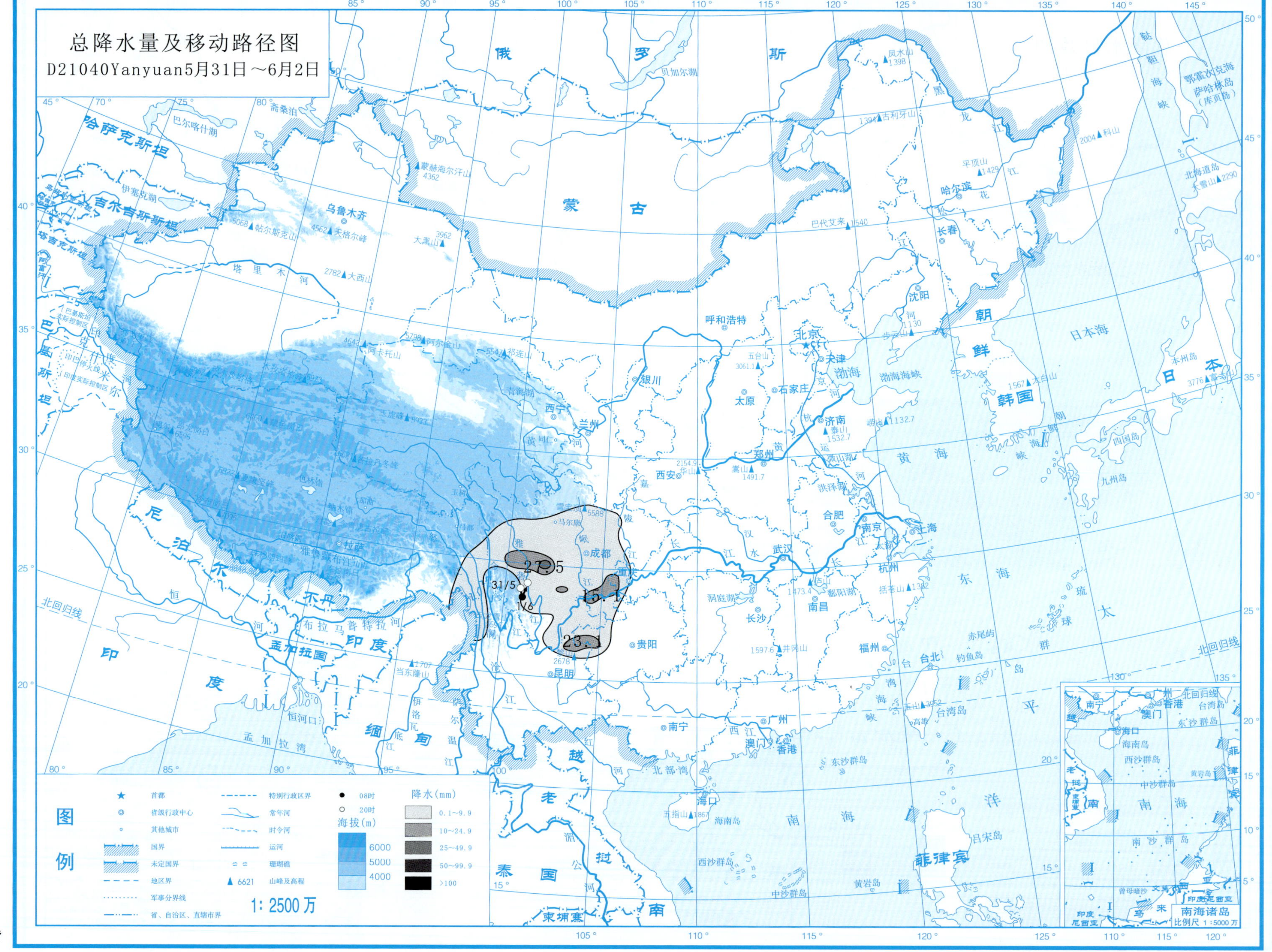
总降水量及移动路径图
D21040Yanyuan5月31日～6月2日
31/5
1/6
27.5
15.1
23.1
成都
重庆
贵阳
昆明
图例
首都
省级行政中心
其他城市
国界
未定国界
地区界
军事分界线
省、自治区、直辖市界
特别行政区界
常年河
时令河
运河
珊瑚礁
6621 山峰及高程
08时
20时
海拔(m)
6000
5000
4000
降水(mm)
0.1～9.9
10～24.9
25～49.9
50～99.9
>100
1:2500万
南海诸岛
比例尺 1:5000万

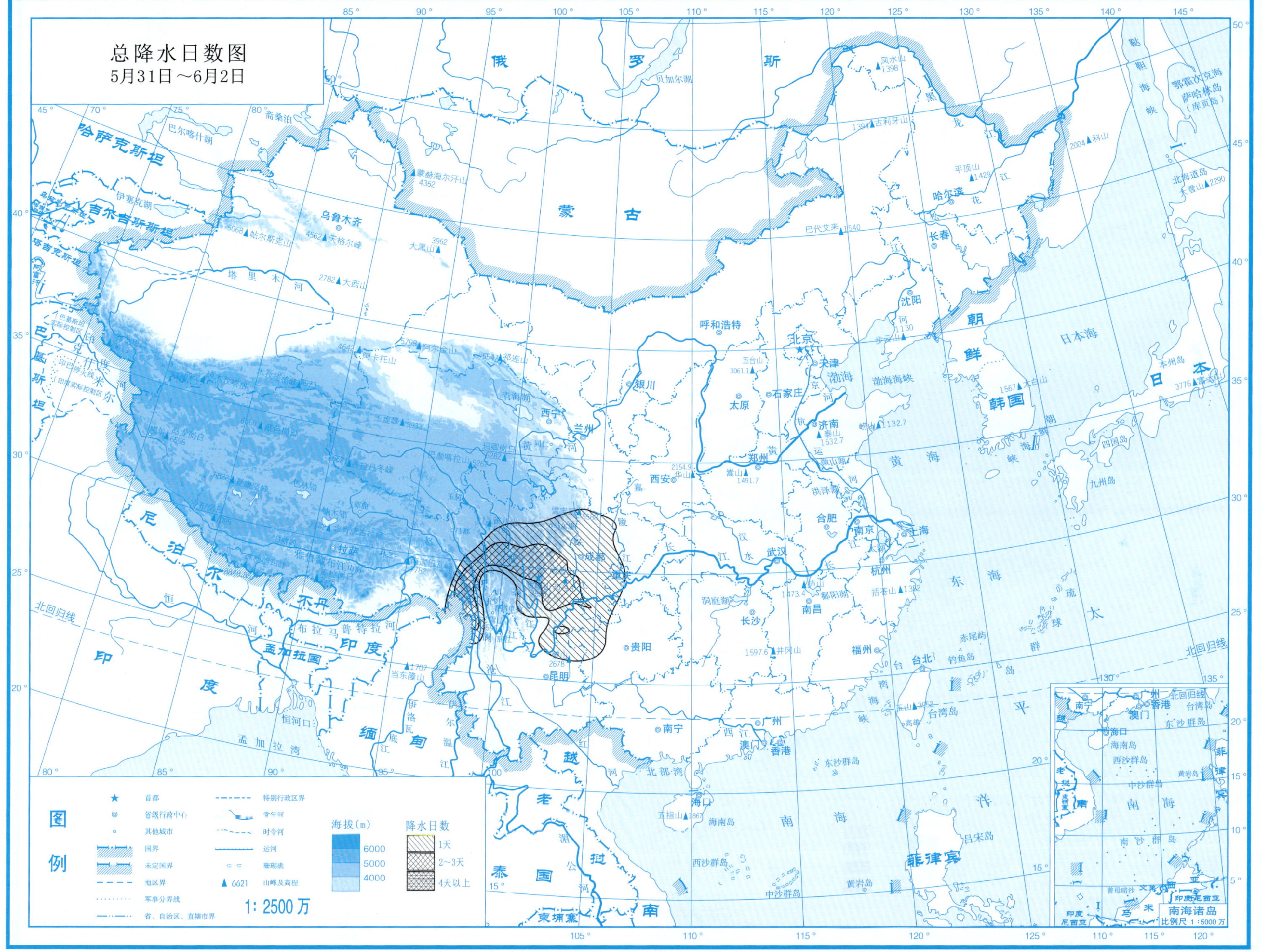
总降水日数图
5月31日～6月2日
图例
首都
省级行政中心
其他城市
国界
未定国界
地区界
军事分界线
省、自治区、直辖市界
特别行政区界
常年河
时令河
运河
珊瑚礁
6621 山峰及高程
海拔(m)
6000
5000
4000
降水日数
1天
2～3天
4天以上
1: 2500万
南海诸岛
比例尺 1:5000万

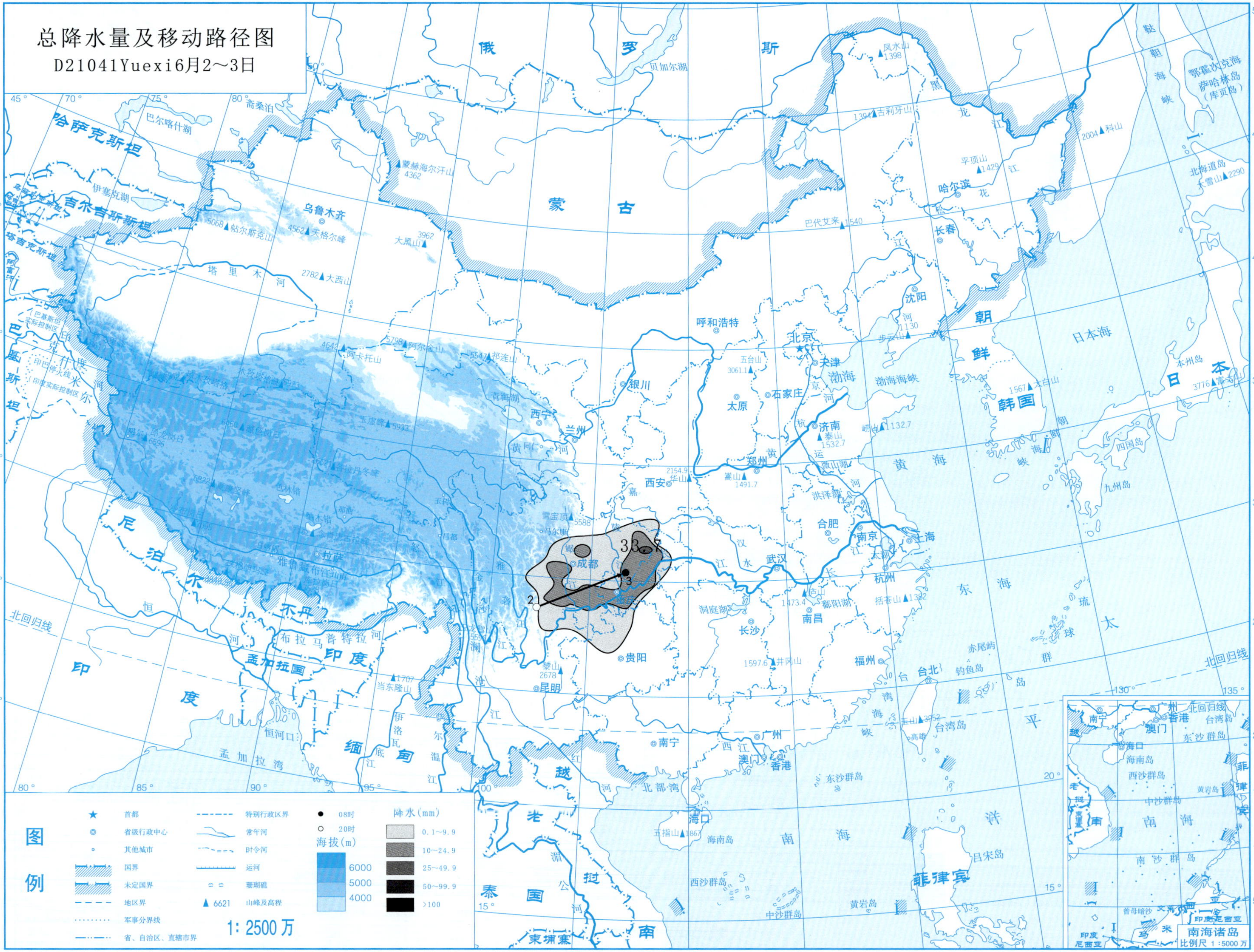

总降水量及移动路径图

D21041Yuexi6月2～3日

33.7

2

3

图例

符号	说明
★	首都
◎	省级行政中心
○	其他城市
	国界
	未定国界
	地区界
	军事分界线
	省、自治区、直辖市界
	特别行政区界
	常年河
	时令河
	运河
	珊瑚礁
▲ 6621	山峰及高程
●	08时
○	20时

海拔(m): 6000, 5000, 4000

降水(mm): 0.1～9.9, 10～24.9, 25～49.9, 50～99.9, >100

1:2500万

南海诸岛 比例尺 1:5000万

总降水日数图

6月2～3日

图例

- ★ 首都
- ◎ 省级行政中心
- ○ 其他城市
- 国界
- 未定国界
- 地区界
- 军事分界线
- 省、自治区、直辖市界
- 特别行政区界
- 常年河
- 时令河
- 运河
- 珊瑚礁
- ▲6621 山峰及高程

海拔(m)

- 6000
- 5000
- 4000

降水日数

- 1天
- 2～3天
- 4天以上

1：2500万

南海诸岛

比例尺 1：5000万

总降水量及移动路径图

D21042Zitong6月17日

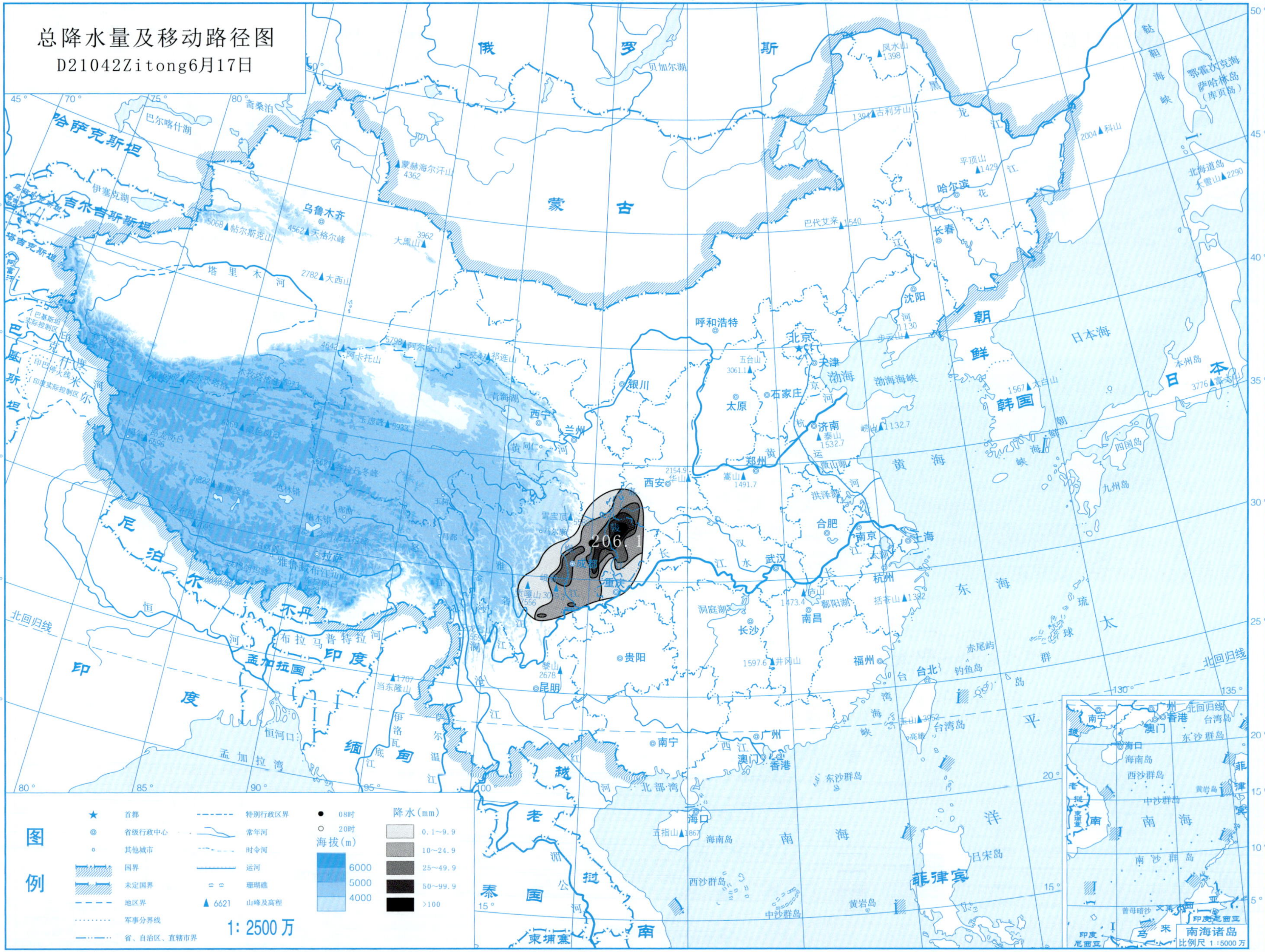

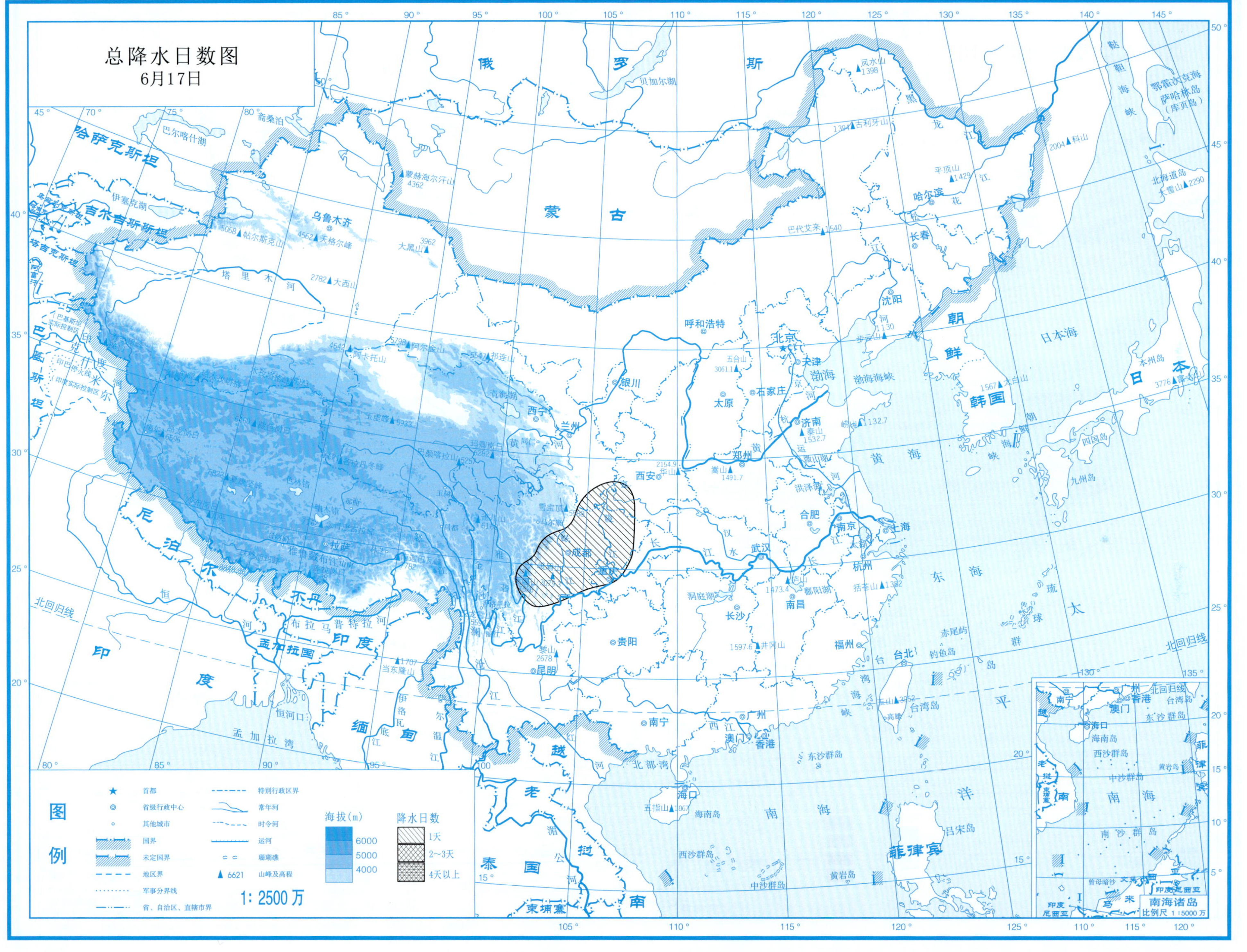

总降水日数图
6月17日
图例
首都
省级行政中心
其他城市
国界
未定国界
地区界
军事分界线
省、自治区、直辖市界
特别行政区界
常年河
时令河
运河
珊瑚礁
6621 山峰及高程
海拔(m)
6000
5000
4000
降水日数
1天
2~3天
4天以上
1: 2500万
俄罗斯
蒙古
哈萨克斯坦
吉尔吉斯斯坦
塔吉克斯坦
巴基斯坦
尼泊尔
不丹
印度
孟加拉国
缅甸
老挝
泰国
越南
柬埔寨
朝鲜
韩国
日本
菲律宾
乌鲁木齐
呼和浩特
北京
天津
石家庄
太原
银川
西宁
兰州
西安
郑州
济南
合肥
南京
上海
杭州
武汉
长沙
南昌
福州
台北
成都
重庆
贵阳
昆明
南宁
广州
澳门
香港
海口
沈阳
长春
哈尔滨
拉萨
渤海
黄海
东海
日本海
南海
太平洋
台湾岛
海南岛
东沙群岛
西沙群岛
中沙群岛
黄岩岛
钓鱼岛
赤尾屿
南海诸岛
比例尺 1:5000万
北回归线

总降水量及移动路径图

D21043Bazhong6月19～20日

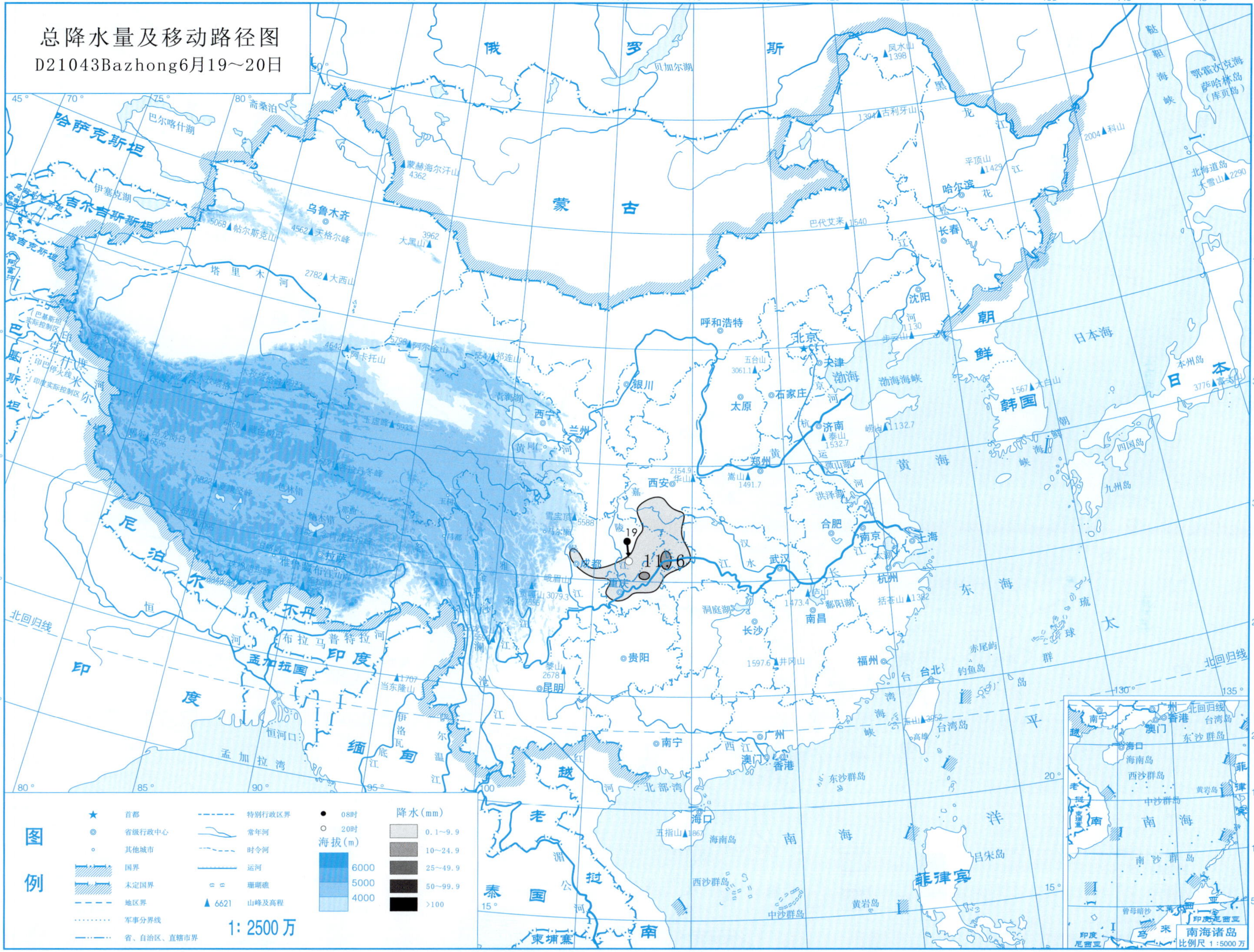

图例

符号	说明
★	首都
◎	省级行政中心
○	其他城市
	国界
	未定国界
	地区界
	军事分界线
	省、自治区、直辖市界
	特别行政区界
	常年河
	时令河
	运河
	珊瑚礁
▲6621	山峰及高程
●	08时
○	20时

海拔(m)：6000、5000、4000

降水(mm)：0.1～9.9、10～24.9、25～49.9、50～99.9、>100

1∶2500万

南海诸岛 比例尺 1∶5000万

总降水日数图

6月19～20日

图例

★ 首都
◎ 省级行政中心
○ 其他城市
国界
未定国界
地区界
军事分界线
省、自治区、直辖市界
特别行政区界
常年河
时令河
运河
珊瑚礁
▲6621 山峰及高程

海拔(m)
6000
5000
4000

降水日数
1天
2～3天
4天以上

1：2500万

南海诸岛
比例尺 1：5000万

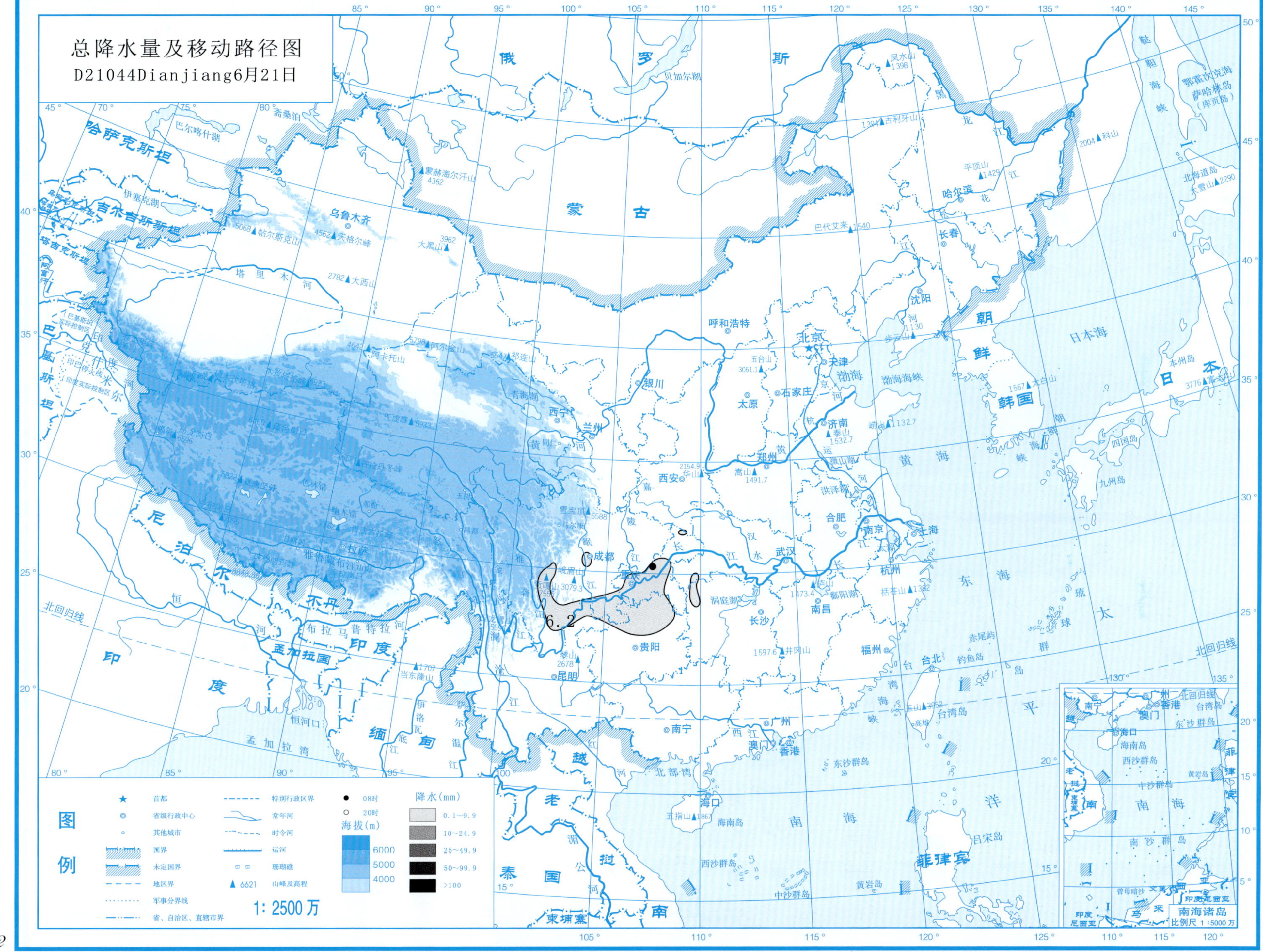
总降水量及移动路径图
D21044Dianjiang6月21日
6.2
图例
降水(mm)
0.1~9.9
10~24.9
25~49.9
50~99.9
>100
1: 2500万
南海诸岛
比例尺 1:5000万

总降水日数图
6月21日

图例

★ 首都
◎ 省级行政中心
○ 其他城市
国界
未定国界
地区界
军事分界线
省、自治区、直辖市界
特别行政区界
常年河
时令河
运河
珊瑚礁
▲ 6621 山峰及高程

海拔（m）
6000
5000
4000

降水日数
1天
2～3天
4天以上

1：2500万

南海诸岛
比例尺 1：5000万

总降水量及移动路径图

D21045Tongliang6月22～23日

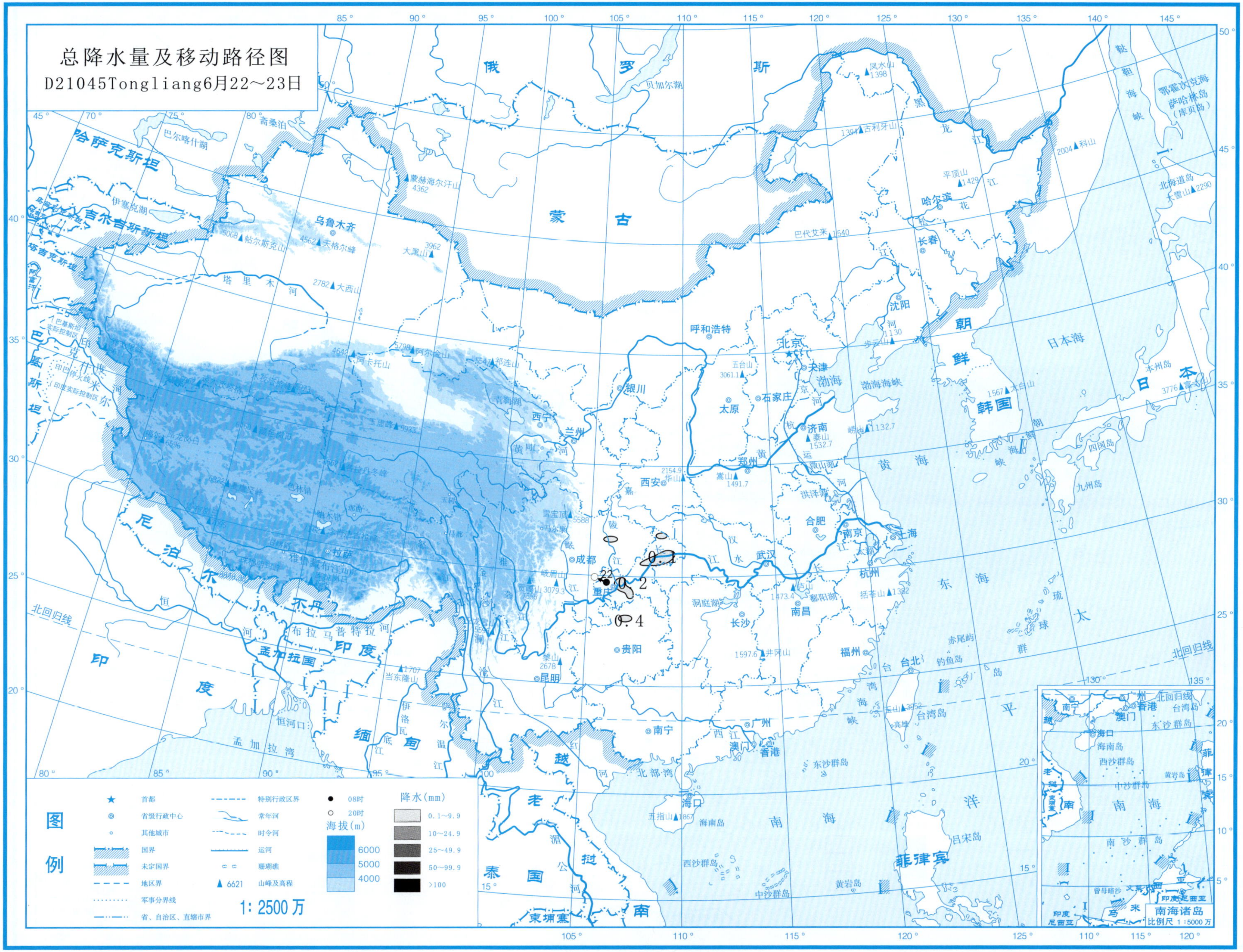

图例

符号	说明	符号	说明
★	首都		特别行政区界
◎	省级行政中心		常年河
∘	其他城市		时令河
	国界		运河
	未定国界		珊瑚礁
	地区界	▲ 6621	山峰及高程
	军事分界线		
	省、自治区、直辖市界		

● 08时

○ 20时

海拔(m)：6000、5000、4000

降水(mm)：0.1～9.9、10～24.9、25～49.9、50～99.9、>100

1：2500万

南海诸岛 比例尺 1：5000万

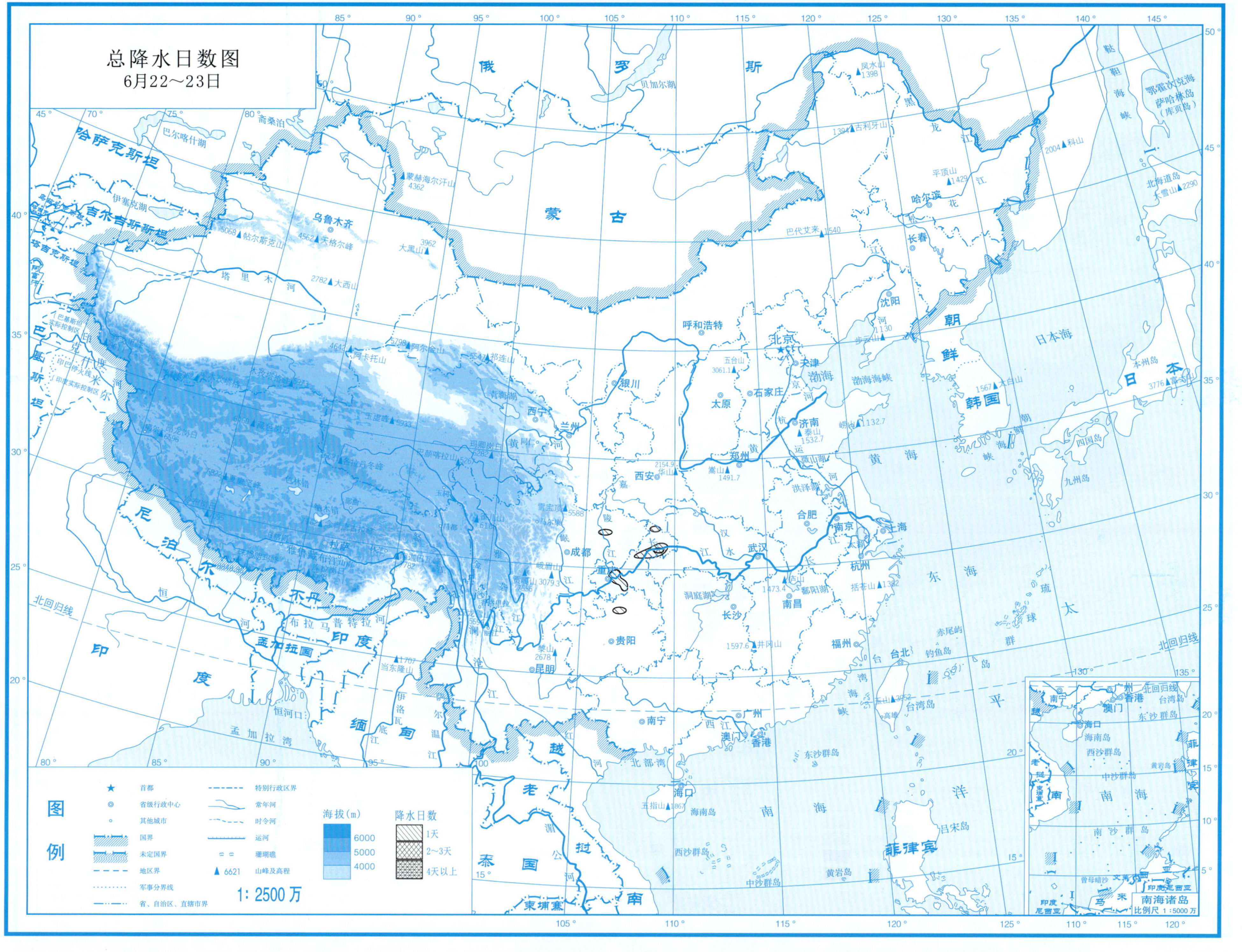
总降水日数图
6月22～23日
图例
首都
省级行政中心
其他城市
国界
未定国界
地区界
军事分界线
省、自治区、直辖市界
特别行政区界
常年河
时令河
运河
珊瑚礁
6621 山峰及高程
海拔(m)
6000
5000
4000
降水日数
1天
2～3天
4天以上
1: 2500 万
南海诸岛
比例尺 1:5000 万
俄 罗 斯
蒙 古
哈萨克斯坦
吉尔吉斯斯坦
塔吉克斯坦
阿富汗
巴基斯坦
印度
尼泊尔
不丹
孟加拉国
缅甸
老挝
泰国
越南
柬埔寨
朝鲜
韩国
日本
菲律宾
北京
天津
石家庄
太原
呼和浩特
沈阳
长春
哈尔滨
济南
郑州
西安
银川
兰州
西宁
乌鲁木齐
拉萨
成都
重庆
贵阳
昆明
南宁
广州
香港
澳门
海口
长沙
武汉
南昌
合肥
南京
上海
杭州
福州
台北
渤海
黄海
东海
南海
日本海
北回归线

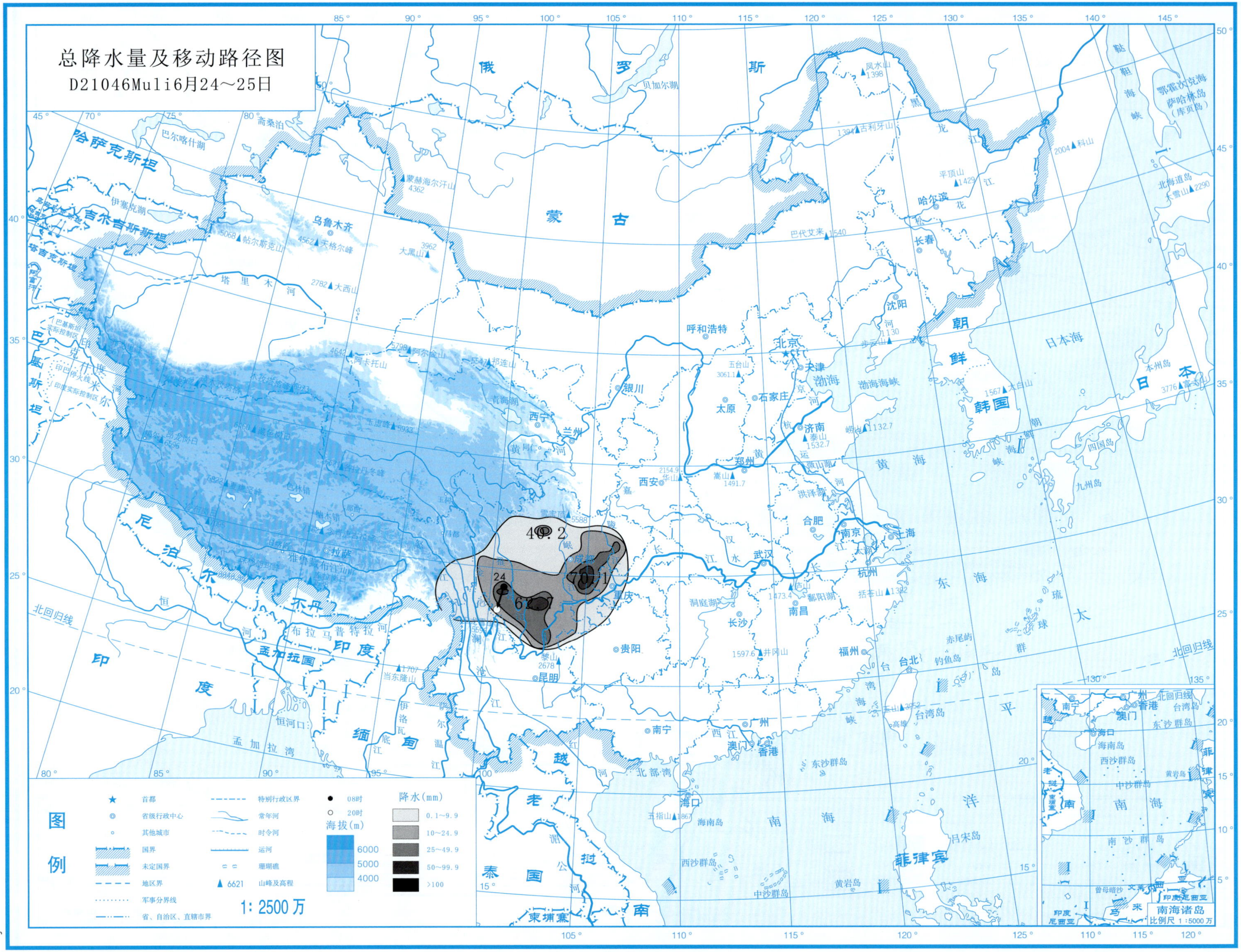

总降水量及移动路径图

D21046Muli6月24～25日

图例

符号	说明
★	首都
◎	省级行政中心
∘	其他城市
	国界
	未定国界
	地区界
	军事分界线
	省、自治区、直辖市界
	特别行政区界
	常年河
	时令河
	运河
	珊瑚礁
▲ 6621	山峰及高程
●	08时
○	20时

海拔(m)：6000、5000、4000

降水(mm)：0.1～9.9、10～24.9、25～49.9、50～99.9、>100

1:2500万

南海诸岛 比例尺 1:5000万

总降水日数图

6月24～25日

图例

★ 首都
◎ 省级行政中心
○ 其他城市
国界
未定国界
地区界
军事分界线
省、自治区、直辖市界
特别行政区界
常年河
时令河
运河
珊瑚礁
▲6621 山峰及高程

海拔(m)：6000、5000、4000

降水日数：1天、2～3天、4天以上

1:2500万

南海诸岛 比例尺 1:5000万

总降水量及移动路径图

D21047Zitong6月26～27日

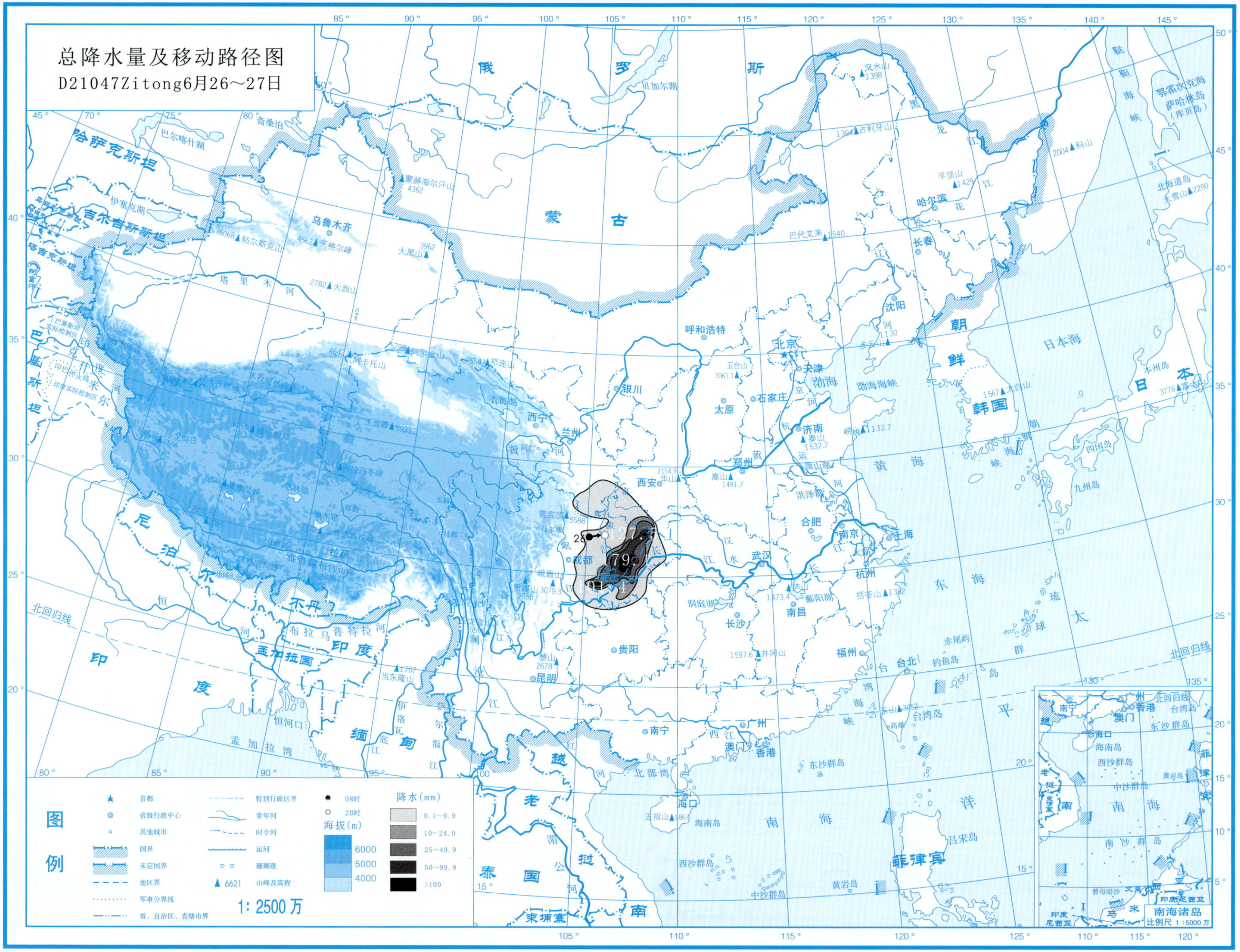

图例

符号	说明
★	首都
◎	省级行政中心
○	其他城市
	国界
	未定国界
	地区界
	军事分界线
	省、自治区、直辖市界
	特别行政区界
	常年河
	时令河
	运河
	珊瑚礁
▲ 6621	山峰及高程
●	08时
○	20时

海拔(m)：6000、5000、4000

降水(mm)：0.1～9.9、10～24.9、25～49.9、50～99.9、>100

1：2500万

南海诸岛 比例尺 1：5000万

总降水日数图
6月26～27日

图例

符号	说明	符号	说明
★	首都		特别行政区界
◎	省级行政中心		常年河
○	其他城市		时令河
	国界		运河
	未定国界		珊瑚礁
	地区界	▲ 6621	山峰及高程
	军事分界线		
	省、自治区、直辖市界		

海拔(m)：6000、5000、4000

降水日数：1天、2～3天、4天以上

1：2500万

南海诸岛 比例尺 1：5000万

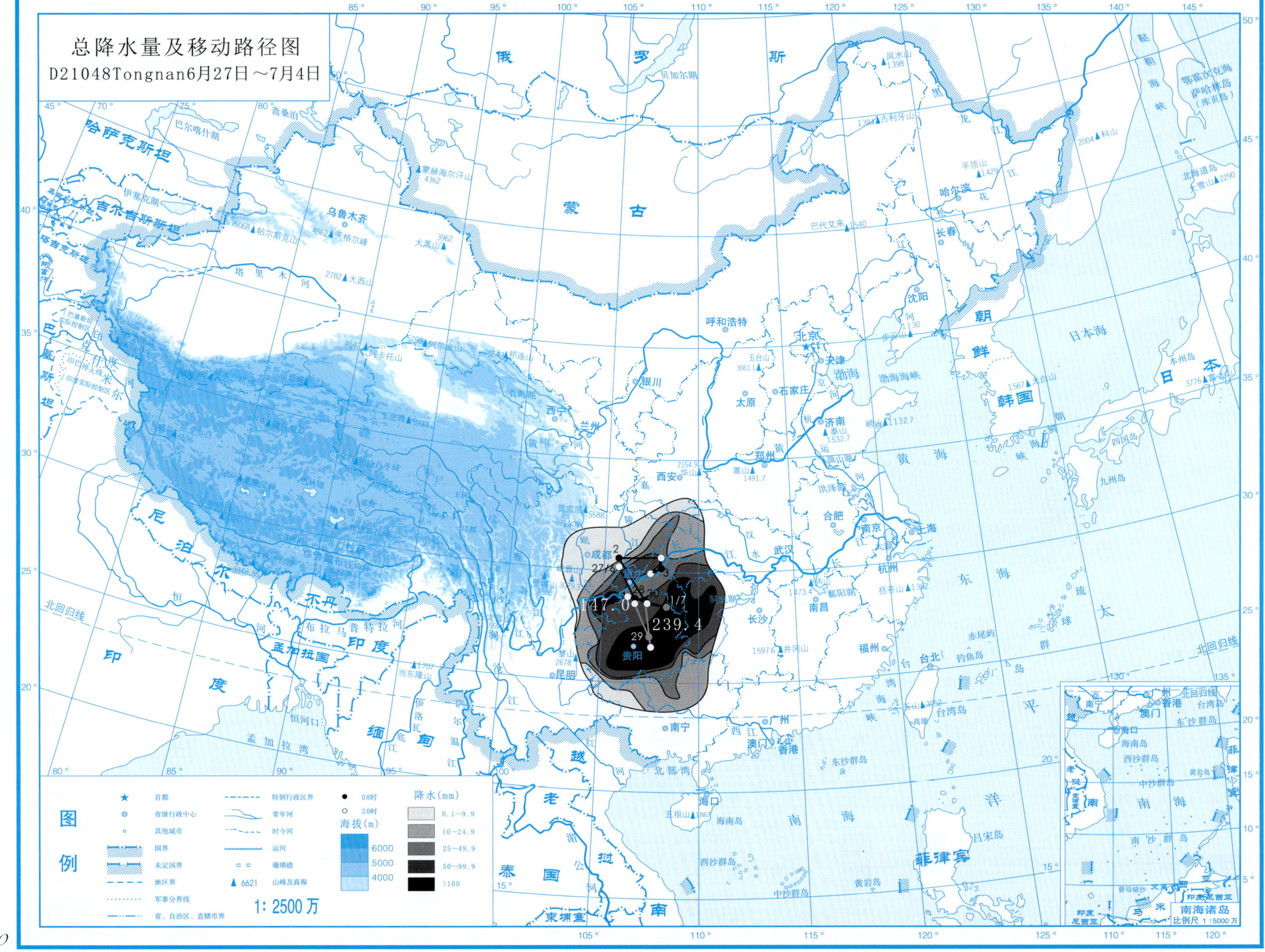
总降水量及移动路径图
D21048Tongnan6月27日～7月4日
图例
首都
省级行政中心
其他城市
国界
未定国界
地区界
军事分界线
省、自治区、直辖市界
特别行政区界
常年河
时令河
运河
珊瑚礁
6621 山峰及高程
08时
20时
海拔(m)
6000
5000
4000
降水(mm)
0.1～9.9
10～24.9
25～49.9
50～99.9
>100
1：2500万
南海诸岛
比例尺 1：5000万
147.0
239.4

总降水日数图

6月27日～7月4日

图例

- ★ 首都
- ◎ 省级行政中心
- ○ 其他城市
- 国界
- 未定国界
- 地区界
- 军事分界线
- 省、自治区、直辖市界
- 特别行政区界
- 常年河
- 时令河
- 运河
- 珊瑚礁
- ▲6621 山峰及高程

海拔(m)

6000

5000

4000

降水日数

1天

2～3天

4天以上

1：2500万

南海诸岛

比例尺 1：5000万

总降水量及移动路径图

D21049Yanting7月4～5日

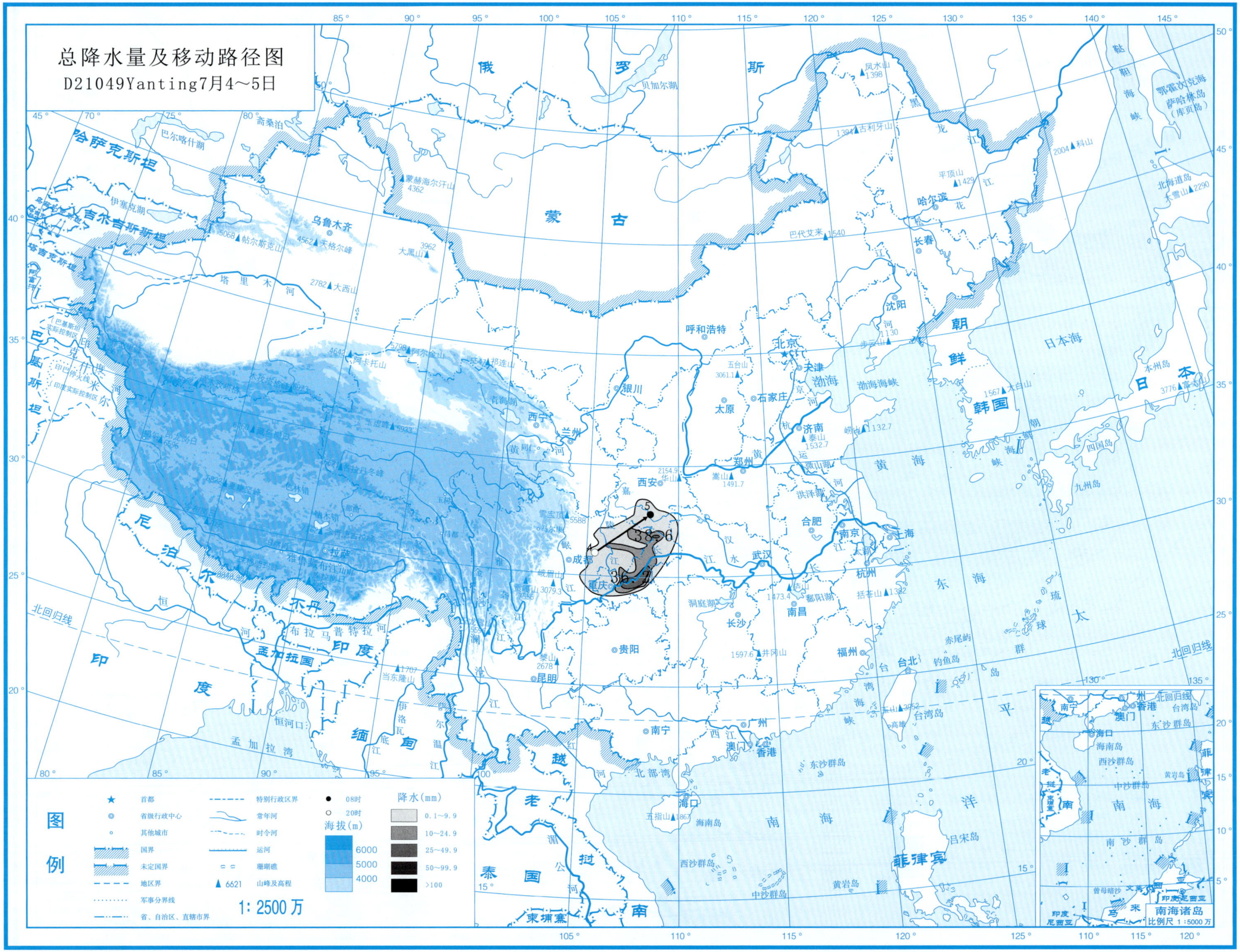

图例

符号	说明	符号	说明
★	首都		特别行政区界
◎	省级行政中心		常年河
○	其他城市		时令河
	国界		运河
	未定国界		珊瑚礁
	地区界	▲ 6621	山峰及高程
	军事分界线		
	省、自治区、直辖市界		

● 08时
○ 20时

海拔(m)：6000、5000、4000

降水(mm)：0.1～9.9、10～24.9、25～49.9、50～99.9、>100

1：2500万

南海诸岛 比例尺 1：5000万

总降水日数图

7月4～5日

图例

降水日数
1天
2～3天
4天以上

海拔(m): 6000, 5000, 4000

1：2500万

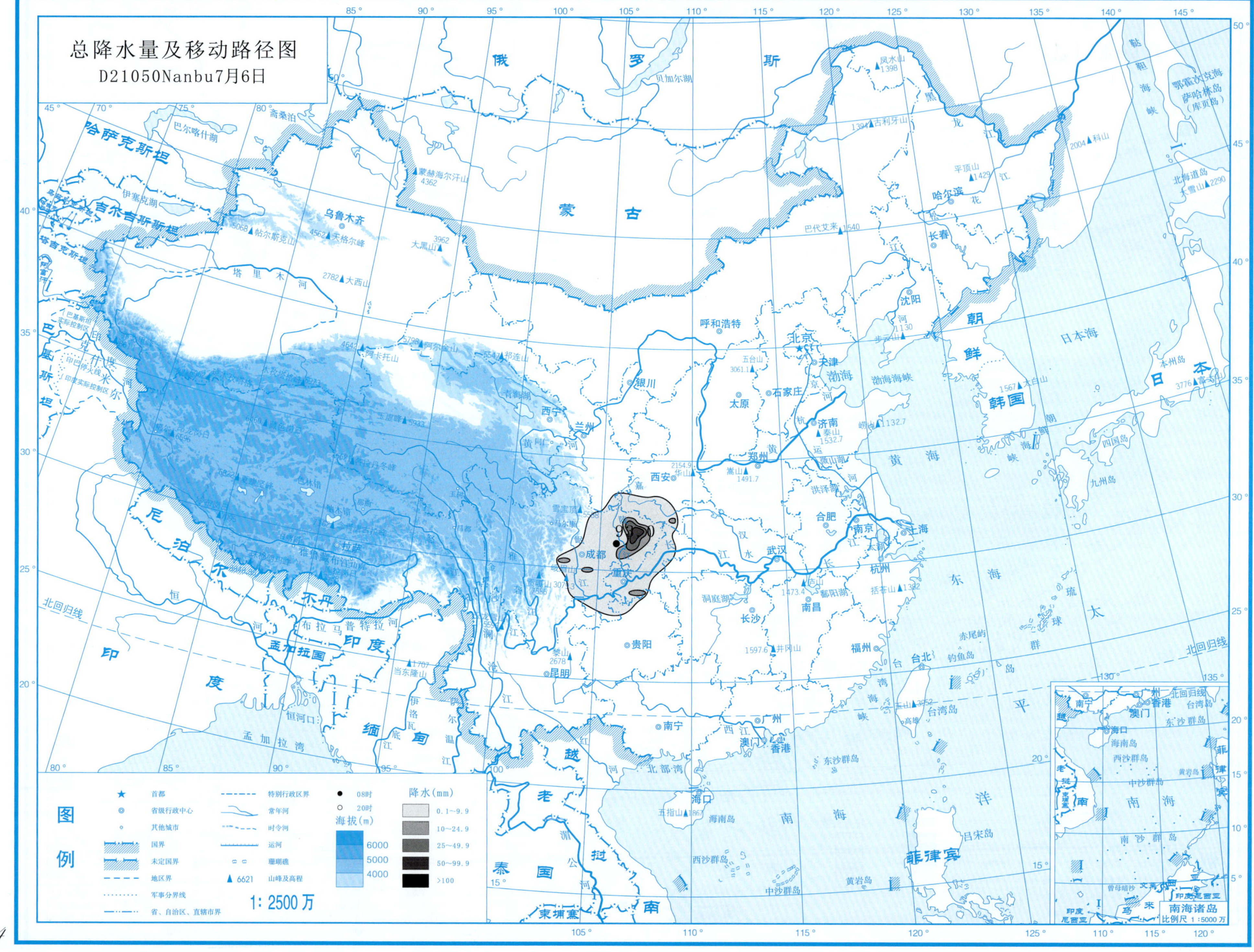
总降水量及移动路径图
D21050Nanbu7月6日
图例
首都
省级行政中心
其他城市
国界
未定国界
地区界
军事分界线
省、自治区、直辖市界
特别行政区界
常年河
时令河
运河
珊瑚礁
6621 山峰及高程
08时
20时
海拔(m)
6000
5000
4000
降水(mm)
0.1~9.9
10~24.9
25~49.9
50~99.9
>100
1:2500万
南海诸岛
比例尺 1:5000万

总降水日数图

7月6日

图例

★ 首都
◎ 省级行政中心
○ 其他城市
国界
未定国界
地区界
军事分界线
省、自治区、直辖市界
特别行政区界
常年河
时令河
运河
珊瑚礁
▲6621 山峰及高程

海拔(m)
6000
5000
4000

降水日数
1天
2～3天
4天以上

1: 2500万

南海诸岛
比例尺 1:5000万

总降水量及移动路径图

D21051Beichuan7月10～14日

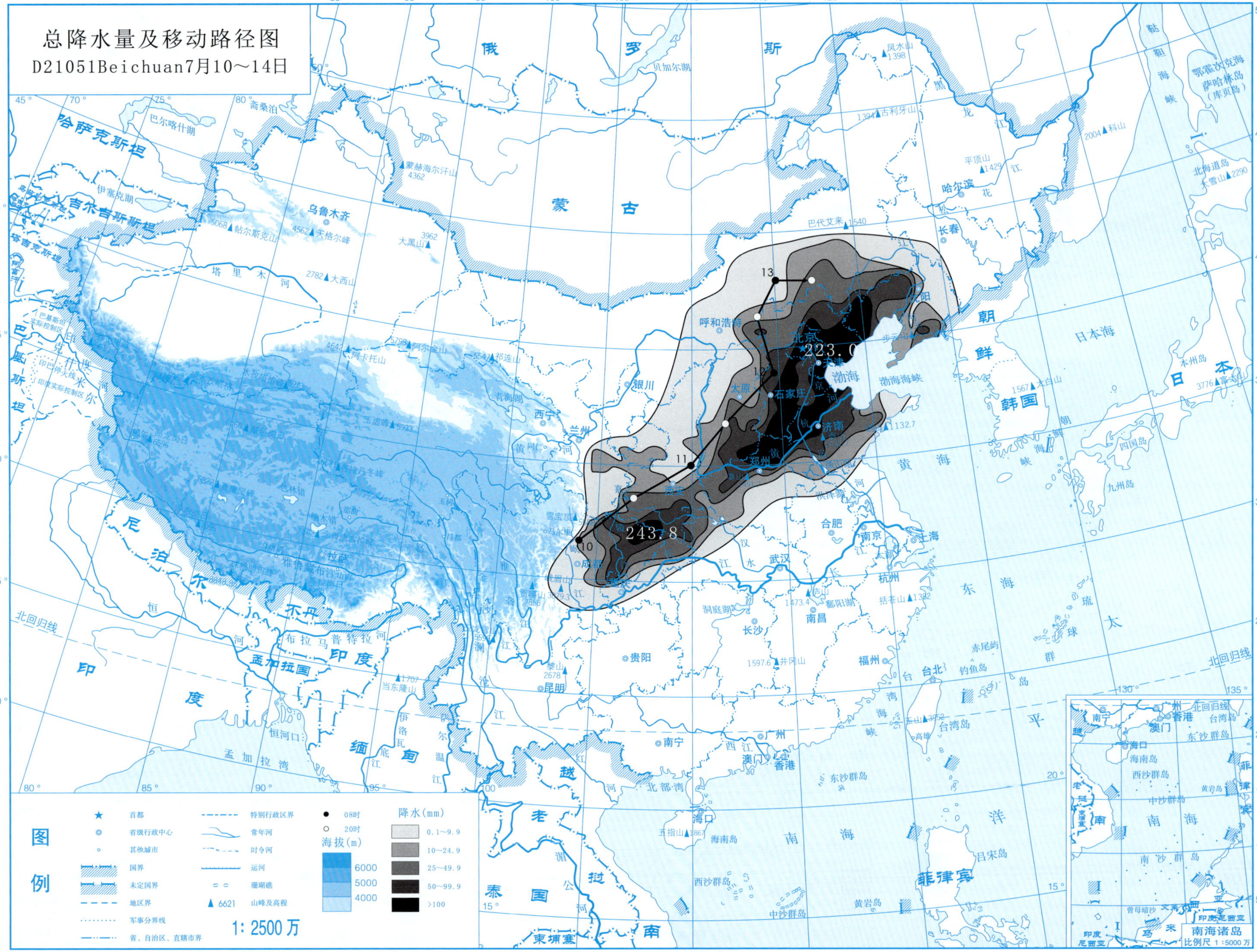

图例

★ 首都	◎ 省级行政中心	○ 其他城市	国界	未定国界	地区界
军事分界线	省、自治区、直辖市界	特别行政区界	常年河	时令河	运河
珊瑚礁	▲6621 山峰及高程	● 08时	○ 20时		

海拔(m)：6000，5000，4000

降水(mm)：0.1～9.9，10～24.9，25～49.9，50～99.9，>100

1: 2500 万

南海诸岛 比例尺 1 :5000 万

总降水日数图

7月10～14日

图例

★ 首都
◎ 省级行政中心
○ 其他城市
国界
未定国界
地区界
军事分界线
省、自治区、直辖市界
特别行政区界
常年河
时令河
运河
珊瑚礁
▲ 6621 山峰及高程

海拔(m)
6000
5000
4000

降水日数
1天
2～3天
4天以上

1∶2500万

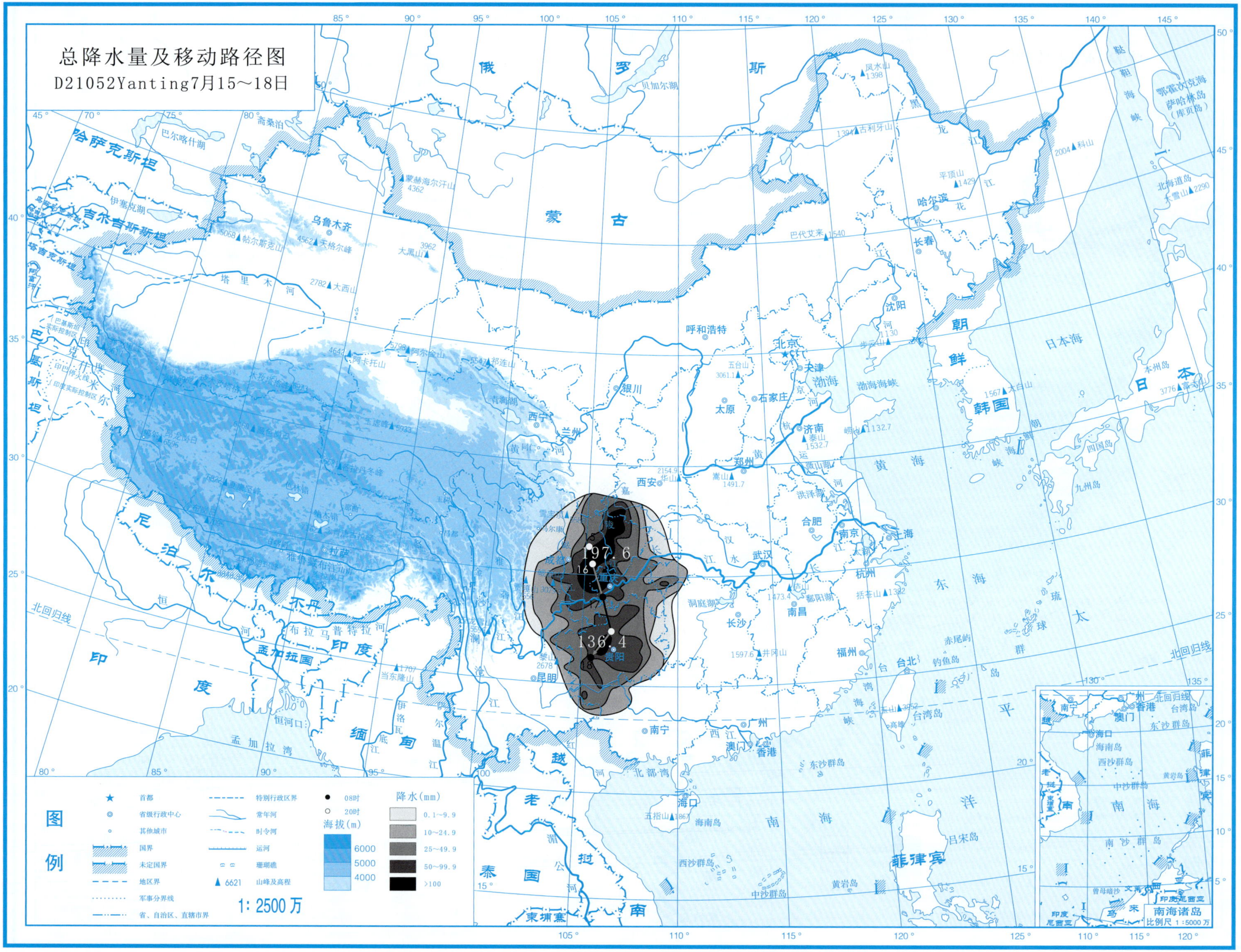

总降水量及移动路径图

D21052Yanting7月15～18日

197.6

136.4

图例

★	首都
◎	省级行政中心
○	其他城市
	国界
	未定国界
	地区界
	军事分界线
	省、自治区、直辖市界
	特别行政区界
	常年河
	时令河
	运河
	珊瑚礁
▲ 6621	山峰及高程
●	08时
○	20时

海拔(m)：6000、5000、4000

降水(mm)：0.1～9.9；10～24.9；25～49.9；50～99.9；>100

1: 2500万

南海诸岛 比例尺 1:5000万

总降水日数图

7月15～18日

图例

符号	说明	符号	说明
★	首都		特别行政区界
◎	省级行政中心		常年河
∘	其他城市		时令河
	国界		运河
	未定国界		珊瑚礁
	地区界	▲ 6621	山峰及高程
	军事分界线		
	省、自治区、直辖市界		

海拔(m)：6000、5000、4000

降水日数：1天；2～3天；4天以上

1: 2500 万

南海诸岛 比例尺 1: 5000 万

总降水量及移动路径图

D21053Gaoping7月20日

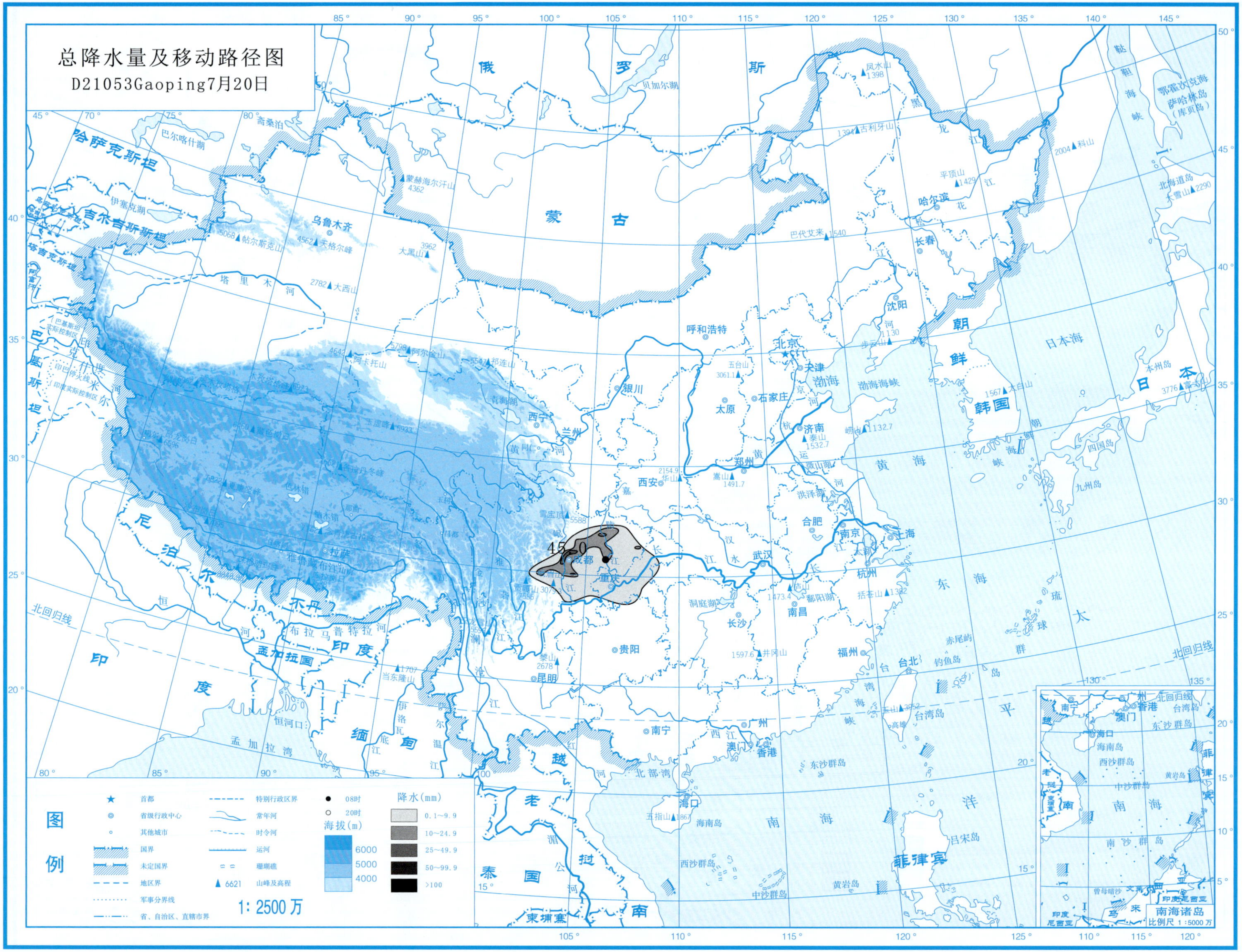

图例

- ★ 首都
- ◎ 省级行政中心
- ○ 其他城市
- 国界
- 未定国界
- 地区界
- 军事分界线
- 省、自治区、直辖市界
- 特别行政区界
- 常年河
- 时令河
- 运河
- 珊瑚礁
- ▲6621 山峰及高程
- ● 08时
- ○ 20时

海拔(m)

- 6000
- 5000
- 4000

降水(mm)

- 0.1~9.9
- 10~24.9
- 25~49.9
- 50~99.9
- >100

1: 2500万

南海诸岛

比例尺 1:5000万

总降水日数图

7月20日

图例

- ★ 首都
- ◎ 省级行政中心
- ○ 其他城市
- 国界
- 未定国界
- 地区界
- 军事分界线
- 省、自治区、直辖市界
- 特别行政区界
- 常年河
- 时令河
- 运河
- 珊瑚礁
- ▲ 6621 山峰及高程

海拔(m)

- 6000
- 5000
- 4000

降水日数

- 1天
- 2~3天
- 4天以上

1：2500万

南海诸岛

比例尺 1：5000万

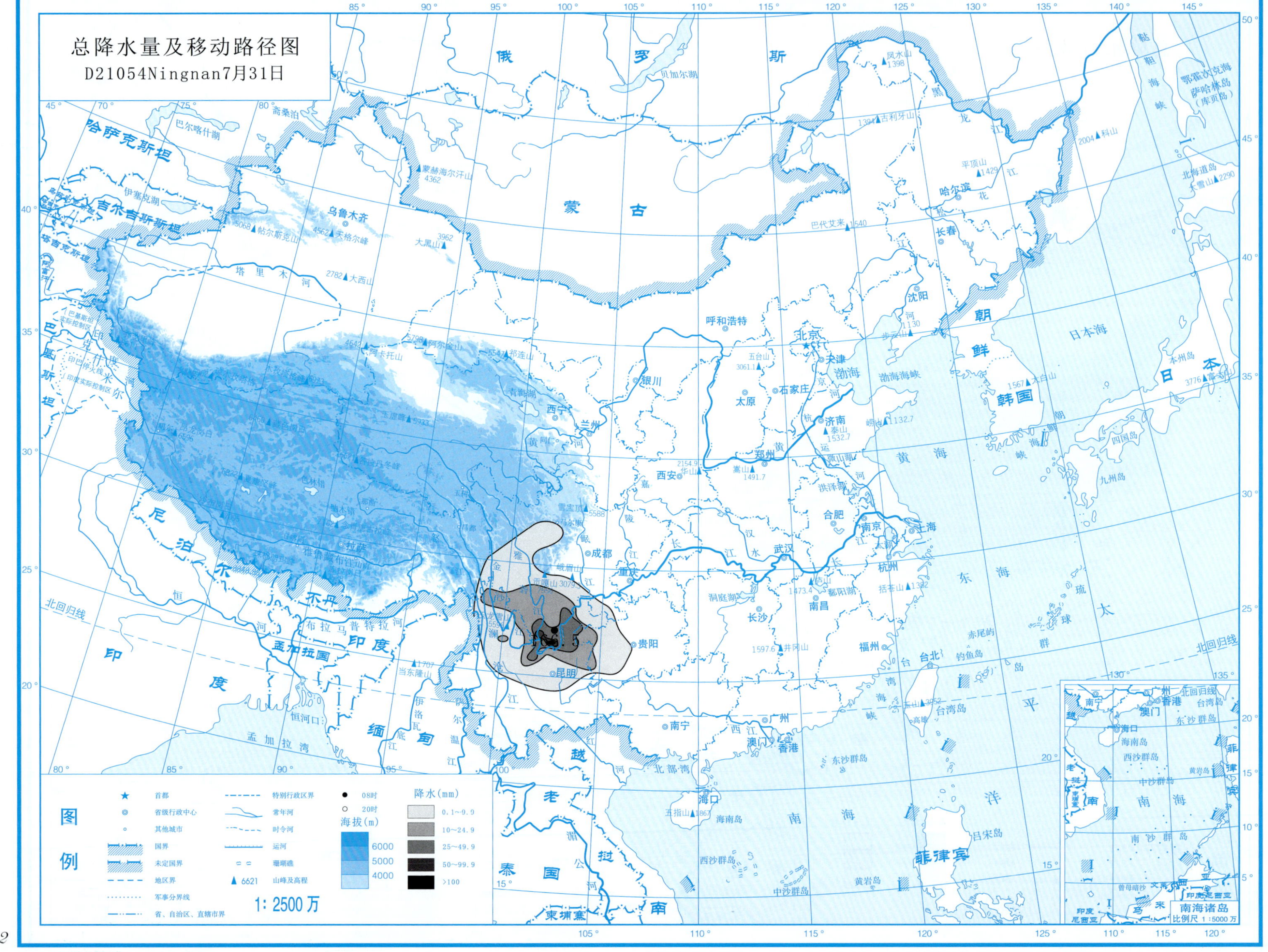
总降水量及移动路径图
D21054Ningnan7月31日
图例
首都
省级行政中心
其他城市
国界
未定国界
地区界
军事分界线
省、自治区、直辖市界
特别行政区界
常年河
时令河
运河
珊瑚礁
山峰及高程
08时
20时
海拔(m)
6000
5000
4000
降水(mm)
0.1~9.9
10~24.9
25~49.9
50~99.9
>100
1: 2500万
南海诸岛
比例尺 1:5000万

总降水日数图

7月31日

图例

★ 首都
◎ 省级行政中心
○ 其他城市
国界
未定国界
地区界
军事分界线
省、自治区、直辖市界
特别行政区界
常年河
时令河
运河
珊瑚礁
▲6621 山峰及高程

海拔(m)
6000
5000
4000

降水日数
1天
2～3天
4天以上

1：2500万

南海诸岛
比例尺 1：5000万

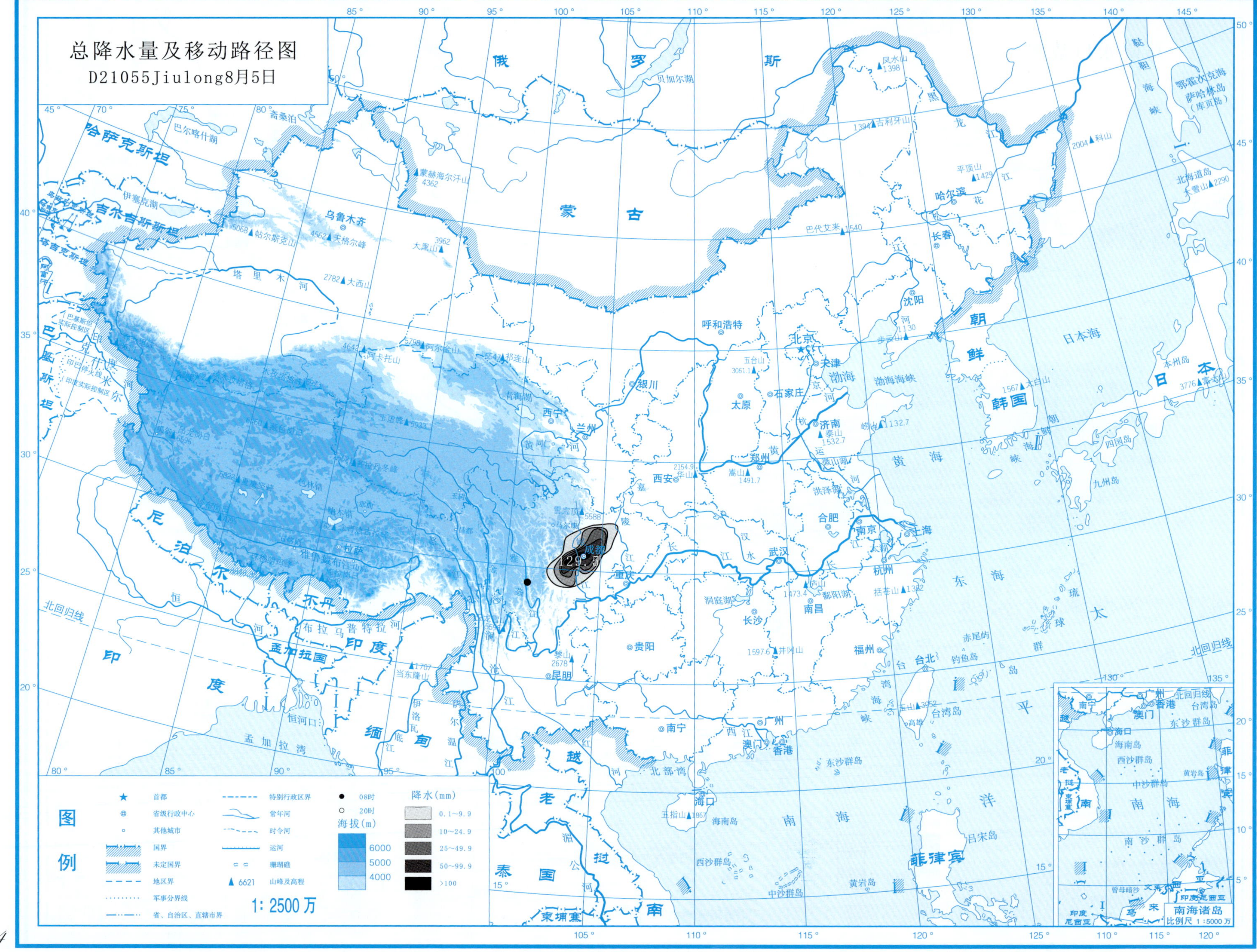

总降水量及移动路径图
D21055Jiulong8月5日
图例
首都
省级行政中心
其他城市
国界
未定国界
地区界
军事分界线
省、自治区、直辖市界
特别行政区界
常年河
时令河
运河
珊瑚礁
6621 山峰及高程
08时
20时
海拔(m)
6000
5000
4000
降水(mm)
0.1~9.9
10~24.9
25~49.9
50~99.9
>100
1: 2500 万
南海诸岛
比例尺 1:5000 万

总降水日数图
8月5日

图例

★ 首都
◎ 省级行政中心
○ 其他城市
国界
未定国界
地区界
军事分界线
省、自治区、直辖市界
特别行政区界
常年河
时令河
运河
珊瑚礁
▲ 6621 山峰及高程

海拔(m)
6000
5000
4000

降水日数
1天
2~3天
4天以上

1: 2500 万

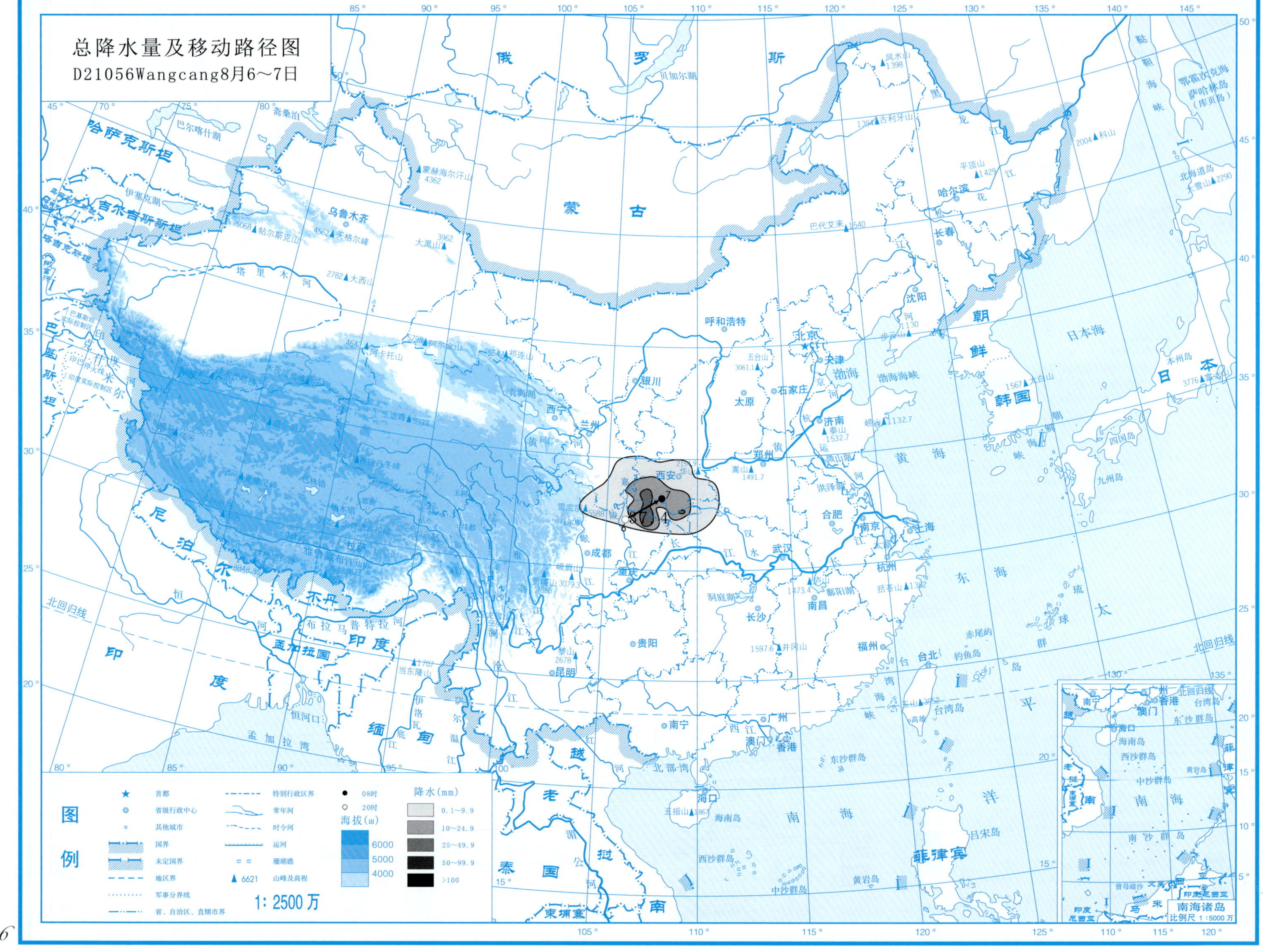
总降水量及移动路径图
D21056Wangcang8月6～7日
图例
首都
省级行政中心
其他城市
国界
未定国界
地区界
军事分界线
省、自治区、直辖市界
特别行政区界
常年河
时令河
运河
珊瑚礁
6621 山峰及高程
08时
20时
海拔(m)
6000
5000
4000
降水(mm)
0.1～9.9
10～24.9
25～49.9
50～99.9
>100
1：2500万
南海诸岛
比例尺 1：5000万
俄 罗 斯
蒙 古
哈萨克斯坦
吉尔吉斯斯坦
塔吉克斯坦
巴基斯坦
尼泊尔
不丹
印度
孟加拉国
缅甸
老挝
泰国
柬埔寨
越南
菲律宾
朝鲜
韩国
日本
乌鲁木齐
呼和浩特
北京
天津
石家庄
太原
银川
兰州
西宁
西安
郑州
济南
合肥
南京
上海
杭州
武汉
长沙
南昌
福州
台北
广州
香港
澳门
南宁
海口
贵阳
昆明
成都
重庆
拉萨
沈阳
长春
哈尔滨
渤海
黄海
东海
日本海
南海
太平洋
北回归线

总降水日数图

8月6～7日

图例

★ 首都
◎ 省级行政中心
○ 其他城市
国界
未定国界
地区界
军事分界线
省、自治区、直辖市界
特别行政区界
常年河
时令河
运河
珊瑚礁
▲ 6621 山峰及高程

海拔(m)
6000
5000
4000

降水日数
1天
2～3天
4天以上

1：2500万

南海诸岛
比例尺 1：5000万

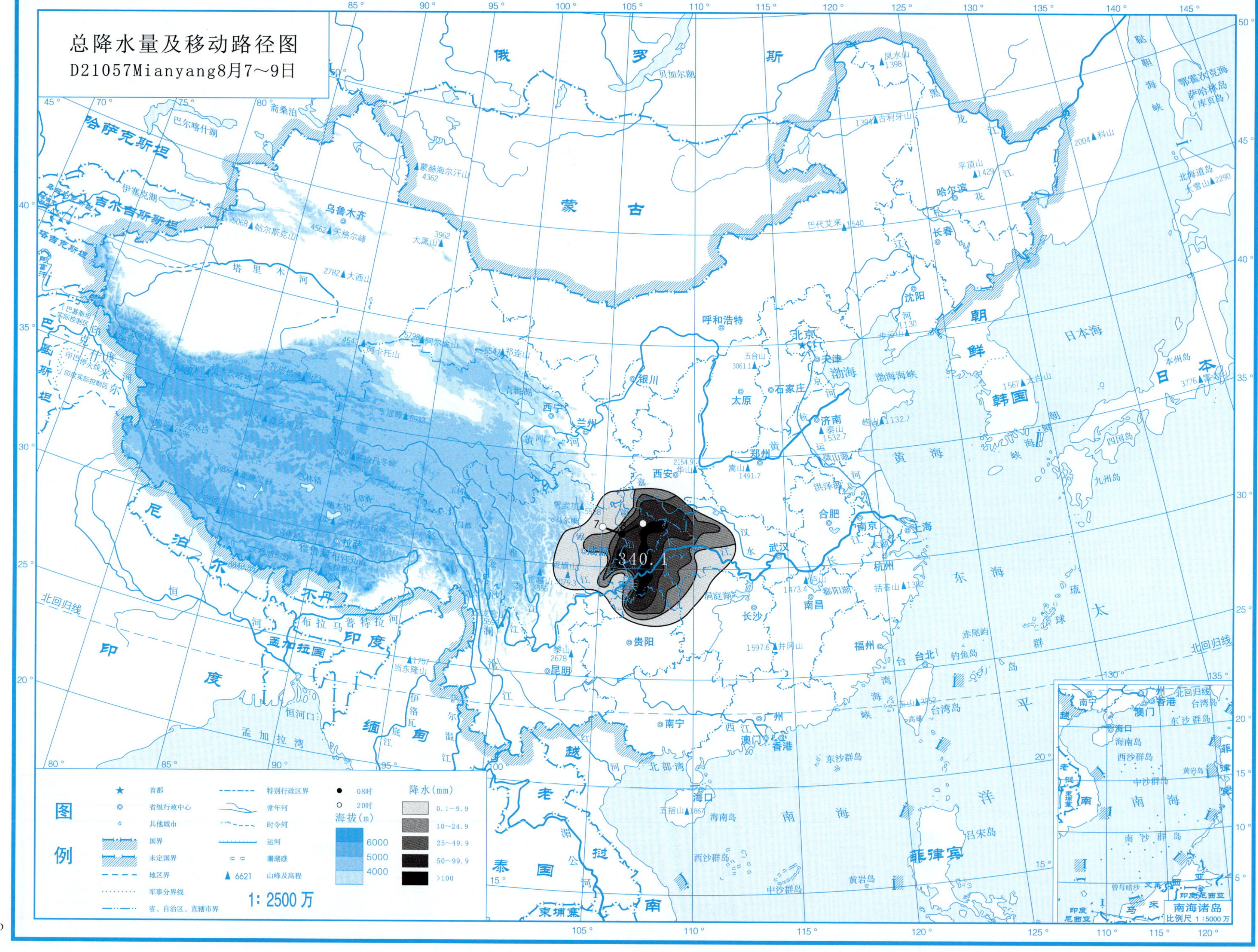
总降水量及移动路径图
D21057Mianyang8月7～9日
340.1
图例
首都
省级行政中心
其他城市
国界
未定国界
地区界
军事分界线
特别行政区界
常年河
时令河
运河
珊瑚礁
山峰及高程
省、自治区、直辖市界
08时
20时
海拔(m)
6000
5000
4000
降水(mm)
0.1～9.9
10～24.9
25～49.9
50～99.9
>100
1: 2500万
南海诸岛
比例尺 1:5000万

总降水日数图

8月7～9日

图例

★ 首都
◎ 省级行政中心
◦ 其他城市
国界
未定国界
地区界
军事分界线
省、自治区、直辖市界
特别行政区界
常年河
时令河
运河
珊瑚礁
▲ 8821 山峰及高程

海拔（m）
6000
5000
4000

降水日数
1天
2～3天
4天以上

1：2500万

南海诸岛
比例尺 1：5000 万

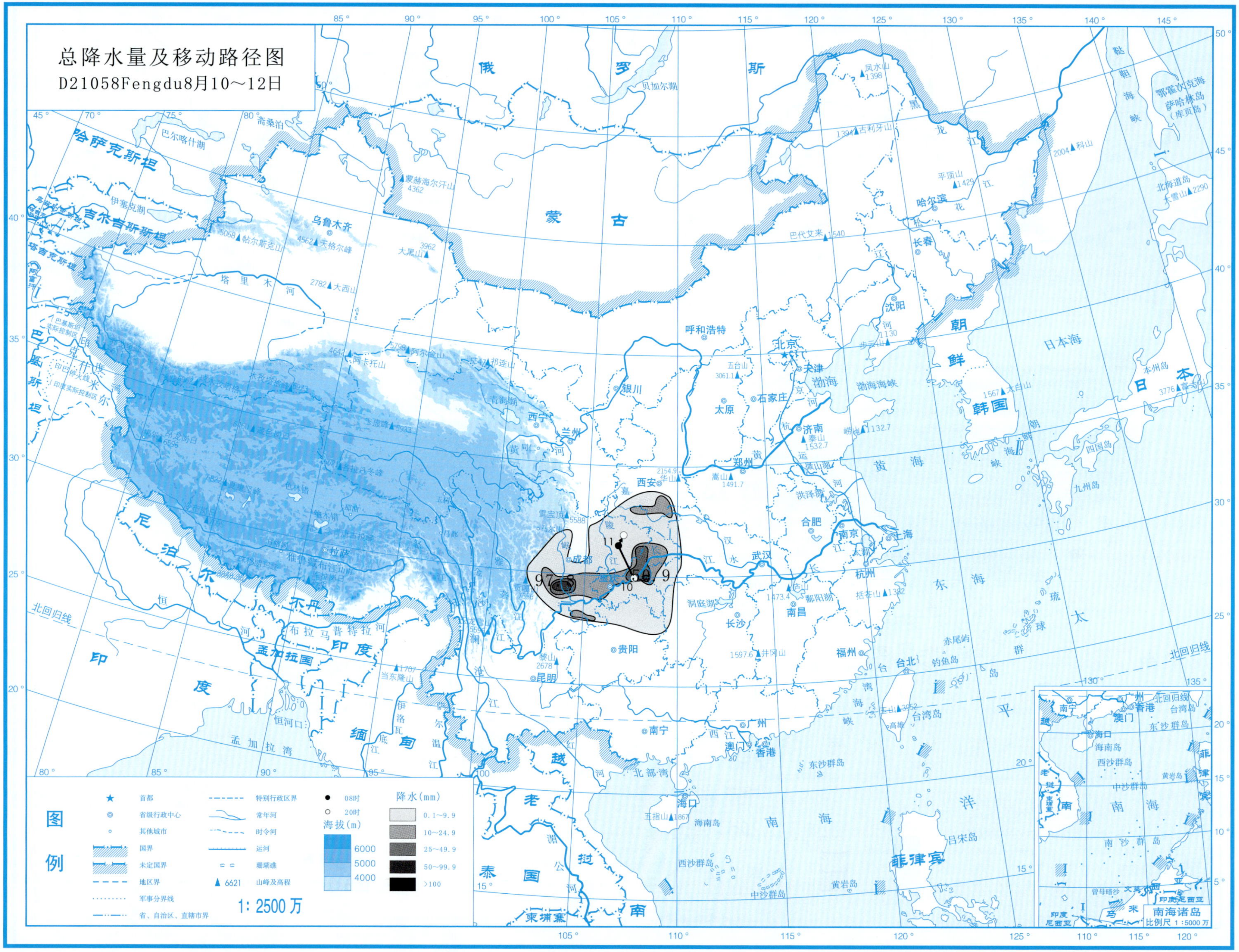

总降水量及移动路径图

D21058Fengdu8月10～12日

图例

符号	说明
★	首都
◎	省级行政中心
○	其他城市
	国界
	未定国界
	地区界
	军事分界线
	省、自治区、直辖市界
	特别行政区界
	常年河
	时令河
	运河
	珊瑚礁
▲ 6621	山峰及高程
●	08时
○	20时

海拔(m)：6000、5000、4000

降水(mm)：0.1～9.9、10～24.9、25～49.9、50～99.9、>100

1: 2500万

南海诸岛 比例尺 1：5000万

总降水日数图
8月10～12日

图例

★ 首都
◎ 省级行政中心
○ 其他城市
国界
未定国界
地区界
军事分界线
省、自治区、直辖市界
特别行政区界
常年河
时令河
运河
珊瑚礁
▲6621 山峰及高程

海拔(m)
6000
5000
4000

降水日数
1天
2～3天
4天以上

1∶2500万

南海诸岛
比例尺 1∶5000万

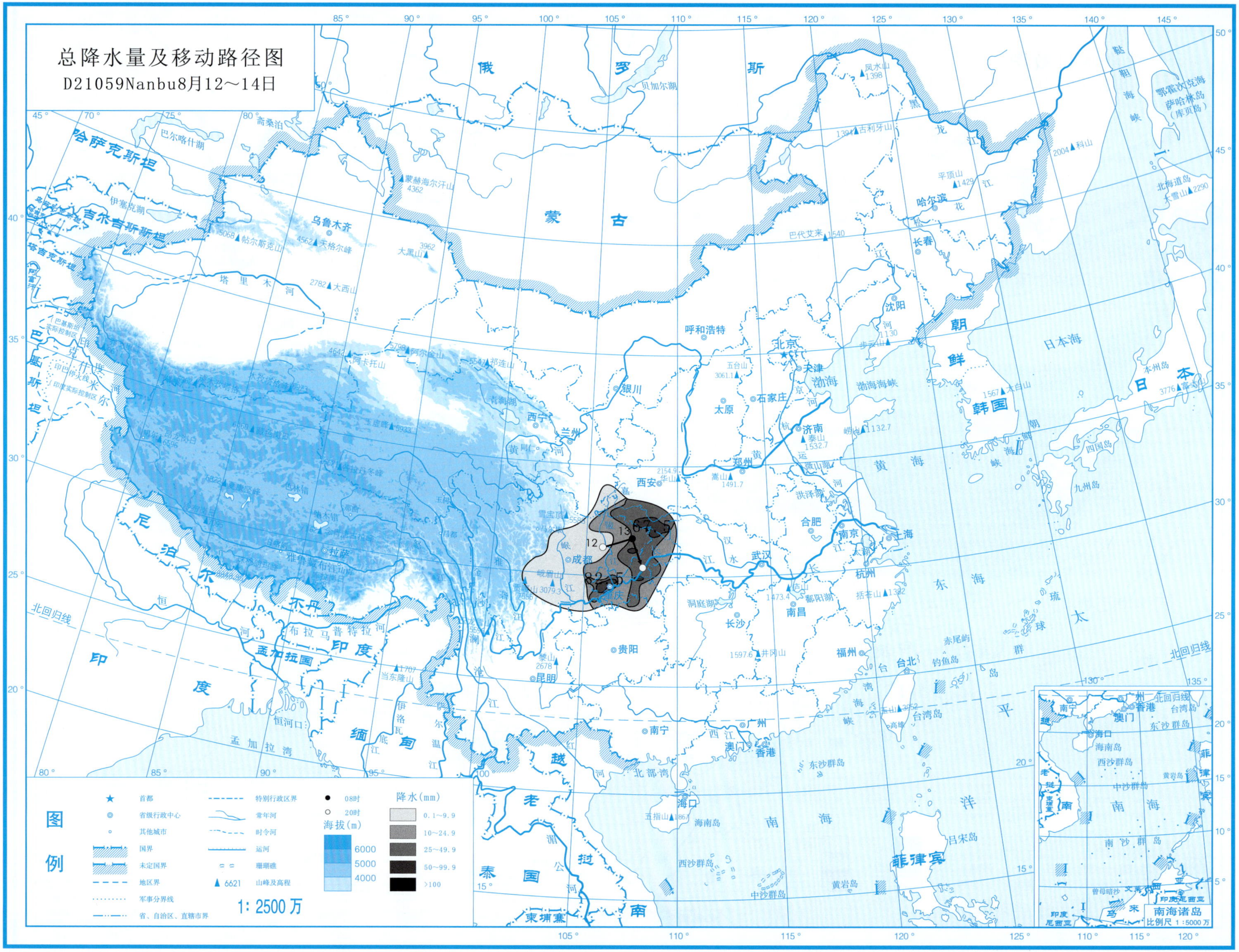

总降水量及移动路径图

D21059Nanbu8月12～14日

图例

符号	含义	符号	含义
★	首都		特别行政区界
◎	省级行政中心		常年河
○	其他城市		时令河
	国界		运河
	未定国界		珊瑚礁
	地区界	▲ 6621	山峰及高程
	军事分界线		
	省、自治区、直辖市界		

● 08时

○ 20时

海拔(m)

6000

5000

4000

降水(mm)

0.1～9.9

10～24.9

25～49.9

50～99.9

>100

1：2500万

南海诸岛

比例尺 1：5000万

总降水日数图

8月12～14日

图例

符号	说明	符号	说明
★	首都		特别行政区界
◎	省级行政中心		常年河
○	其他城市		时令河
	国界		运河
	未定国界		珊瑚礁
	地区界	▲6621	山峰及高程
	军事分界线		
	省、自治区、直辖市界		

海拔（m）：6000、5000、4000

降水日数：1天、2～3天、4天以上

1：2500万

南海诸岛 比例尺 1：5000万

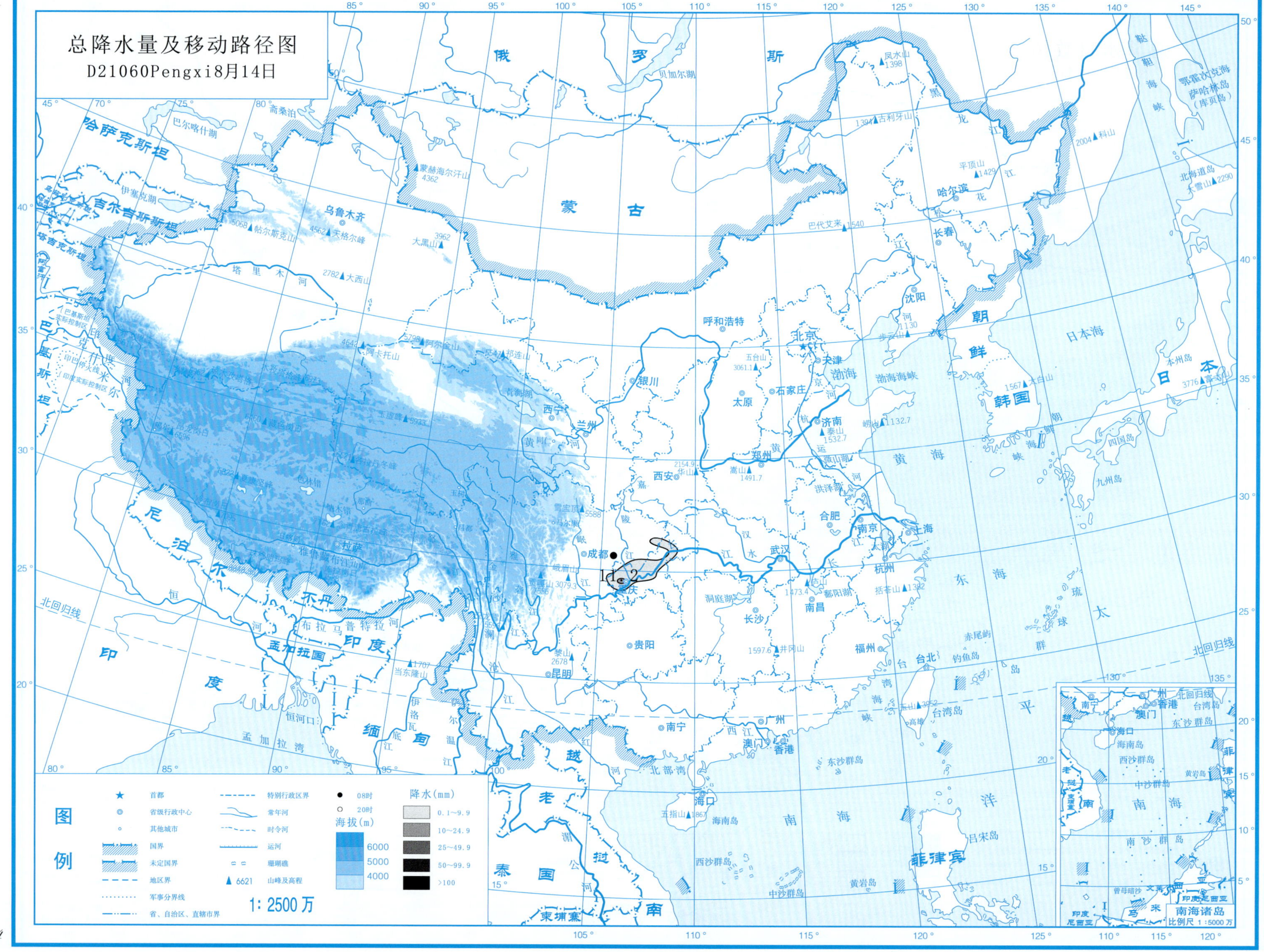
总降水量及移动路径图
D21060Pengxi8月14日
图例
首都
省级行政中心
其他城市
国界
未定国界
地区界
军事分界线
特别行政区界
常年河
时令河
运河
珊瑚礁
6621 山峰及高程
省、自治区、直辖市界
08时
20时
海拔(m)
6000
5000
4000
降水(mm)
0.1~9.9
10~24.9
25~49.9
50~99.9
>100
1:2500万
南海诸岛
比例尺 1:5000万

总降水日数图

8月14日

图例

符号	说明	符号	说明
★	首都		特别行政区界
◎	省级行政中心		常年河
○	其他城市		时令河
	国界		运河
	未定国界		珊瑚礁
	地区界	▲ 6621	山峰及高程
	军事分界线		
	省、自治区、直辖市界		

海拔(m)：6000、5000、4000

降水日数：1天、2~3天、4天以上

1：2500万

南海诸岛 比例尺 1：5000万

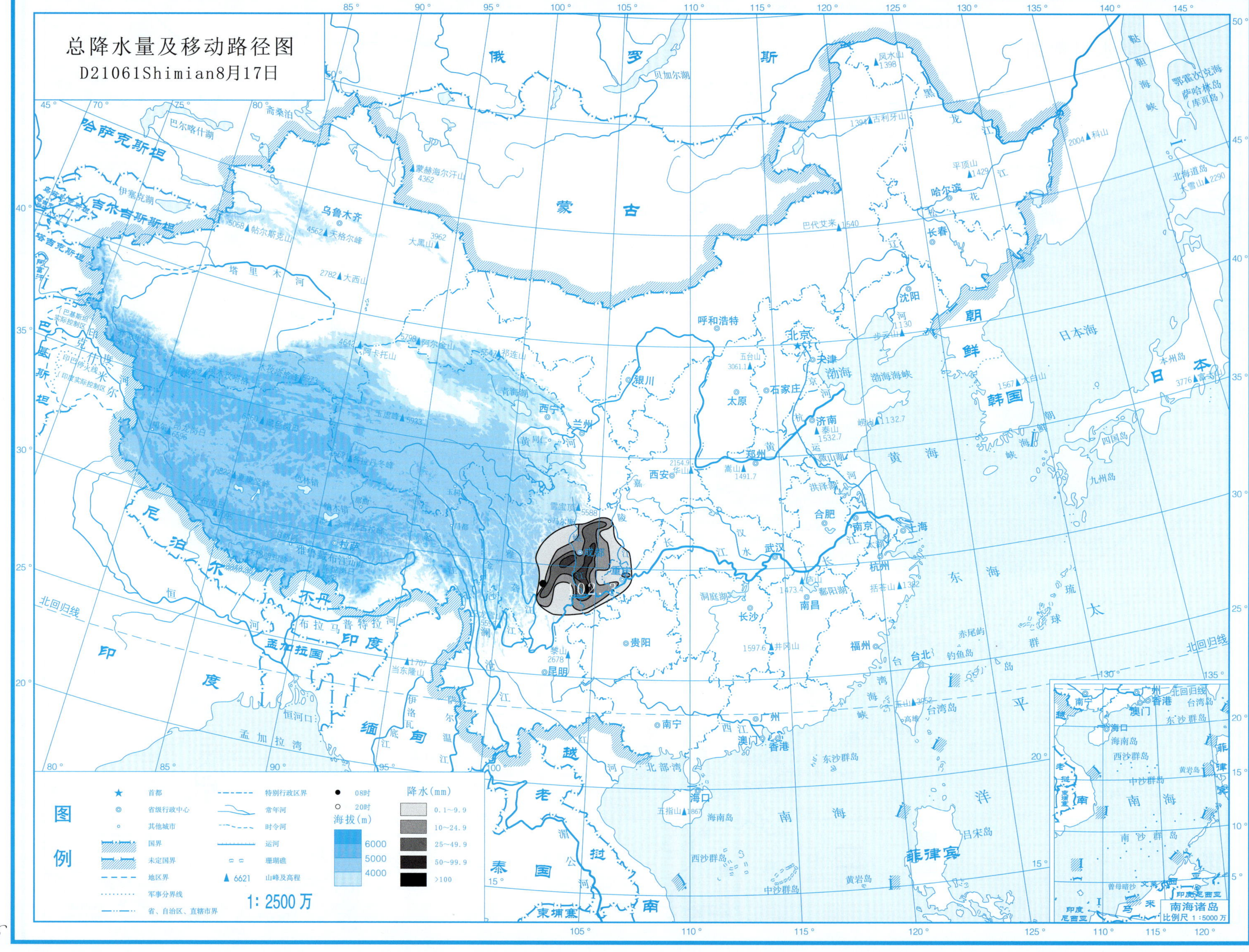
总降水量及移动路径图
D21061Shimian8月17日
图例
首都
省级行政中心
其他城市
国界
未定国界
地区界
军事分界线
省、自治区、直辖市界
特别行政区界
常年河
时令河
运河
珊瑚礁
山峰及高程
08时
20时
海拔(m)
6000
5000
4000
降水(mm)
0.1~9.9
10~24.9
25~49.9
50~99.9
>100
1：2500万
南海诸岛
比例尺 1：5000万

总降水日数图

8月17日

图例

降水日数：1天；2~3天；4天以上

海拔(m)：6000；5000；4000

1:2500万

总降水量及移动路径图
D21062Mianning8月18～19日

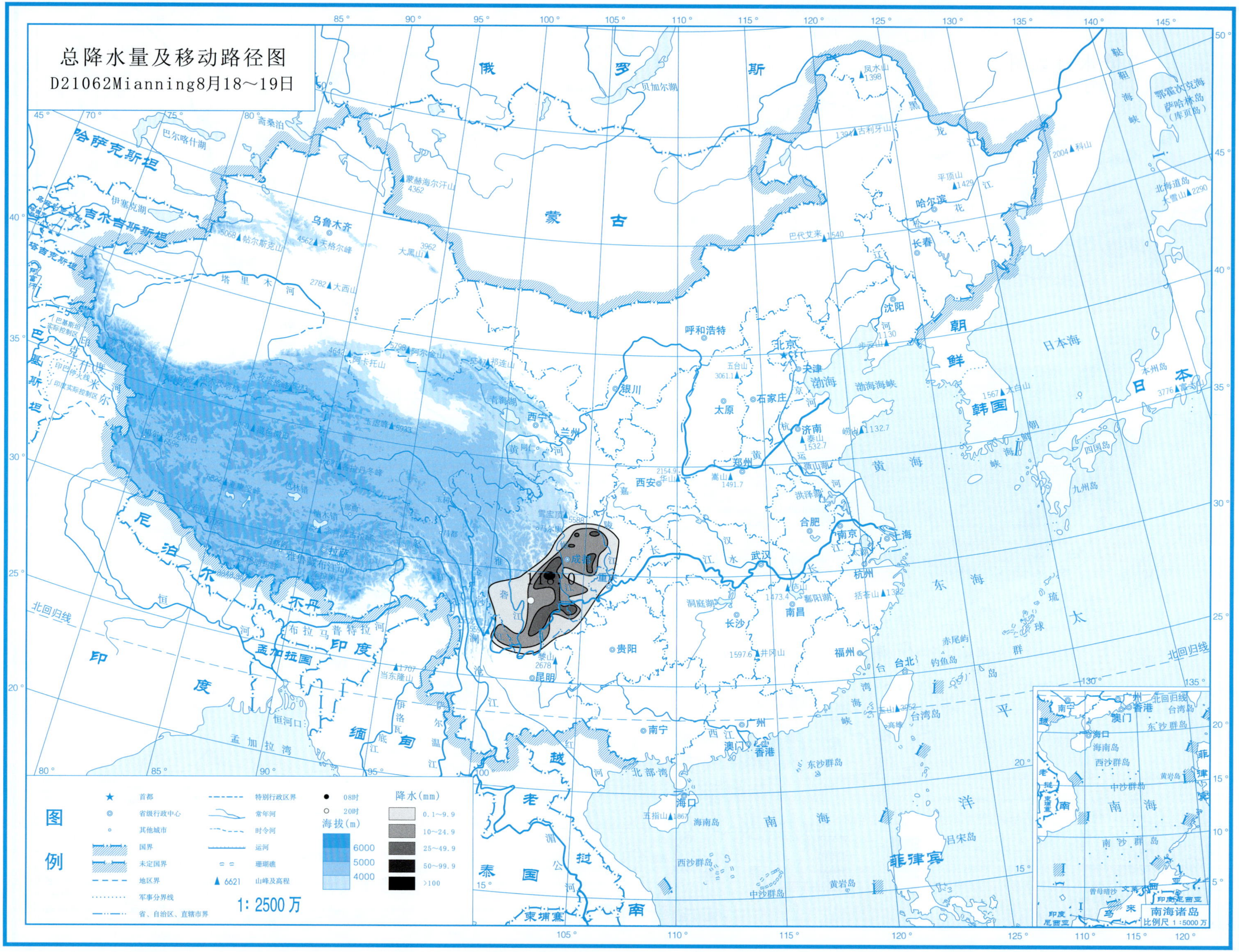

俄 罗 斯
蒙 古
哈萨克斯坦
吉尔吉斯斯坦
塔吉克斯坦
巴基斯坦
尼泊尔
不丹
印度
孟加拉国
缅甸
老挝
越南
泰国
柬埔寨
朝鲜
韩国
日本
菲律宾
贝加尔湖
乌鲁木齐
呼和浩特
北京
天津
石家庄
太原
银川
西宁
兰州
济南
郑州
西安
合肥
南京
上海
武汉
杭州
南昌
长沙
成都
重庆
贵阳
昆明
拉萨
福州
台北
南宁
广州
澳门
香港
海口
哈尔滨
长春
沈阳
日本海
渤海
黄海
东海
南海
太平洋
北回归线
118.0
南海诸岛
比例尺 1:5000万
图例
首都
省级行政中心
其他城市
国界
未定国界
地区界
军事分界线
省、自治区、直辖市界
特别行政区界
常年河
时令河
运河
珊瑚礁
6621 山峰及高程
08时
20时
海拔(m)
6000
5000
4000
降水(mm)
0.1～9.9
10～24.9
25～49.9
50～99.9
>100
1: 2500 万

总降水日数图

8月18～19日

图例

符号	说明	符号	说明
★	首都		特别行政区界
◎	省级行政中心		常年河
∘	其他城市		时令河
	国界		运河
	未定国界		珊瑚礁
	地区界	▲ 6621	山峰及高程
	军事分界线		
	省、自治区、直辖市界		

海拔(m)：6000、5000、4000

降水日数：1天、2~3天、4天以上

1: 2500 万

南海诸岛 比例尺 1:5000 万

总降水量及移动路径图

D21063Baoxing8月22～23日

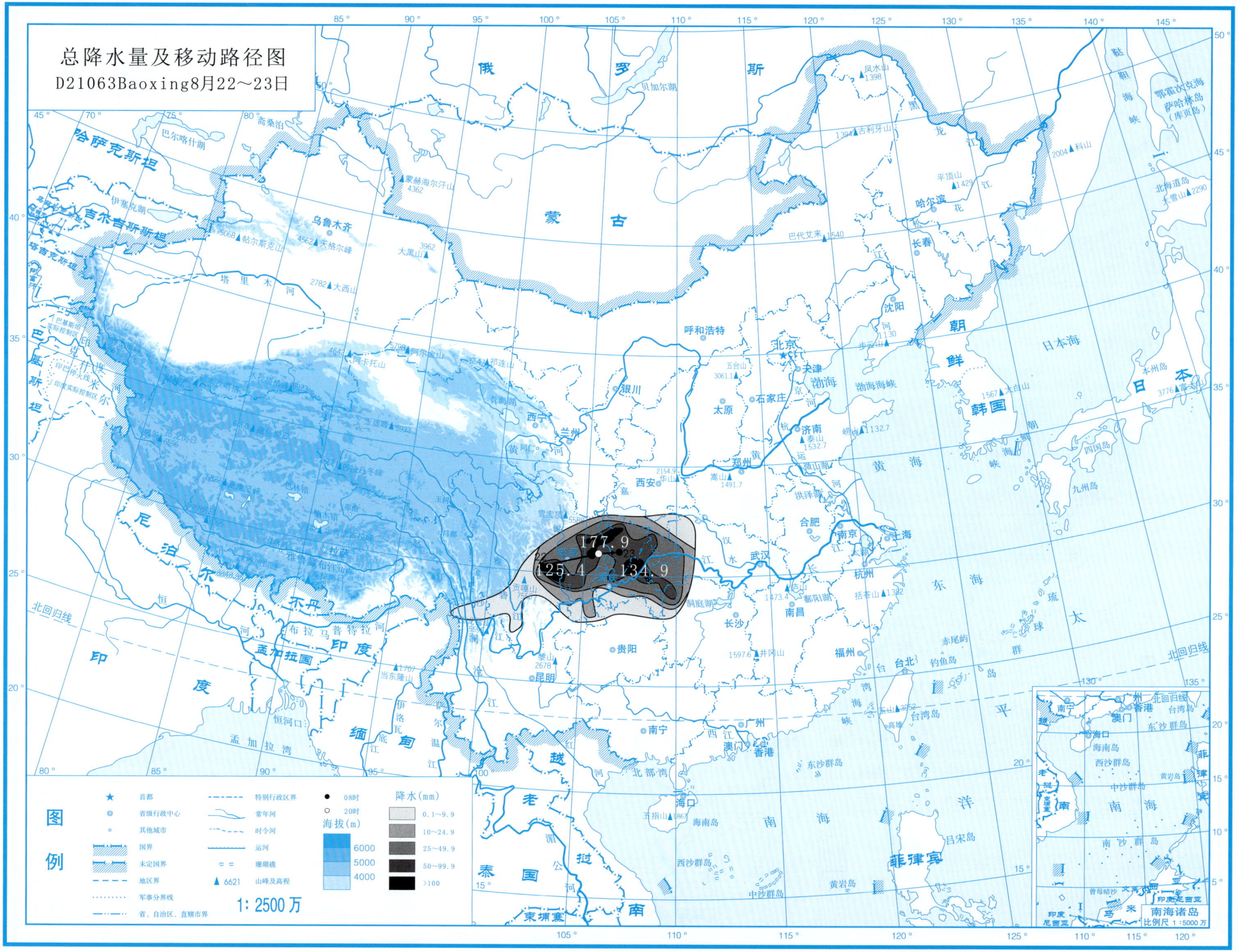

177.9

125.4

134.9

图例

★	首都
◎	省级行政中心
○	其他城市
	国界
	未定国界
	地区界
	军事分界线
	省、自治区、直辖市界
	特别行政区界
	常年河
	时令河
	运河
	珊瑚礁
▲ 6621	山峰及高程
●	08时
○	20时

海拔(m)：6000、5000、4000

降水(mm)：0.1～9.9；10～24.9；25～49.9；50～99.9；>100

1：2500万

南海诸岛 比例尺 1：5000万

总降水日数图

8月22～23日

图例

★ 首都
◎ 省级行政中心
○ 其他城市
国界
未定国界
地区界
军事分界线
省、自治区、直辖市界
特别行政区界
常年河
时令河
运河
珊瑚礁
▲6621 山峰及高程

海拔(m)
6000
5000
4000

降水日数
1天
2～3天
4天以上

1：2500万

南海诸岛
比例尺 1：5000万

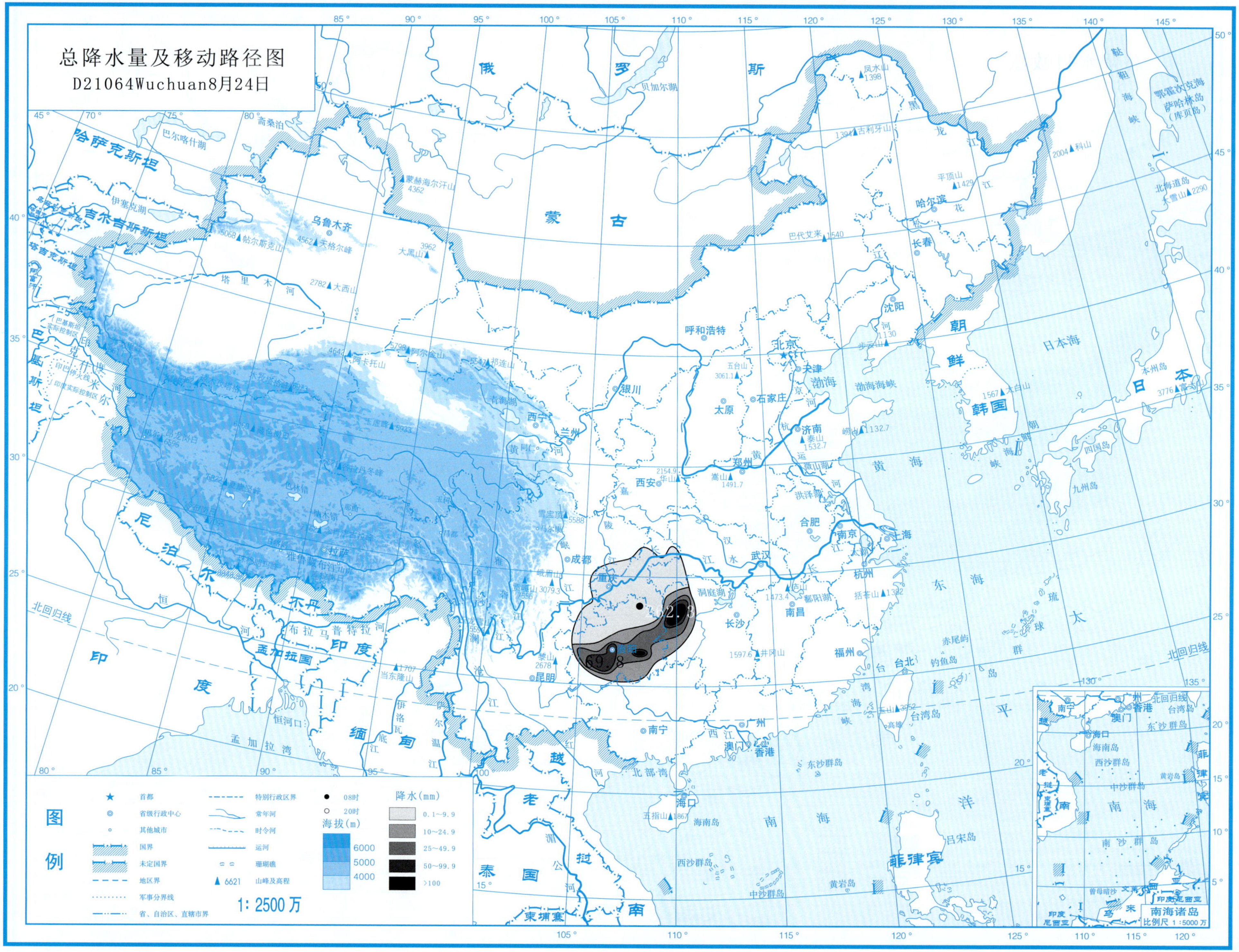

总降水量及移动路径图

D21064Wuchuan8月24日

262.3

69.8

图例

首都	特别行政区界
省级行政中心	常年河
其他城市	时令河
国界	运河
未定国界	珊瑚礁
地区界	6621 山峰及高程
军事分界线	
省、自治区、直辖市界	

08时

20时

海拔(m)：6000、5000、4000

降水(mm)
0.1~9.9
10~24.9
25~49.9
50~99.9
>100

1: 2500万

南海诸岛 比例尺 1:5000万

总降水日数图
8月24日

图例

首都
省级行政中心
其他城市
国界
未定国界
地区界
军事分界线
省、自治区、直辖市界
特别行政区界
常年河
时令河
运河
珊瑚礁
山峰及高程

海拔（m）
6000
5000
4000

降水日数
1天
2~3天
4天以上

1: 2500 万

南海诸岛
比例尺 1：5000 万

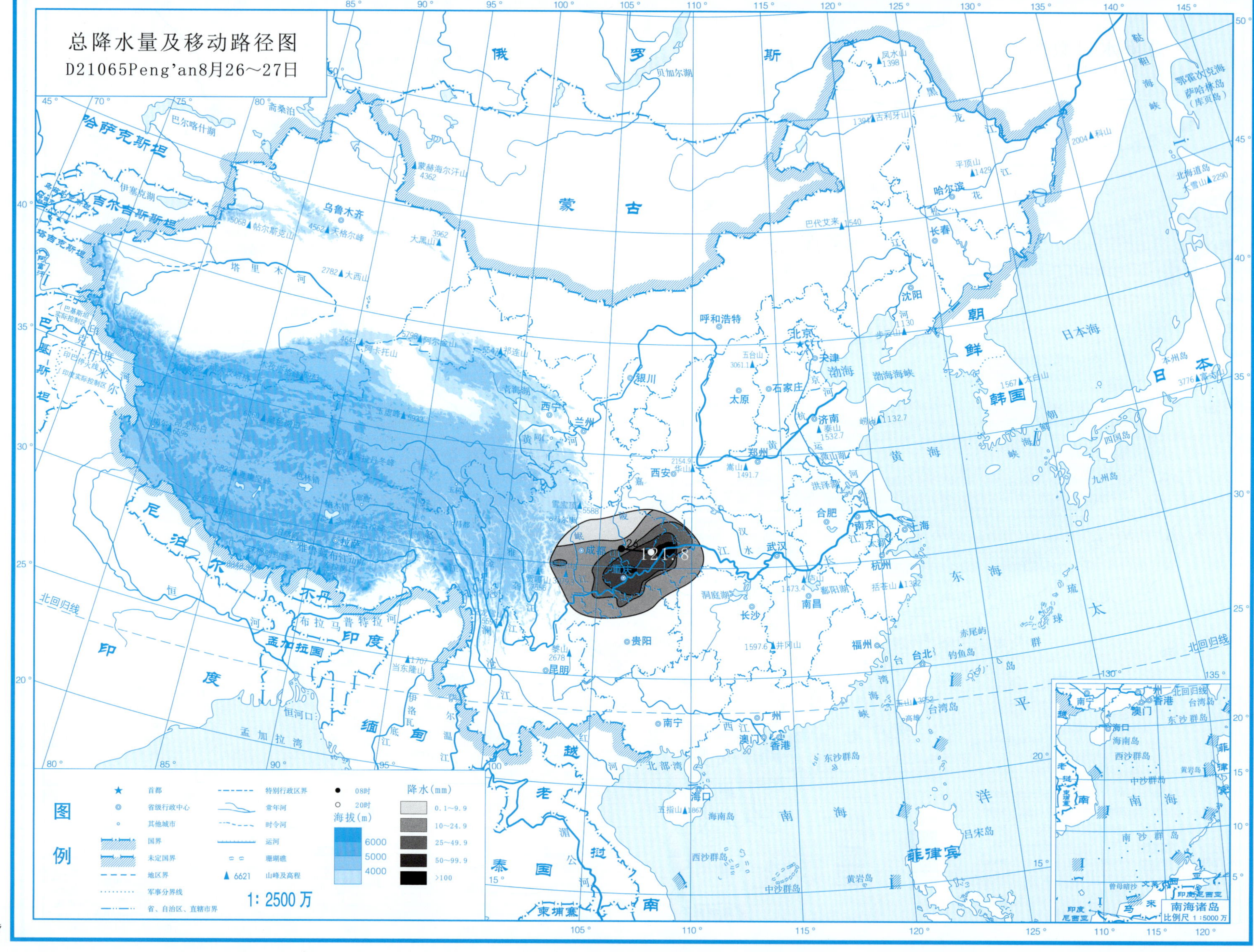
总降水量及移动路径图
D21065Peng'an8月26～27日
121.8
图例
首都
省级行政中心
其他城市
国界
未定国界
地区界
军事分界线
省、自治区、直辖市界
特别行政区界
常年河
时令河
运河
珊瑚礁
6621 山峰及高程
08时
20时
海拔(m)
6000
5000
4000
降水(mm)
0.1～9.9
10～24.9
25～49.9
50～99.9
>100
1: 2500万
南海诸岛
比例尺 1:5000万

总降水日数图

8月26～27日

图例

- ★ 首都
- ◎ 省级行政中心
- ○ 其他城市
- 国界
- 未定国界
- 地区界
- 军事分界线
- 省、自治区、直辖市界
- 特别行政区界
- 常年河
- 时令河
- 运河
- 珊瑚礁
- ▲6621 山峰及高程

海拔（m）

6000
5000
4000

降水日数

1天
2～3天
4天以上

1：2500万

南海诸岛

比例尺 1：5000万

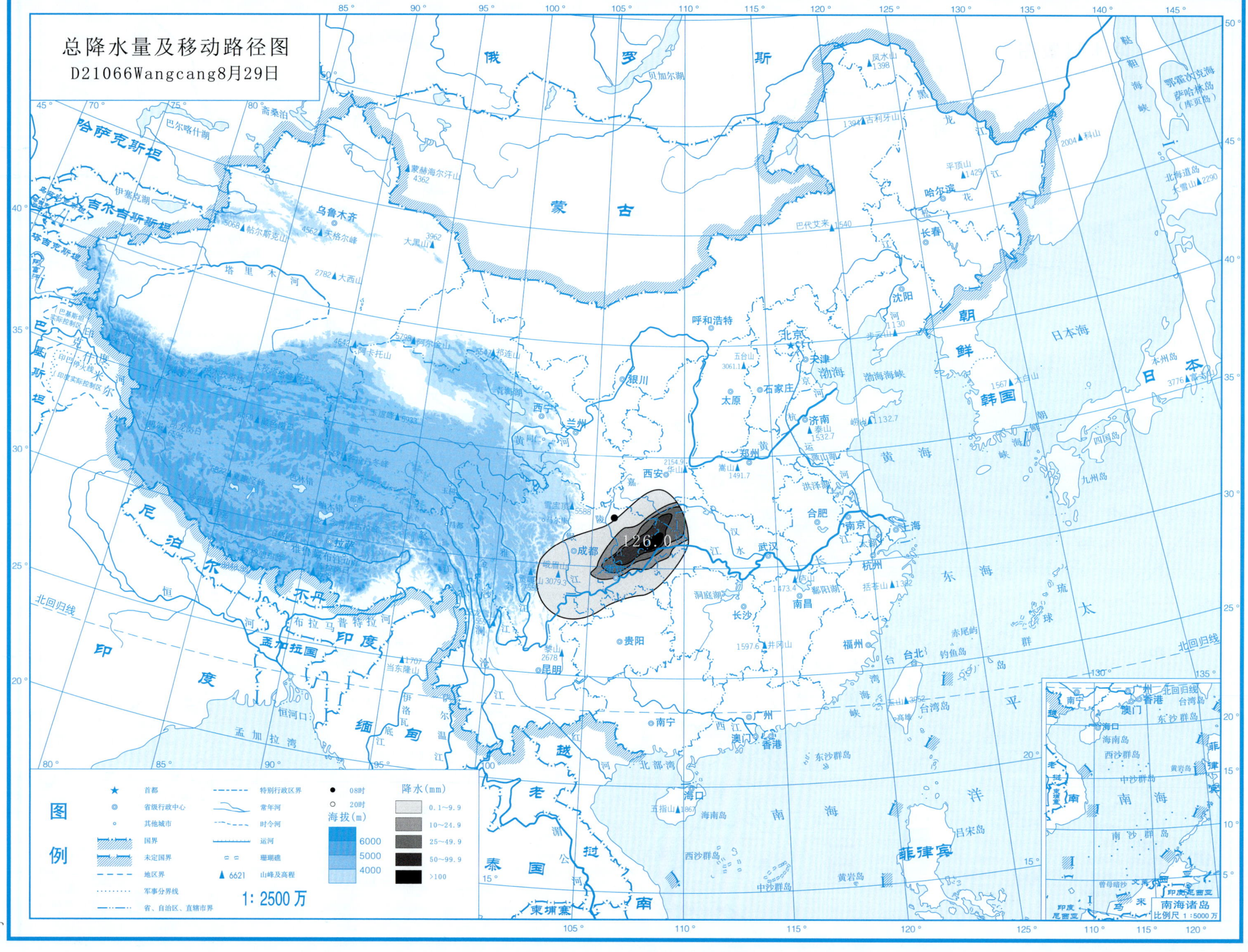
总降水量及移动路径图
D21066Wangcang8月29日
126.0
图例
首都
省级行政中心
其他城市
国界
未定国界
地区界
军事分界线
省、自治区、直辖市界
特别行政区界
常年河
时令河
运河
珊瑚礁
山峰及高程
08时
20时
海拔(m)
6000
5000
4000
降水(mm)
0.1~9.9
10~24.9
25~49.9
50~99.9
>100
1: 2500万
南海诸岛
比例尺 1:5000万

总降水日数图

8月29日

图例

- ★ 首都
- ◎ 省级行政中心
- ∘ 其他城市
- 国界
- 未定国界
- 地区界
- 军事分界线
- 省、自治区、直辖市界
- 特别行政区界
- 常年河
- 时令河
- 运河
- 珊瑚礁
- ▲ 6621 山峰及高程

海拔（m）

- 6000
- 5000
- 4000

降水日数

- 1天
- 2~3天
- 4天以上

1∶2500万

南海诸岛 比例尺 1∶5000万

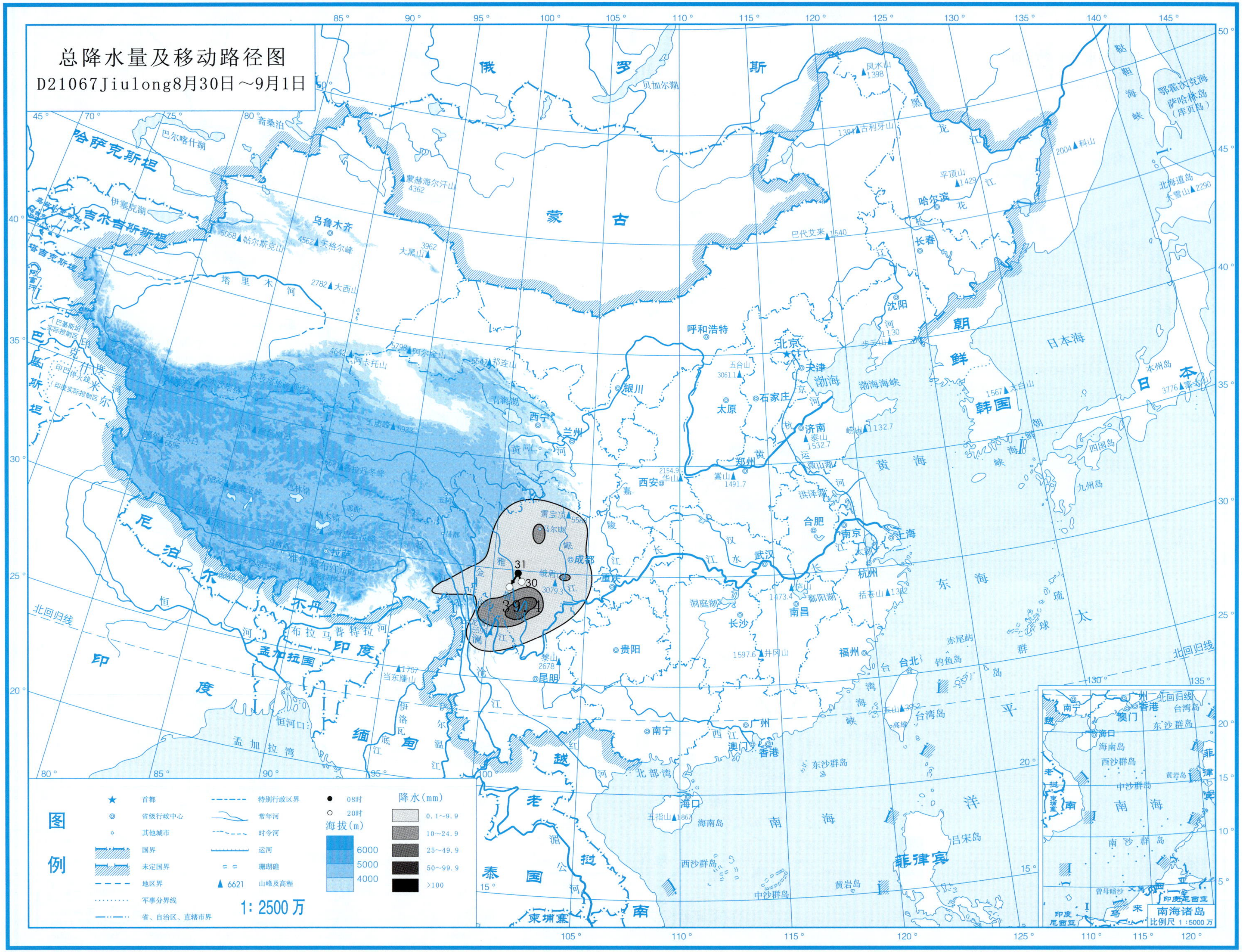

总降水量及移动路径图

D21067Jiulong8月30日～9月1日

31
30
39.4

图例

符号	说明	符号	说明
★	首都		特别行政区界
◎	省级行政中心		常年河
◦	其他城市		时令河
	国界		运河
	未定国界		珊瑚礁
	地区界	▲ 6621	山峰及高程
	军事分界线		
	省、自治区、直辖市界		

● 08时
○ 20时

海拔(m)
6000
5000
4000

降水(mm)

0.1～9.9
10～24.9
25～49.9
50～99.9
>100

1：2500万

南海诸岛
比例尺 1：5000万

总降水日数图

8月30日～9月1日

图例

★ 首都
◎ 省级行政中心
◦ 其他城市
国界
未定国界
地区界
军事分界线
省、自治区、直辖市界
特别行政区界
常年河
时令河
运河
珊瑚礁
▲6621 山峰及高程

海拔(m)
6000
5000
4000

降水日数
1天
2～3天
4天以上

1：2500万

南海诸岛
比例尺 1：5000万

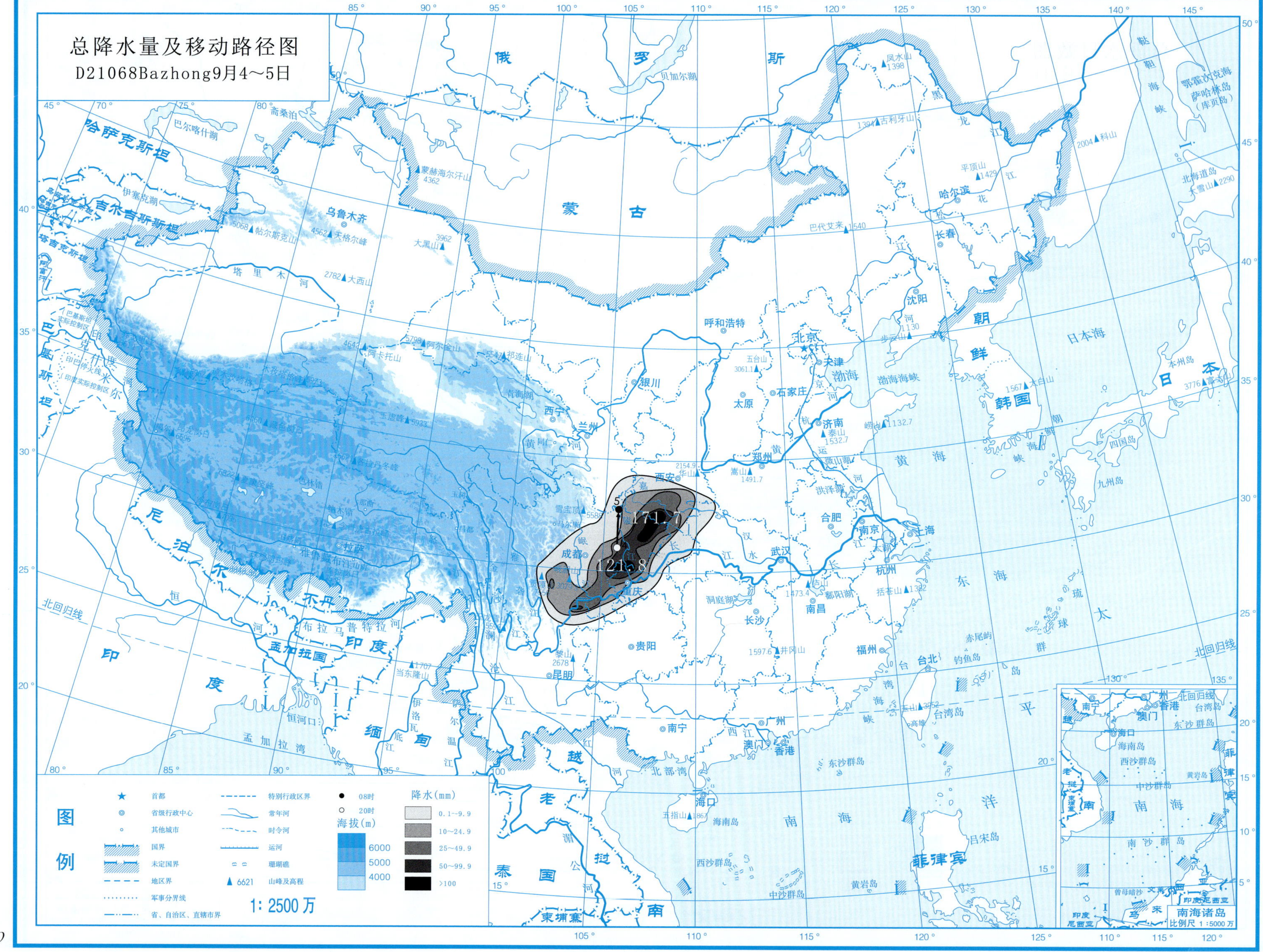
总降水量及移动路径图
D21068Bazhong9月4～5日
图例
首都
省级行政中心
其他城市
国界
未定国界
地区界
军事分界线
省、自治区、直辖市界
特别行政区界
常年河
时令河
运河
珊瑚礁
山峰及高程
08时
20时
海拔(m)
6000
5000
4000
降水(mm)
0.1～9.9
10～24.9
25～49.9
50～99.9
>100
1：2500万
171.7
121.8
南海诸岛
比例尺 1：5000万

总降水日数图

9月4～5日

图例

★	首都		特别行政区界
◎	省级行政中心		常年河
○	其他城市		时令河
	国界		运河
	未定国界		珊瑚礁
	地区界	▲6621	山峰及高程
	军事分界线		
	省、自治区、直辖市界		

海拔(m)：6000、5000、4000

降水日数：1天、2～3天、4天以上

1∶2500万

南海诸岛 比例尺 1∶5000万

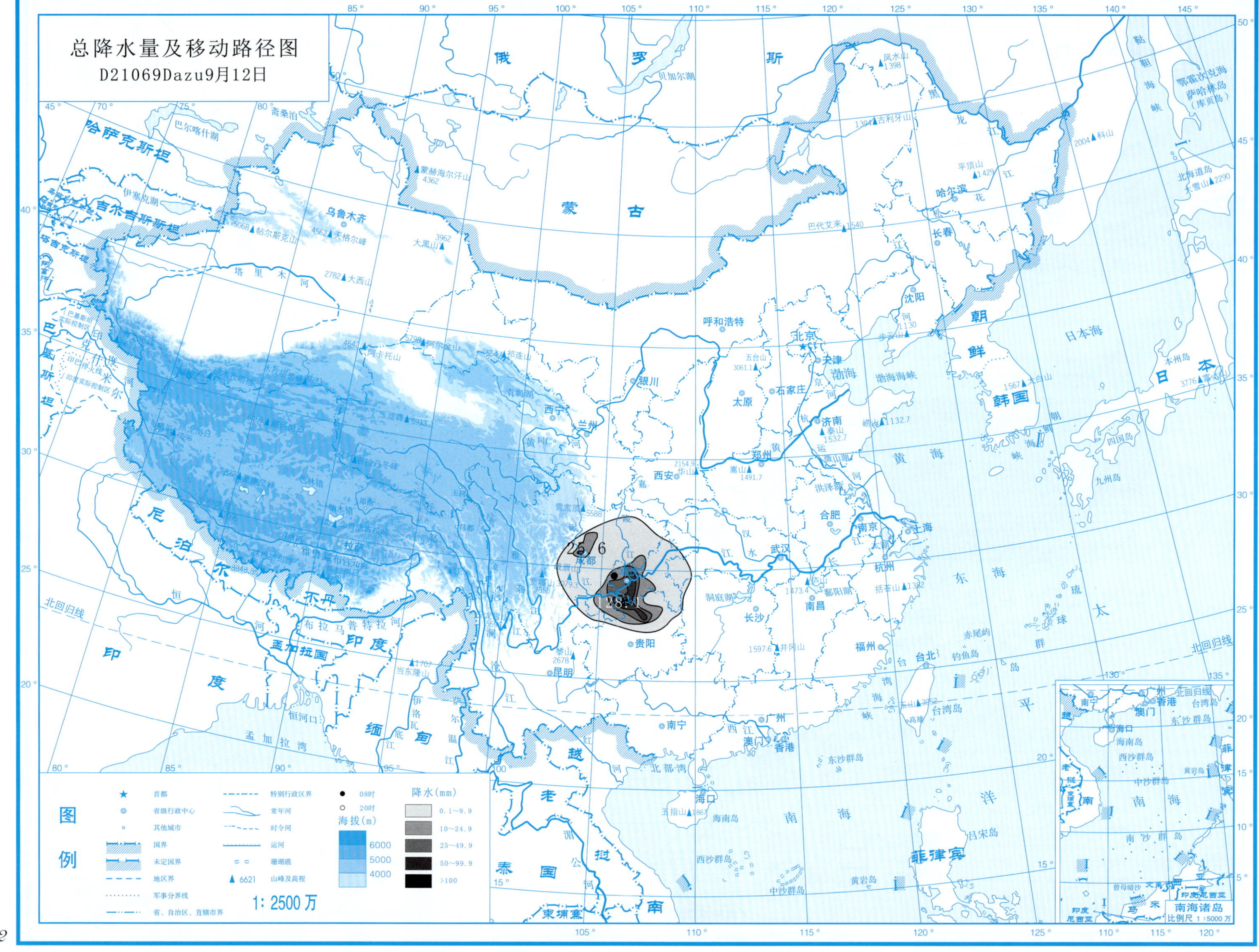
总降水量及移动路径图
D21069Dazu9月12日
25.6
128.1
图例
首都
省级行政中心
其他城市
国界
未定国界
地区界
军事分界线
省、自治区、直辖市界
特别行政区界
常年河
时令河
运河
珊瑚礁
山峰及高程
08时
20时
海拔(m)
6000
5000
4000
降水(mm)
0.1～9.9
10～24.9
25～49.9
50～99.9
>100
1:2500万
南海诸岛
比例尺 1:5000万

总降水日数图
9月12日

图例

★ 首都
◎ 省级行政中心
○ 其他城市
国界
未定国界
地区界
军事分界线
省、自治区、直辖市界
特别行政区界
常年河
时令河
运河
珊瑚礁
▲6621 山峰及高程

海拔(m)
6000
5000
4000

降水日数
1天
2~3天
4天以上

1：2500万

南海诸岛
比例尺 1：5000万

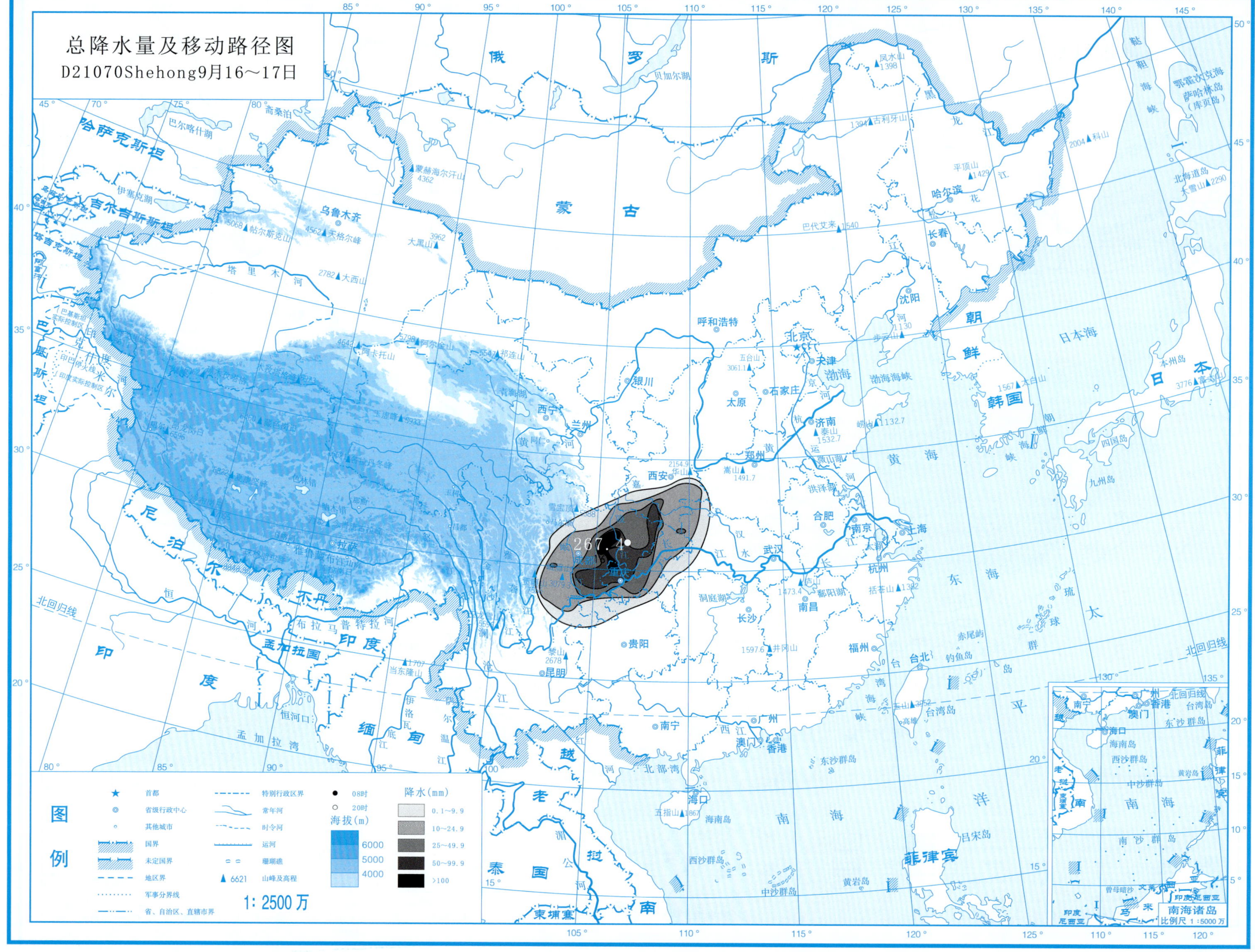
总降水量及移动路径图
D21070Shehong9月16～17日
267.4
图例
降水(mm)
0.1～9.9
10～24.9
25～49.9
50～99.9
>100
海拔(m)
6000
5000
4000
1: 2500 万
南海诸岛
比例尺 1:5000 万

总降水日数图

9月16～17日

图例

符号	说明
★	首都
◎	省级行政中心
○	其他城市
	国界
	未定国界
	地区界
	军事分界线
	省、自治区、直辖市界
	特别行政区界
	常年河
	时令河
	运河
	珊瑚礁
▲ 6621	山峰及高程

海拔(m)：6000、5000、4000

降水日数：1天、2～3天、4天以上

1：2500万

南海诸岛 比例尺 1：5000万

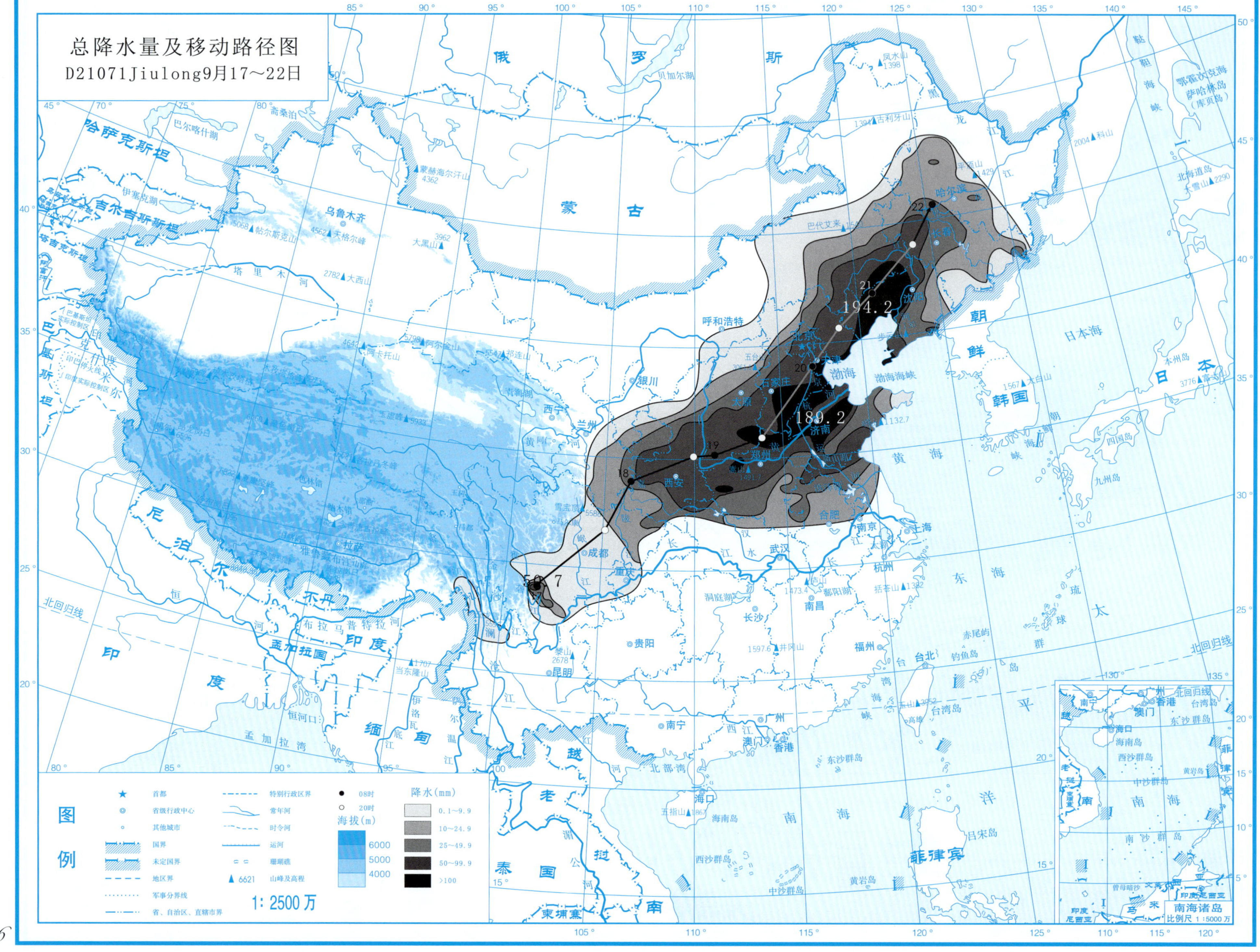
总降水量及移动路径图
D21071Jiulong9月17～22日
194.2
189.2
图例
首都
省级行政中心
其他城市
国界
未定国界
地区界
军事分界线
省、自治区、直辖市界
特别行政区界
常年河
时令河
运河
珊瑚礁
山峰及高程
08时
20时
海拔(m)
6000
5000
4000
降水(mm)
0.1～9.9
10～24.9
25～49.9
50～99.9
>100
1:2500万
南海诸岛
比例尺 1:5000万

总降水日数图
9月17～22日

图例

- ★ 首都
- 省级行政中心
- 其他城市
- 国界
- 未定国界
- 地区界
- 军事分界线
- 省、自治区、直辖市界
- 特别行政区界
- 常年河
- 时令河
- 运河
- 珊瑚礁
- ▲6621 山峰及高程

海拔(m)
6000
5000
4000

降水日数
1天
2～3天
4天以上

1∶2500万

南海诸岛
比例尺 1∶5000万

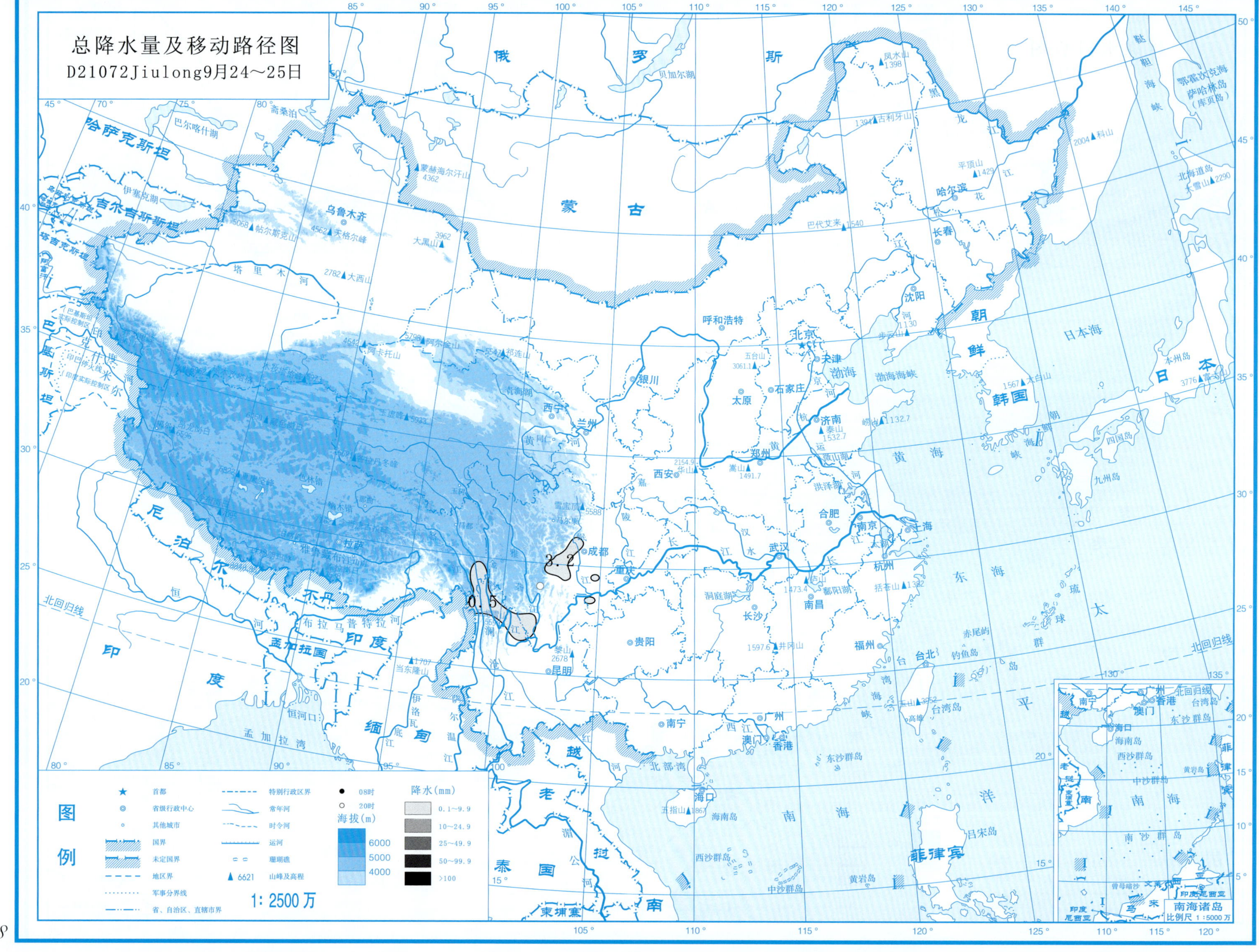
总降水量及移动路径图
D21072Jiulong9月24～25日
图例
首都
省级行政中心
其他城市
国界
未定国界
地区界
军事分界线
省、自治区、直辖市界
特别行政区界
常年河
时令河
运河
珊瑚礁
山峰及高程
08时
20时
海拔(m)
6000
5000
4000
降水(mm)
0.1～9.9
10～24.9
25～49.9
50～99.9
>100
1:2500万
南海诸岛
比例尺 1:5000万

总降水日数图

9月24～25日

图例

降水日数：1天；2～3天；4天以上

海拔(m)：6000；5000；4000

1∶2500万

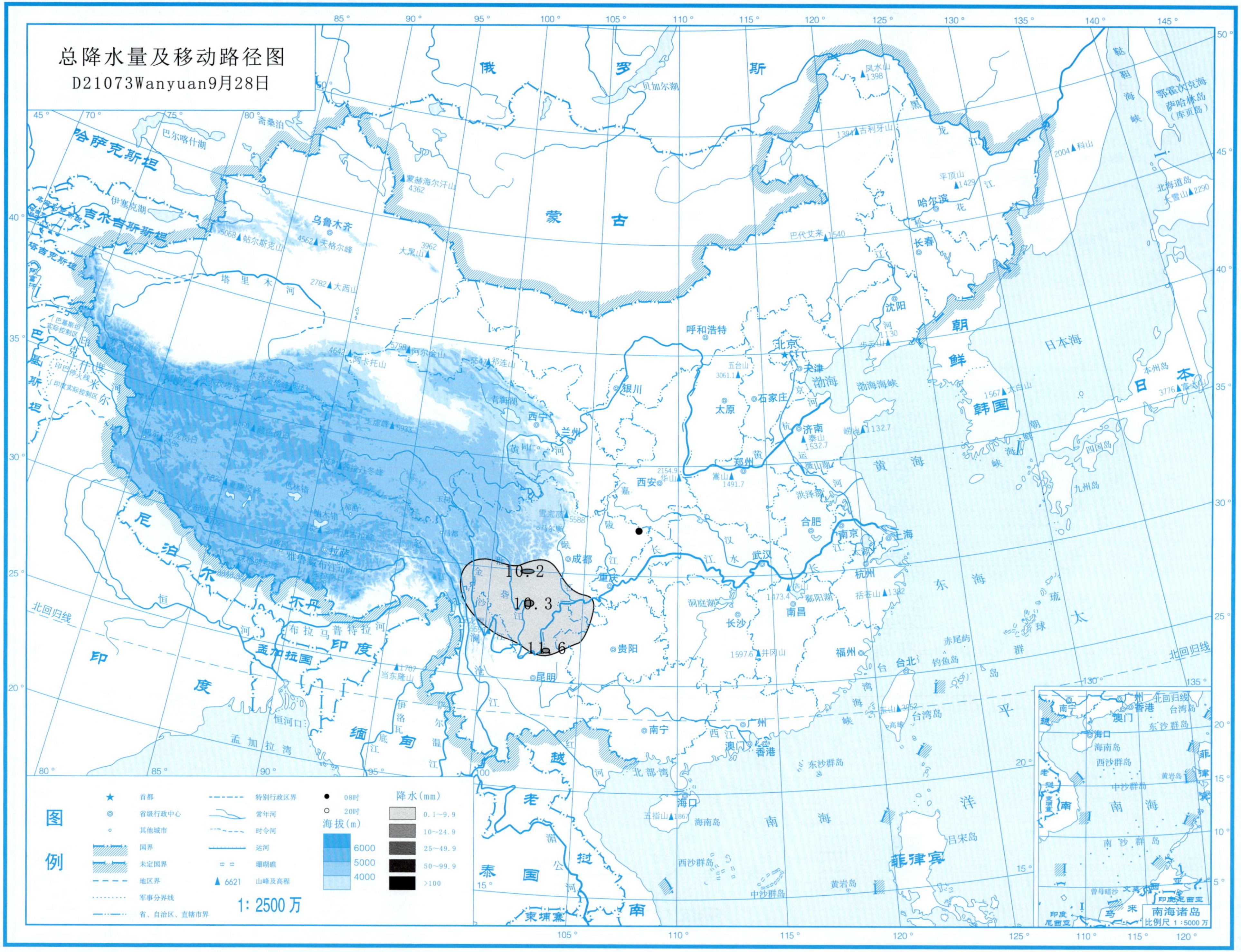

总降水量及移动路径图

D21073Wanyuan9月28日

10.2

10.3

11.6

图例

符号	说明
★	首都
◎	省级行政中心
○	其他城市
	国界
	未定国界
	地区界
	军事分界线
	省、自治区、直辖市界
	特别行政区界
	常年河
	时令河
	运河
	珊瑚礁
▲ 6621	山峰及高程
●	08时
○	20时

海拔(m)：6000、5000、4000

降水(mm)：0.1~9.9、10~24.9、25~49.9、50~99.9、>100

1: 2500 万

南海诸岛 比例尺 1:5000 万

总降水日数图

9月28日

图例

★ 首都

◎ 省级行政中心

○ 其他城市

国界

未定国界

地区界

军事分界线

省、自治区、直辖市界

特别行政区界

常年河

时令河

运河

珊瑚礁

▲ 6621 山峰及高程

海拔(m)

6000

5000

4000

降水日数

1天

2~3天

4天以上

1：2500万

南海诸岛

比例尺 1：5000万

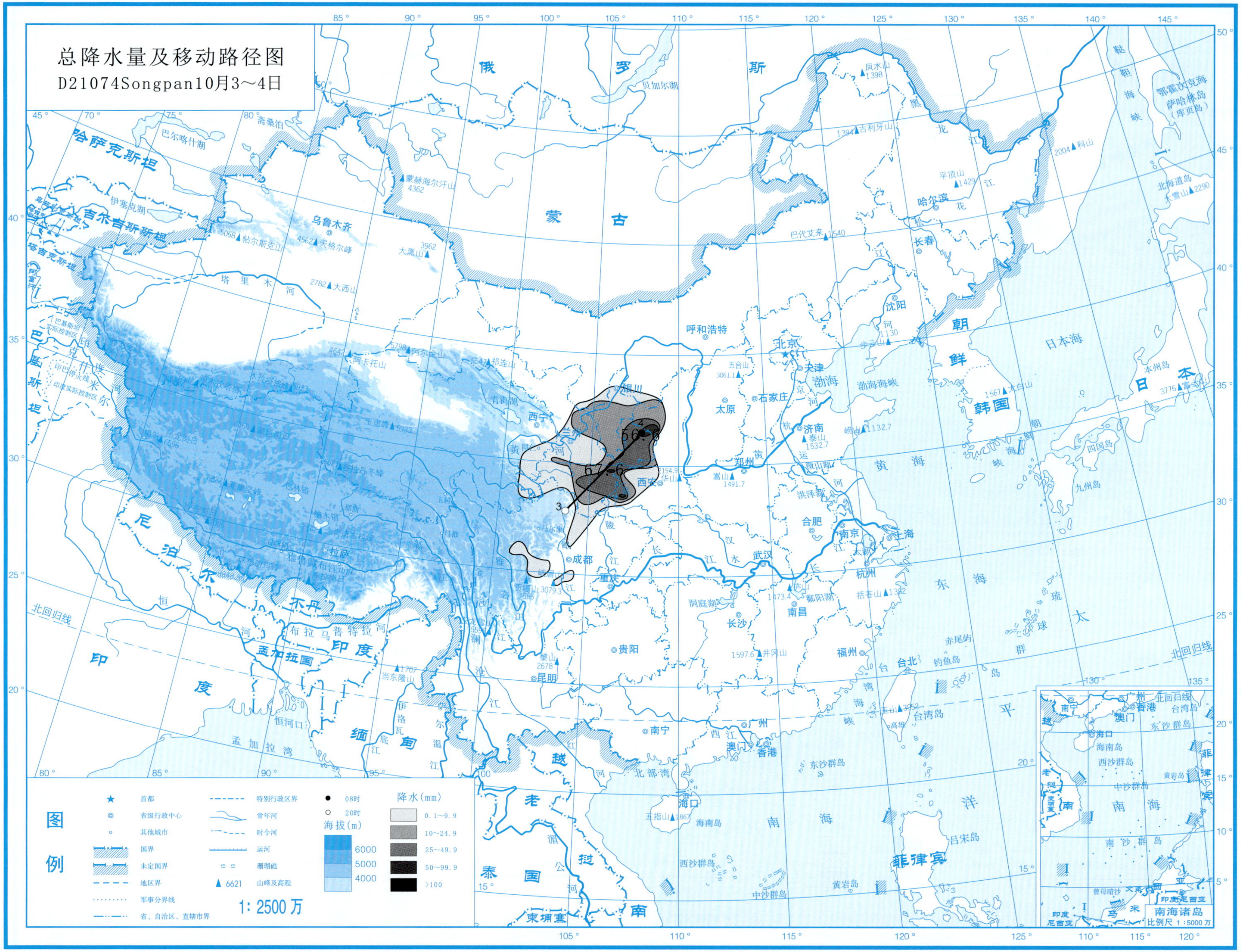

总降水量及移动路径图

D21074Songpan10月3～4日

图例

★ 首都	特别行政区界	● 08时	降水(mm)	海拔(m)	
省级行政中心	常年河	○ 20时	0.1～9.9	6000	
其他城市	时令河		10～24.9	5000	
国界	运河		25～49.9	4000	
未定国界	珊瑚礁		50～99.9		
地区界	▲ 6621 山峰及高程		>100		
军事分界线					
省、自治区、直辖市界					

1∶2500万

南海诸岛 比例尺 1∶5000万

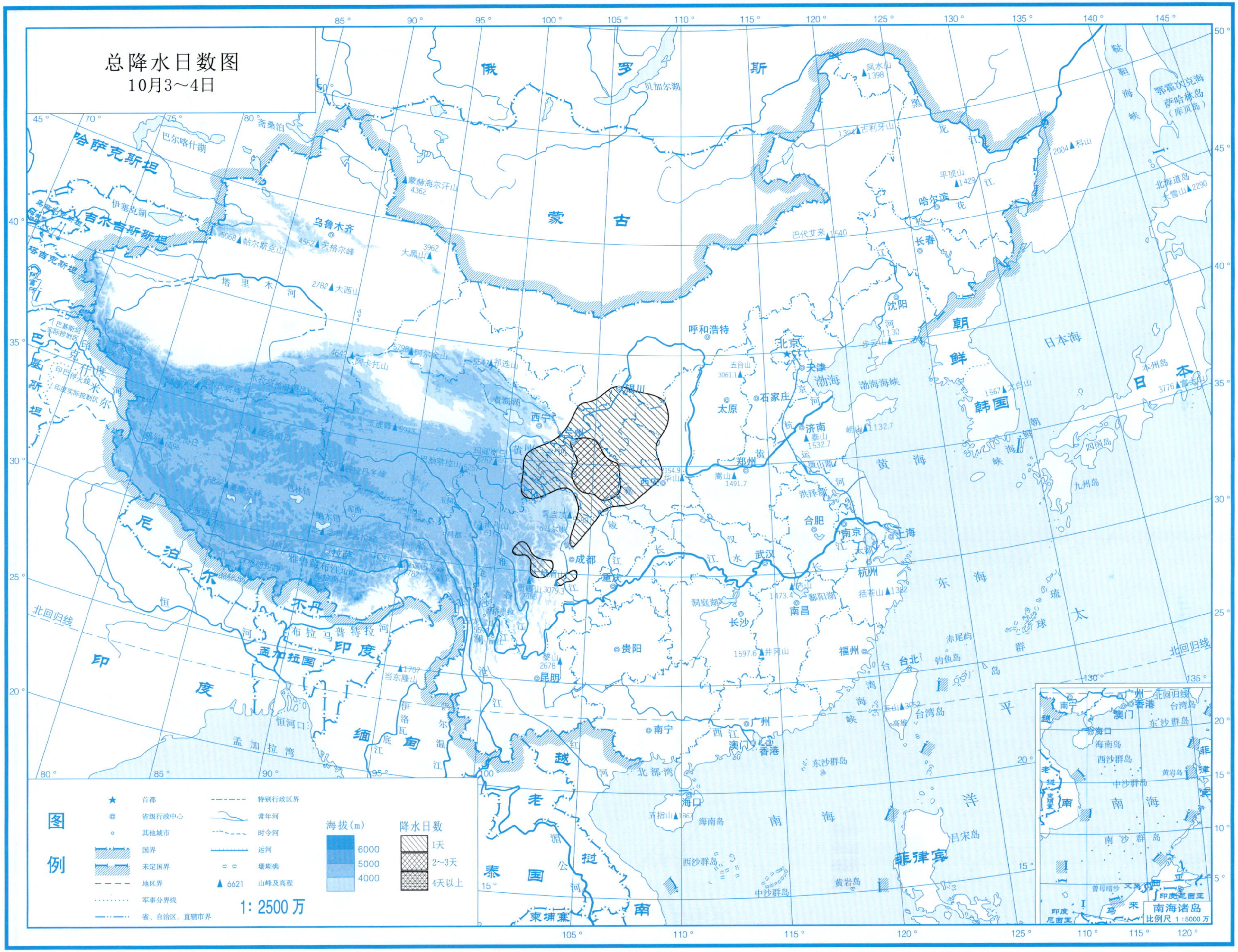
总降水日数图
10月3～4日
图例
首都
省级行政中心
其他城市
国界
未定国界
地区界
军事分界线
省、自治区、直辖市界
特别行政区界
常年河
时令河
运河
珊瑚礁
6621 山峰及高程
海拔(m)
6000
5000
4000
降水日数
1天
2~3天
4天以上
1:2500万
俄　罗　斯
蒙　古
哈萨克斯坦
吉尔吉斯斯坦
塔吉克斯坦
阿富汗
巴基斯坦
尼泊尔
不丹
印度
孟加拉国
缅甸
老挝
泰国
柬埔寨
越南
菲律宾
朝鲜
韩国
日本
北京
天津
石家庄
太原
呼和浩特
沈阳
长春
哈尔滨
济南
郑州
西安
银川
西宁
兰州
成都
重庆
武汉
合肥
南京
上海
杭州
南昌
长沙
福州
台北
贵阳
昆明
南宁
广州
澳门
香港
海口
乌鲁木齐
拉萨
渤海
黄海
东海
日本海
南海
太平洋
北回归线
南海诸岛
比例尺 1：5000万

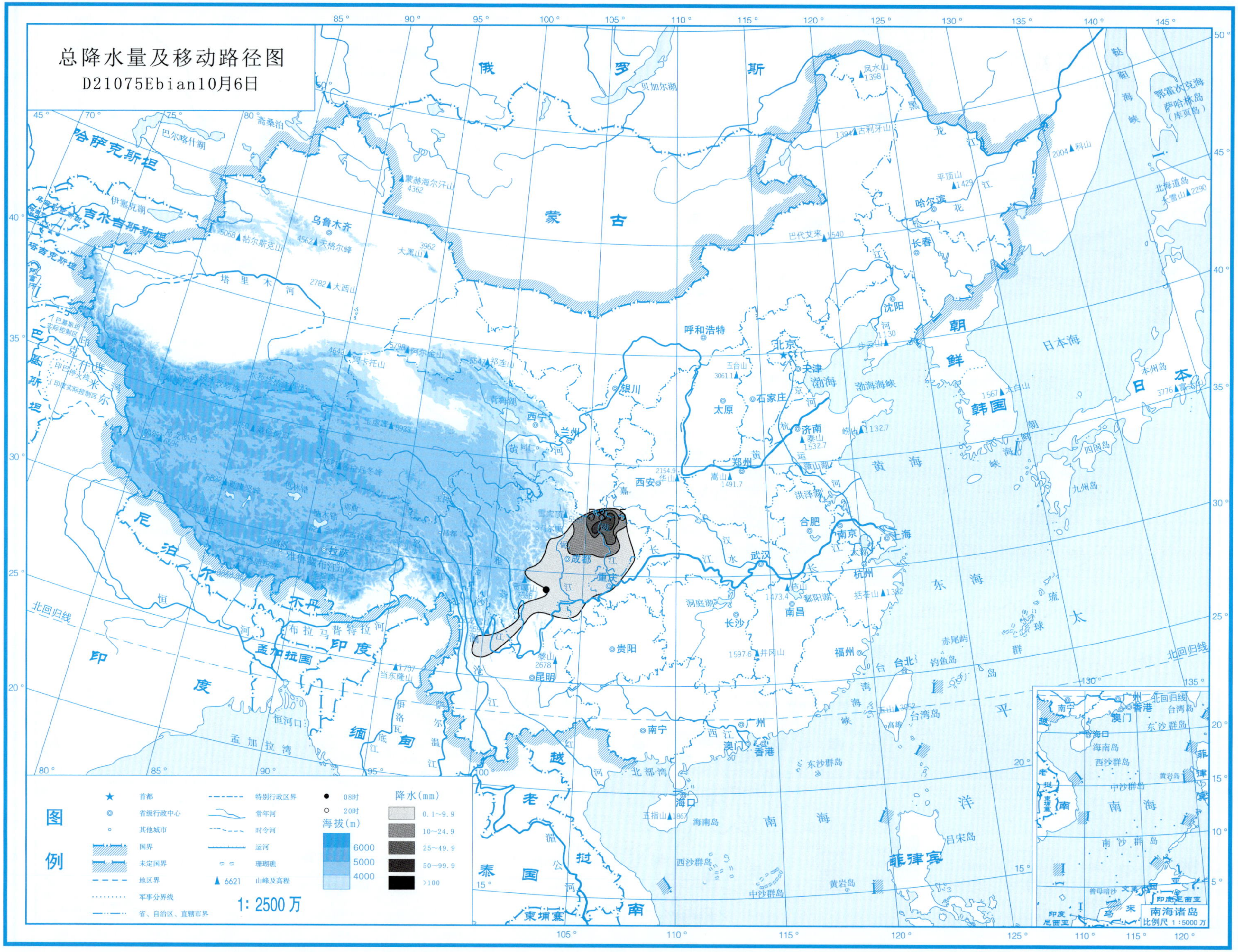

总降水量及移动路径图

D21075Ebian10月6日

图例

- ★ 首都
- ◎ 省级行政中心
- ∘ 其他城市
- 国界
- 未定国界
- 地区界
- 军事分界线
- 省、自治区、直辖市界
- 特别行政区界
- 常年河
- 时令河
- 运河
- 珊瑚礁
- ▲ 6621 山峰及高程
- ● 08时
- ○ 20时

海拔(m)

- 6000
- 5000
- 4000

降水(mm)

- 0.1~9.9
- 10~24.9
- 25~49.9
- 50~99.9
- >100

1:2500万

南海诸岛
比例尺 1:5000万

总降水日数图

10月6日

图例

★ 首都

◎ 省级行政中心

○ 其他城市

国界

未定国界

地区界

军事分界线

省、自治区、直辖市界

特别行政区界

常年河

时令河

运河

珊瑚礁

▲ 6621 山峰及高程

海拔(m)

6000

5000

4000

降水日数

1天

2~3天

4天以上

1: 2500 万

南海诸岛

比例尺 1:5000 万

总降水量及移动路径图

D21076Nanbu10月7日

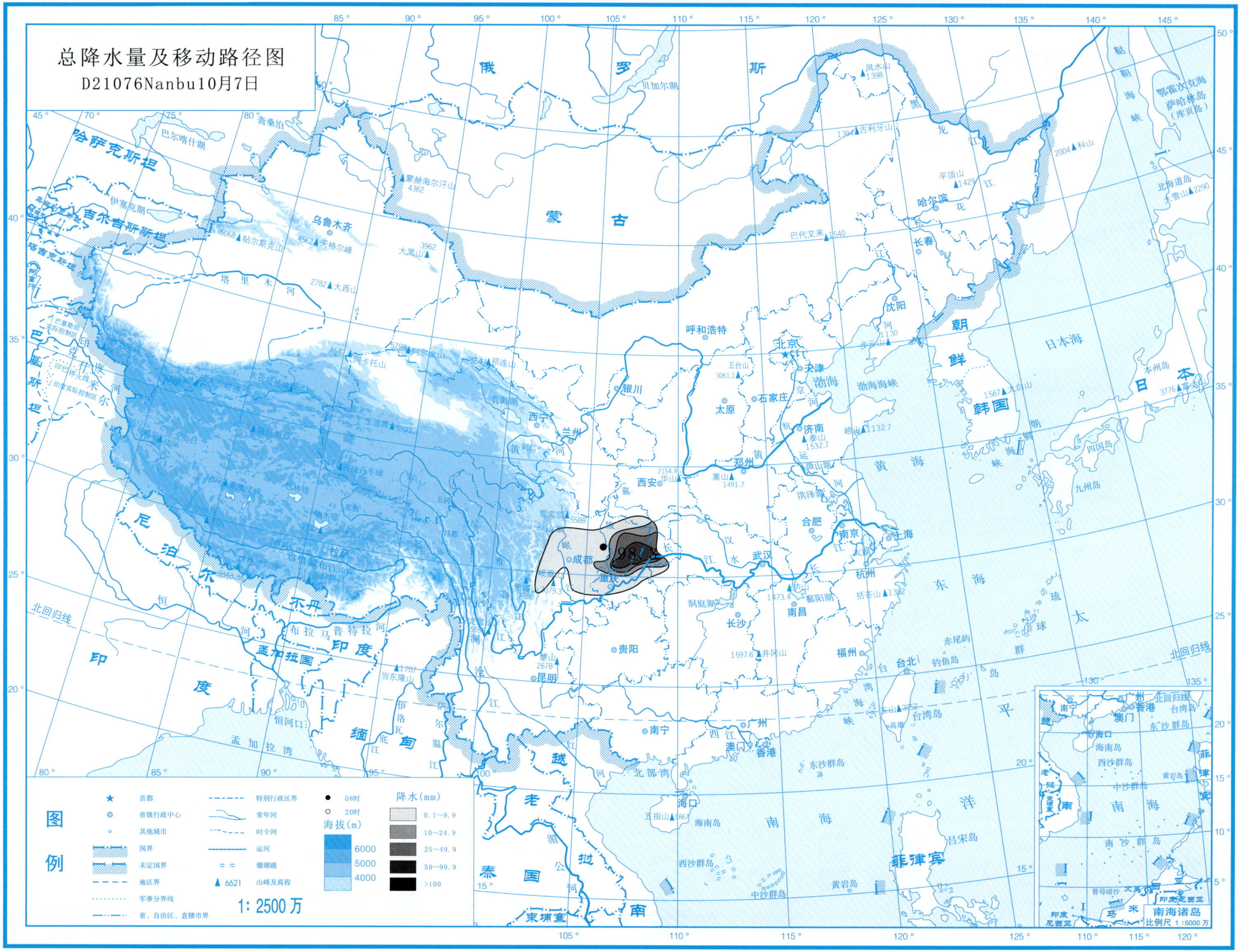

图例

符号	说明	符号	说明
★	首都		特别行政区界
◎	省级行政中心		常年河
○	其他城市		时令河
	国界		运河
	未定国界		珊瑚礁
	地区界	▲ 6621	山峰及高程
	军事分界线		
	省、自治区、直辖市界		

● 08时
○ 20时

海拔(m)：6000、5000、4000

降水(mm)：0.1~9.9、10~24.9、25~49.9、50~99.9、>100

1：2500万

总降水日数图

10月7日

图例

★ 首都
◎ 省级行政中心
○ 其他城市
国界
未定国界
地区界
军事分界线
省、自治区、直辖市界
特别行政区界
常年河
时令河
运河
珊瑚礁
▲6621 山峰及高程

海拔(m)
6000
5000
4000

降水日数
1天
2~3天
4天以上

1:2500万

南海诸岛
比例尺 1:5000万

总降水量及移动路径图

D21077Cangxi10月18～19日

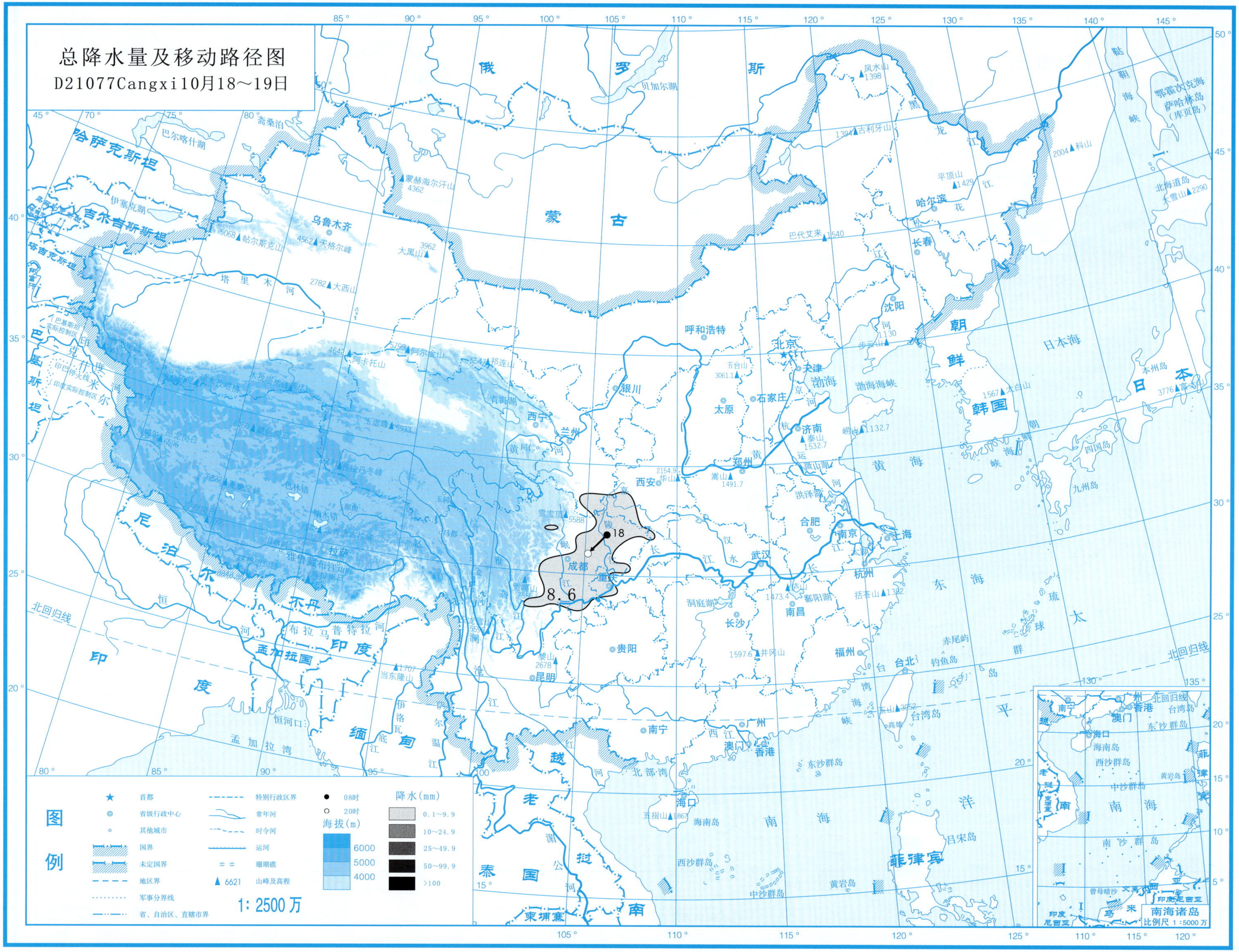

总降水日数图

10月18～19日

图例

★ 首都
◎ 省级行政中心
∘ 其他城市
国界
未定国界
地区界
军事分界线
省、自治区、直辖市界
特别行政区界
常年河
时令河
运河
珊瑚礁
▲6621 山峰及高程

海拔(m)
6000
5000
4000

降水日数
1天
2～3天
4天以上

1：2500万

南海诸岛 比例尺 1：5000万

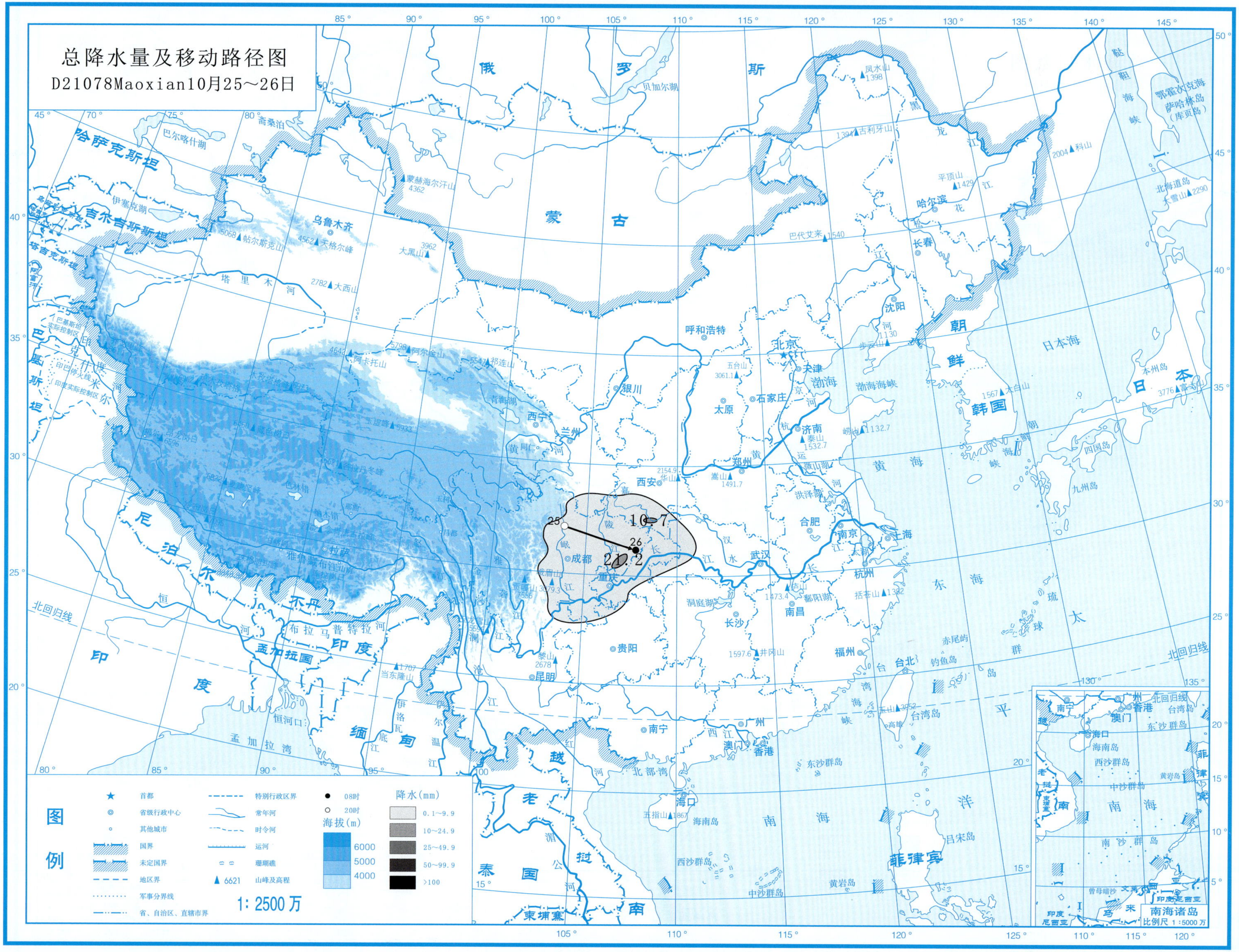
总降水量及移动路径图
D21078Maoxian10月25～26日
25
26
10.7
21.2
图例
首都
省级行政中心
其他城市
国界
未定国界
地区界
军事分界线
省、自治区、直辖市界
特别行政区界
常年河
时令河
运河
珊瑚礁
6621 山峰及高程
08时
20时
海拔(m)
6000
5000
4000
降水(mm)
0.1～9.9
10～24.9
25～49.9
50～99.9
>100
1:2500万
南海诸岛
比例尺 1:5000万
俄罗斯
蒙古
哈萨克斯坦
吉尔吉斯斯坦
塔吉克斯坦
巴基斯坦
印度
尼泊尔
不丹
孟加拉国
缅甸
老挝
泰国
越南
柬埔寨
菲律宾
朝鲜
韩国
日本
乌鲁木齐
呼和浩特
北京
天津
石家庄
太原
济南
郑州
西安
银川
兰州
西宁
成都
重庆
贵阳
昆明
拉萨
长沙
武汉
南昌
合肥
南京
上海
杭州
福州
台北
广州
南宁
海口
香港
澳门
沈阳
长春
哈尔滨
渤海
黄海
东海
南海
日本海
太平洋
北回归线

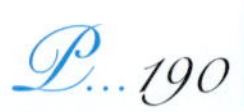

总降水日数图

10月25～26日

图例

1：2500万

海拔(m)：6000　5000　4000

降水日数：1天　2～3天　4天以上

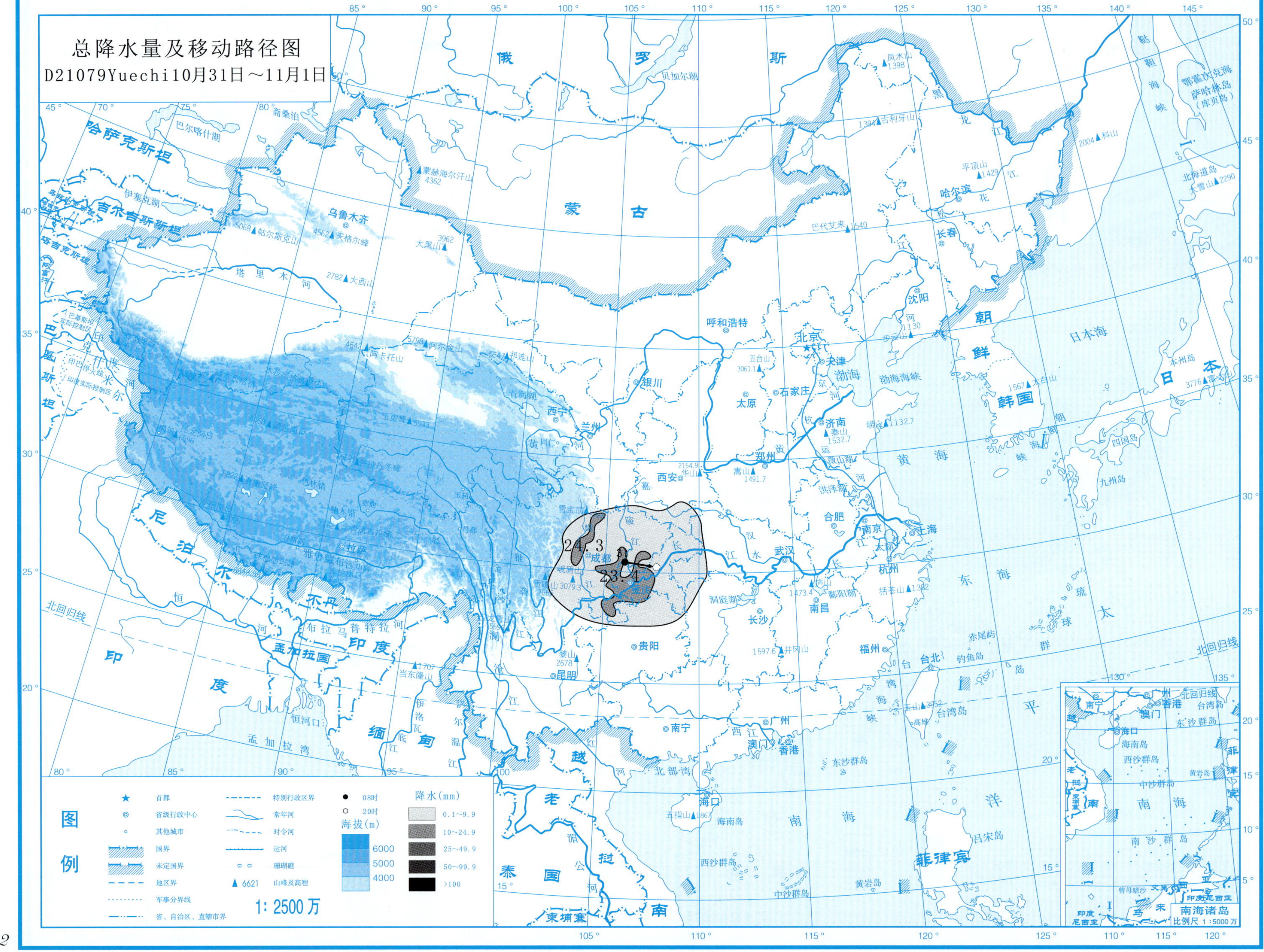
总降水量及移动路径图
D21079Yuechi10月31日～11月1日
24.3
23.4
图例
首都
省级行政中心
其他城市
国界
未定国界
地区界
军事分界线
省、自治区、直辖市界
特别行政区界
常年河
时令河
运河
珊瑚礁
6621 山峰及高程
08时
20时
海拔(m)
6000
5000
4000
降水(mm)
0.1～9.9
10～24.9
25～49.9
50～99.9
>100
1：2500万
南海诸岛
比例尺 1：5000万

总降水日数图

10月31日～11月1日

图例

★ 首都
◎ 省级行政中心
○ 其他城市
国界
未定国界
地区界
军事分界线
省、自治区、直辖市界
特别行政区界
常年河
时令河
运河
珊瑚礁
▲6621 山峰及高程

海拔(m)
6000
5000
4000

降水日数
1天
2～3天
4天以上

1：2500万

南海诸岛
比例尺 1：5000万

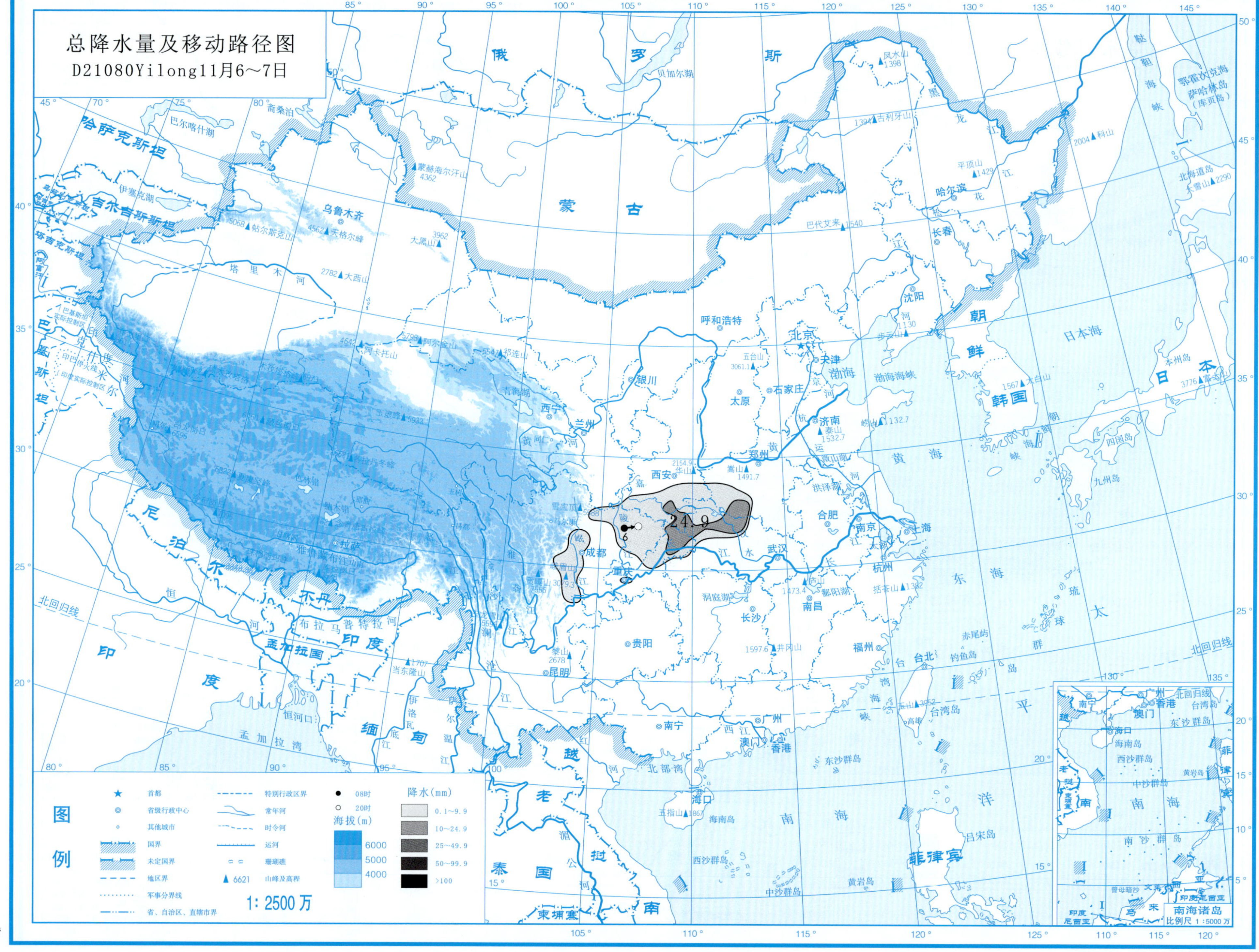
总降水量及移动路径图
D21080Yilong11月6~7日
24.9
图例
首都
省级行政中心
其他城市
国界
未定国界
地区界
军事分界线
省、自治区、直辖市界
特别行政区界
常年河
时令河
运河
珊瑚礁
山峰及高程
08时
20时
海拔(m)
6000
5000
4000
降水(mm)
0.1~9.9
10~24.9
25~49.9
50~99.9
>100
1: 2500万
南海诸岛
比例尺 1:5000万

总降水日数图

11月6～7日

图例

- ★ 首都
- ◎ 省级行政中心
- ◦ 其他城市
- 国界
- 未定国界
- 地区界
- 军事分界线
- 省、自治区、直辖市界
- 特别行政区界
- 常年河
- 时令河
- 运河
- 珊瑚礁
- ▲6621 山峰及高程

海拔(m)

- 6000
- 5000
- 4000

降水日数

- 1天
- 2～3天
- 4天以上

1：2500万

南海诸岛 比例尺 1：5000万

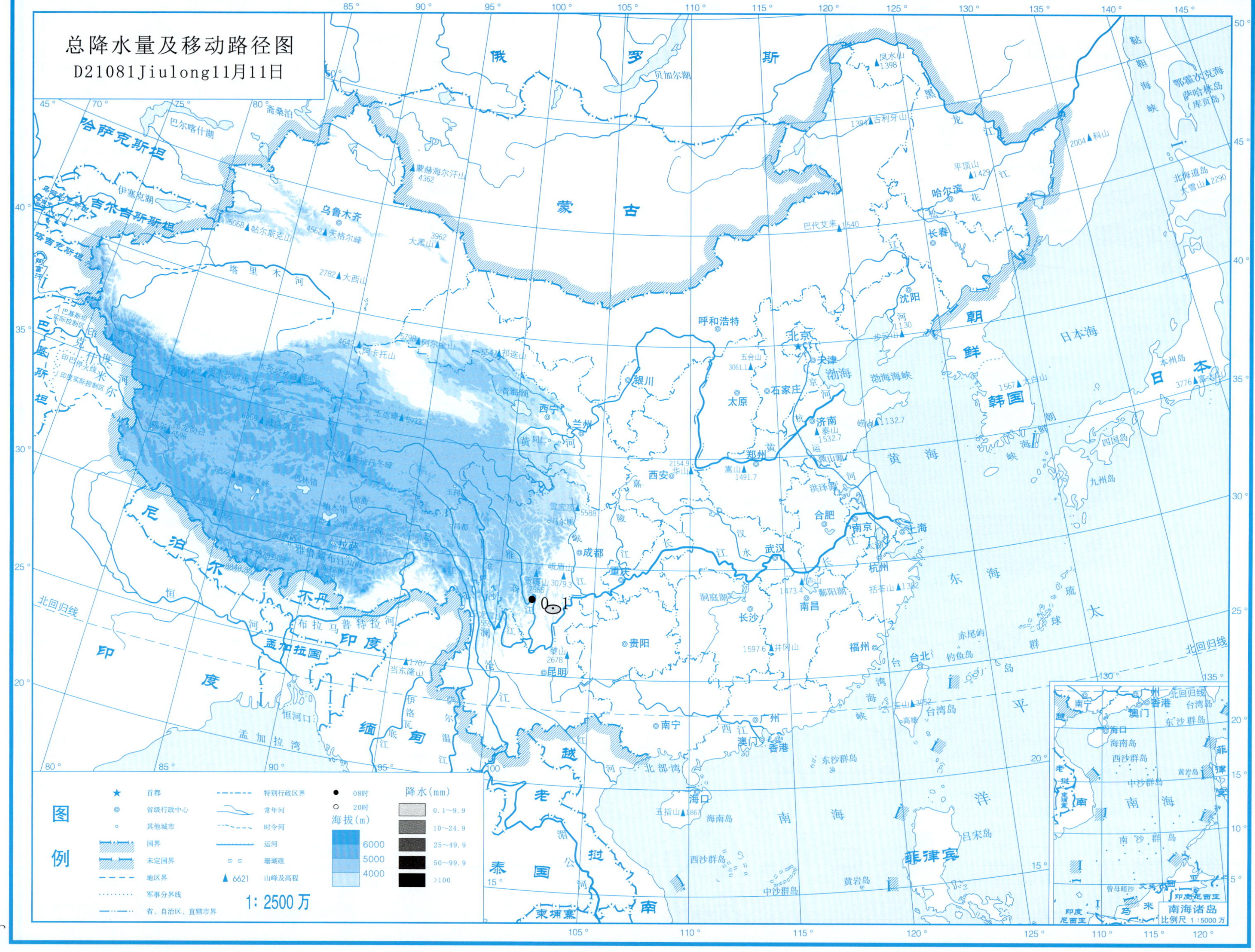
总降水量及移动路径图
D21081Jiulong11月11日
图例
首都
省级行政中心
其他城市
国界
未定国界
地区界
军事分界线
省、自治区、直辖市界
特别行政区界
常年河
时令河
运河
珊瑚礁
山峰及高程
08时
20时
海拔(m)
6000
5000
4000
降水(mm)
0.1~9.9
10~24.9
25~49.9
50~99.9
>100
1:2500万
南海诸岛
比例尺 1:5000万

总降水日数图

11月11日

图例

★ 首都
◎ 省级行政中心
○ 其他城市
国界
未定国界
地区界
军事分界线
省、自治区、直辖市界
特别行政区界
常年河
时令河
运河
珊瑚礁
▲6621 山峰及高程

海拔(m)
6000
5000
4000

降水日数
1天
2～3天
4天以上

1:2500万

南海诸岛
比例尺 1:5000万

总降水量及移动路径图

D21082Yanyuan11月12～13日

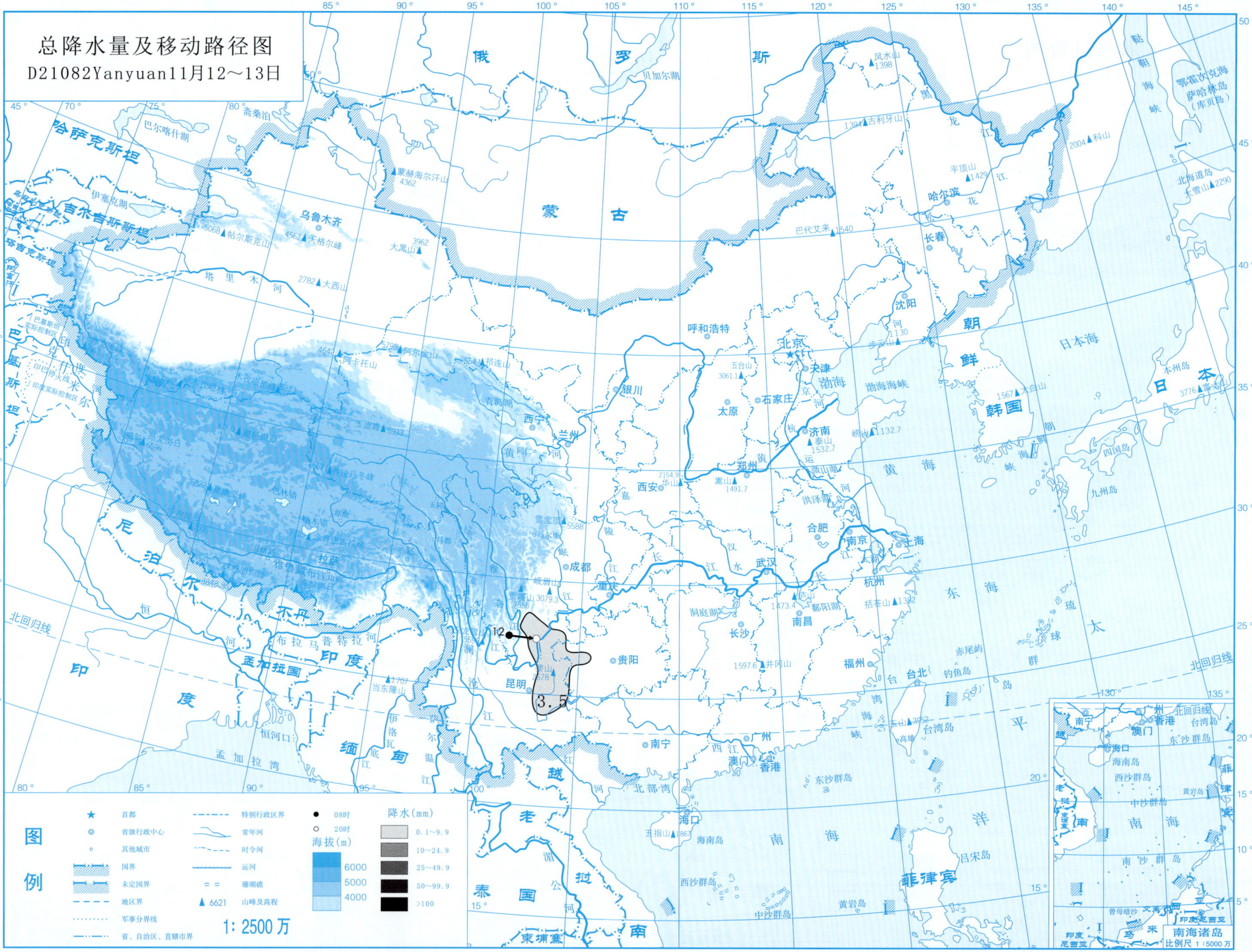

总降水日数图

11月12～13日

图例

符号	说明	符号	说明
★	首都		特别行政区界
◎	省级行政中心		常年河
○	其他城市		时令河
	国界		运河
	未定国界		珊瑚礁
	地区界	▲ 6621	山峰及高程
	军事分界线		
	省、自治区、直辖市界		

海拔(m)：6000、5000、4000

降水日数：1天、2～3天、4天以上

1: 2500万

南海诸岛 比例尺 1:5000万

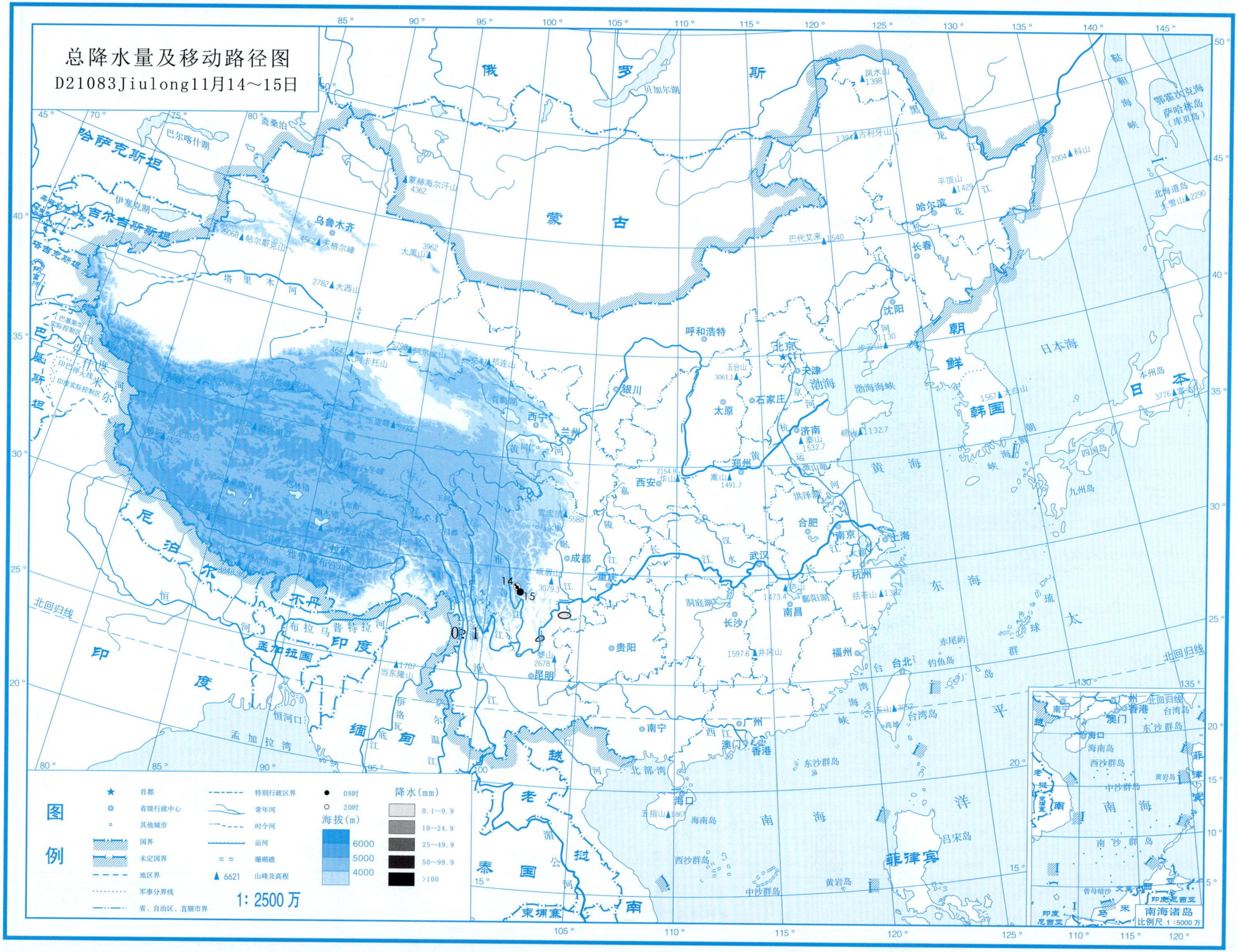

总降水量及移动路径图

D21083Jiulong11月14～15日

俄 罗 斯　蒙 古　哈萨克斯坦　吉尔吉斯斯坦　塔吉克斯坦　巴基斯坦　阿富汗　尼 泊 尔　不丹　印 度　孟加拉国　缅 甸　越 南　老 挝　泰 国　柬埔寨　朝 鲜　韩国　日 本　菲律宾

北京　天津　石家庄　太原　呼和浩特　沈阳　长春　哈尔滨　济南　郑州　西安　银川　兰州　西宁　乌鲁木齐　拉萨　成都　重庆　贵阳　昆明　南宁　长沙　武汉　合肥　南京　上海　杭州　南昌　福州　台北　广州　澳门　香港　海口

渤海　黄 海　东 海　南 海　日本海　太 平 洋　台湾海峡　北部湾　孟加拉湾　贝加尔湖　巴尔喀什湖　青海湖　洞庭湖　鄱阳湖　洪泽湖

北回归线

14　15　0　1

85°　90°　95°　100°　105°　110°　115°　120°　125°　130°　135°　140°　145°

50°　45°　40°　35°　30°　25°　20°　15°　10°　5°

南海诸岛　比例尺 1:5000 万

图例

★	首都
◎	省级行政中心
○	其他城市
	国界
	未定国界
	地区界
	军事分界线
	省、自治区、直辖市界
	特别行政区界
	常年河
	时令河
	运河
	珊瑚礁
▲ 6621	山峰及高程
●	08时
○	20时

海拔(m)：6000　5000　4000

降水(mm)：0.1～9.9　10～24.9　25～49.9　50～99.9　>100

1：2500 万

总降水日数图

11月14～15日

图例

符号	说明
★	首都
◎	省级行政中心
○	其他城市
	国界
	未定国界
	地区界
	军事分界线
	省、自治区、直辖市界
	特别行政区界
	常年河
	时令河
	运河
	珊瑚礁
▲ 6621	山峰及高程

海拔（m）：6000、5000、4000

降水日数：1天、2～3天、4天以上

1: 2500万

南海诸岛 比例尺 1:5000万

总降水量及移动路径图

D21084Lezhi11月15~17日

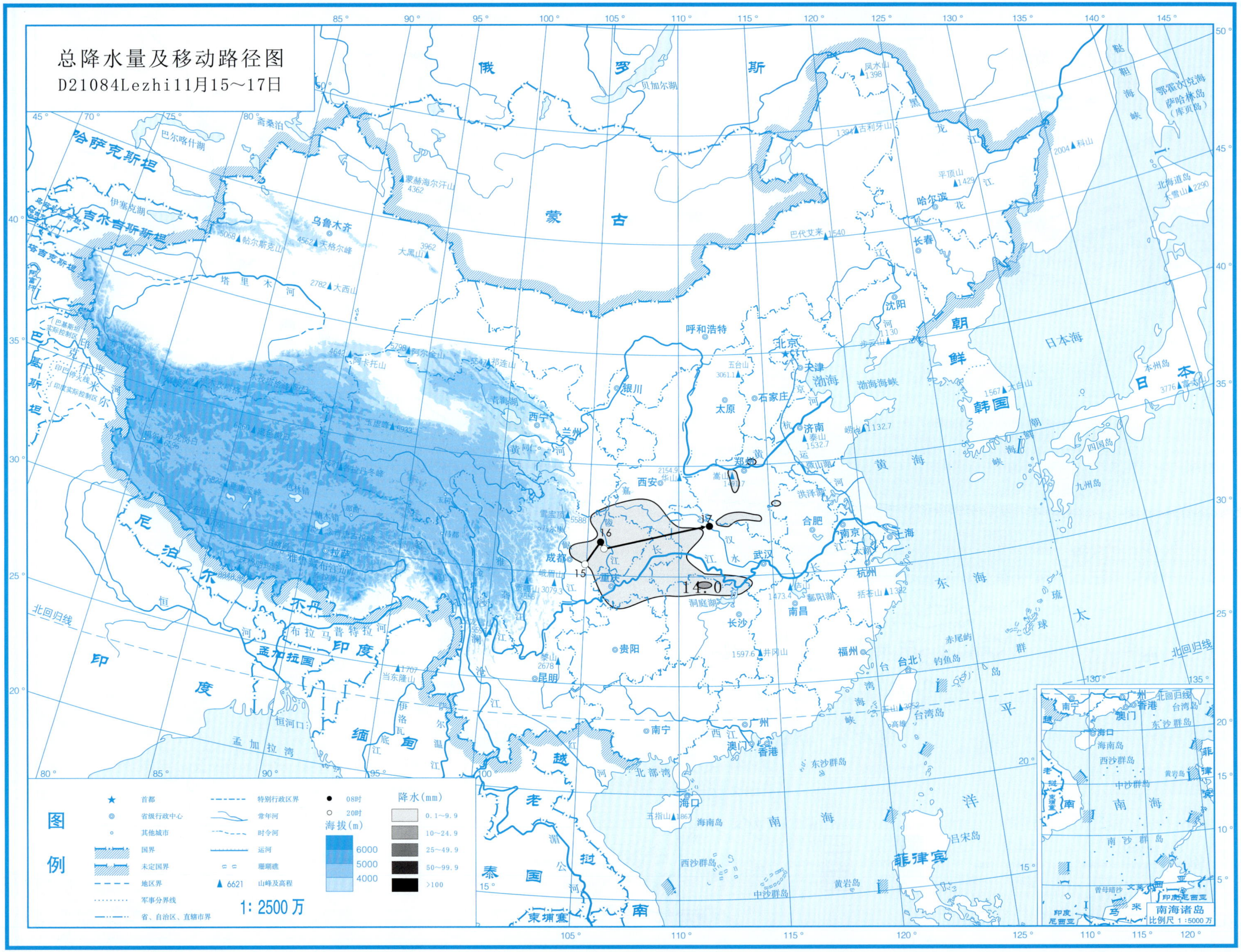

15 16 17

14.0

图例

符号	含义
★	首都
◎	省级行政中心
○	其他城市
	国界
	未定国界
	地区界
	军事分界线
	省、自治区、直辖市界
	特别行政区界
	常年河
	时令河
	运河
	珊瑚礁
▲ 6621	山峰及高程
●	08时
○	20时

海拔(m)：6000、5000、4000

降水(mm)：0.1~9.9、10~24.9、25~49.9、50~99.9、>100

1: 2500万

南海诸岛 比例尺 1:5000万

总降水日数图

11月15～17日

图例

- ★ 首都
- 省级行政中心
- 其他城市
- 国界
- 未定国界
- 地区界
- 军事分界线
- 省、自治区、直辖市界
- 特别行政区界
- 常年河
- 时令河
- 运河
- 珊瑚礁
- ▲ 6621 山峰及高程

海拔(m)：6000、5000、4000

降水日数：1天、2～3天、4天以上

1：2500万

南海诸岛 比例尺 1：5000万

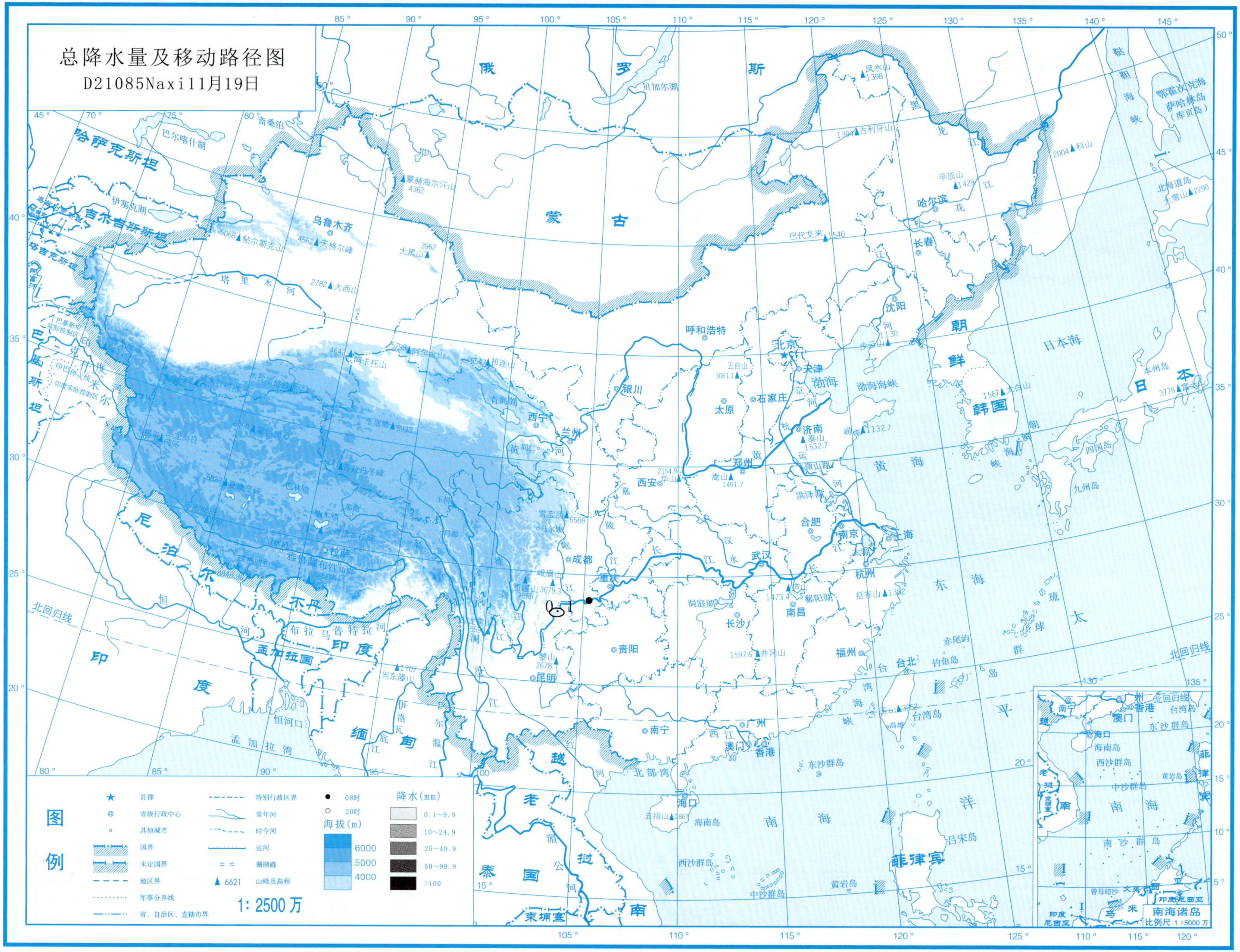

总降水量及移动路径图
D21085Naxi11月19日
图例
首都
省级行政中心
其他城市
国界
未定国界
地区界
军事分界线
省、自治区、直辖市界
特别行政区界
常年河
时令河
运河
珊瑚礁
6621 山峰及高程
08时
20时
海拔(m)
6000
5000
4000
降水(mm)
0.1~9.9
10~24.9
25~49.9
50~99.9
>100
1:2500万
南海诸岛
比例尺 1:5000万
俄罗斯
蒙古
哈萨克斯坦
吉尔吉斯斯坦
塔吉克斯坦
巴基斯坦
印度
尼泊尔
不丹
孟加拉国
缅甸
老挝
泰国
越南
柬埔寨
朝鲜
韩国
日本
菲律宾
乌鲁木齐
呼和浩特
北京
天津
石家庄
太原
济南
郑州
西安
银川
兰州
西宁
拉萨
成都
重庆
贵阳
昆明
南宁
广州
香港
澳门
海口
长沙
武汉
南昌
合肥
南京
上海
杭州
福州
台北
沈阳
长春
哈尔滨
日本海
渤海
黄海
东海
南海
太平洋
北回归线
贝加尔湖
巴尔喀什湖
伊塞克湖
斋桑泊
青海湖
洞庭湖
鄱阳湖
孟加拉湾
北部湾
塔里木河
黄河
长江
台湾岛
海南岛
钓鱼岛
赤尾屿
东沙群岛
西沙群岛
中沙群岛
南沙群岛
黄岩岛

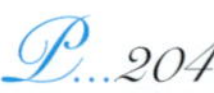

总降水日数图

11月19日

图例

★ 首都
◎ 省级行政中心
○ 其他城市
国界
未定国界
地区界
军事分界线
省、自治区、直辖市界
特别行政区界
常年河
时令河
运河
珊瑚礁
▲6621 山峰及高程

海拔(m)
6000
5000
4000

降水日数
1天
2~3天
4天以上

1：2500万

南海诸岛
比例尺 1：5000万

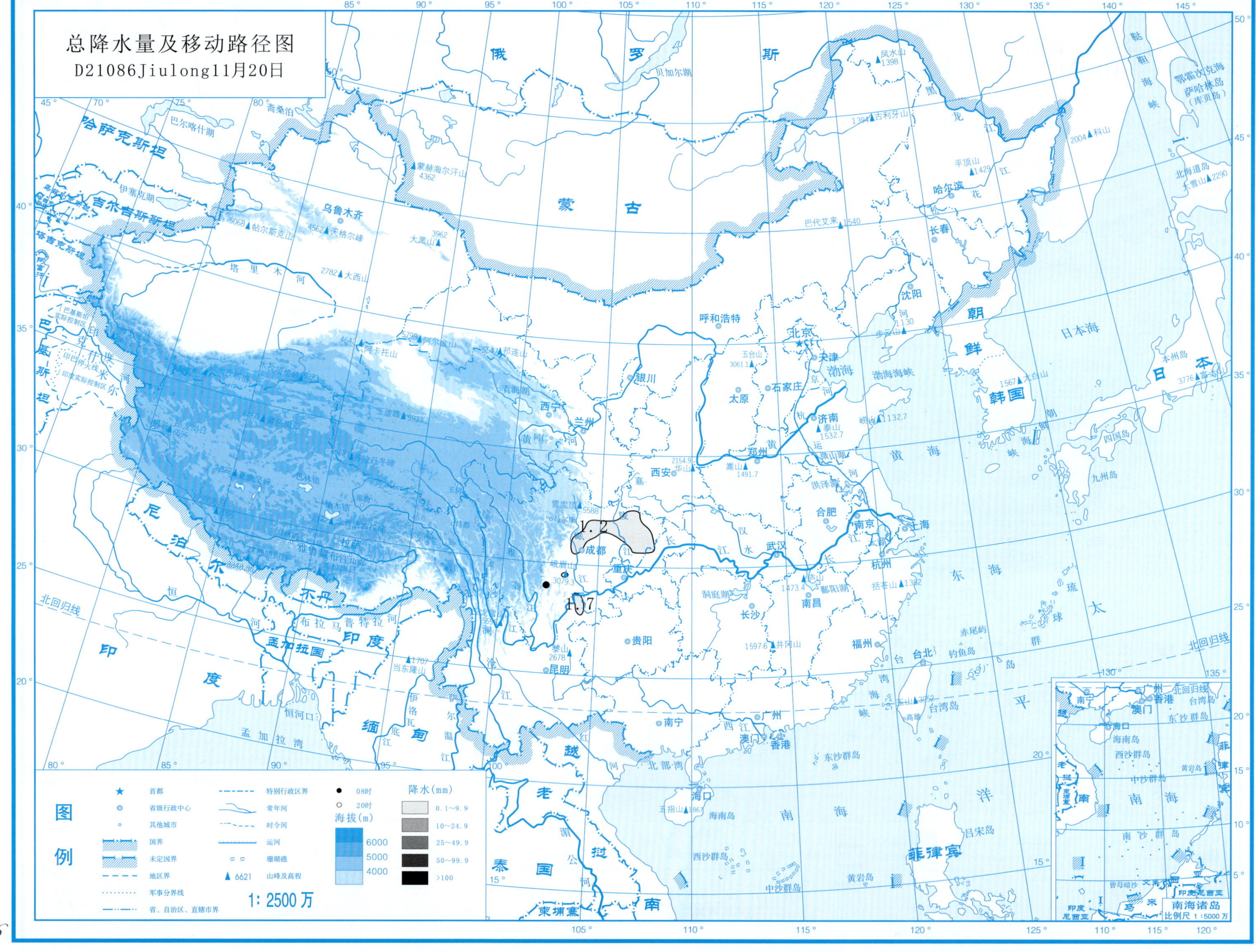
总降水量及移动路径图
D21086Jiulong11月20日
俄 罗 斯
蒙 古
哈萨克斯坦
吉尔吉斯斯坦
塔吉克斯坦
巴基斯坦
尼 泊 尔
不丹
孟加拉国
印 度
缅 甸
老 挝
越 南
泰 国
柬埔寨
菲律宾
朝 鲜
韩国
日 本
日本海
黄 海
东 海
南 海
太 平 洋
北回归线
北京
天津
石家庄
太原
呼和浩特
沈阳
长春
哈尔滨
济南
郑州
西安
银川
兰州
西宁
乌鲁木齐
拉萨
成都
重庆
贵阳
昆明
南宁
广州
长沙
武汉
南昌
合肥
南京
上海
杭州
福州
台北
海口
香港
澳门
南海诸岛
比例尺 1:5000万
图 例
首都
省级行政中心
其他城市
国界
未定国界
地区界
军事分界线
省、自治区、直辖市界
特别行政区界
常年河
时令河
运河
珊瑚礁
山峰及高程
08时
20时
海拔(m)
6000
5000
4000
降水(mm)
0.1~9.9
10~24.9
25~49.9
50~99.9
>100
1: 2500 万

总降水日数图

11月20日

图例

★ 首都
◎ 省级行政中心
○ 其他城市
国界
未定国界
地区界
军事分界线
省、自治区、直辖市界
特别行政区界
常年河
时令河
运河
珊瑚礁
▲ 6621 山峰及高程

海拔（m）

6000
5000
4000

降水日数

1天

2~3天

4天以上

1: 2500万

南海诸岛

比例尺 1：5000万

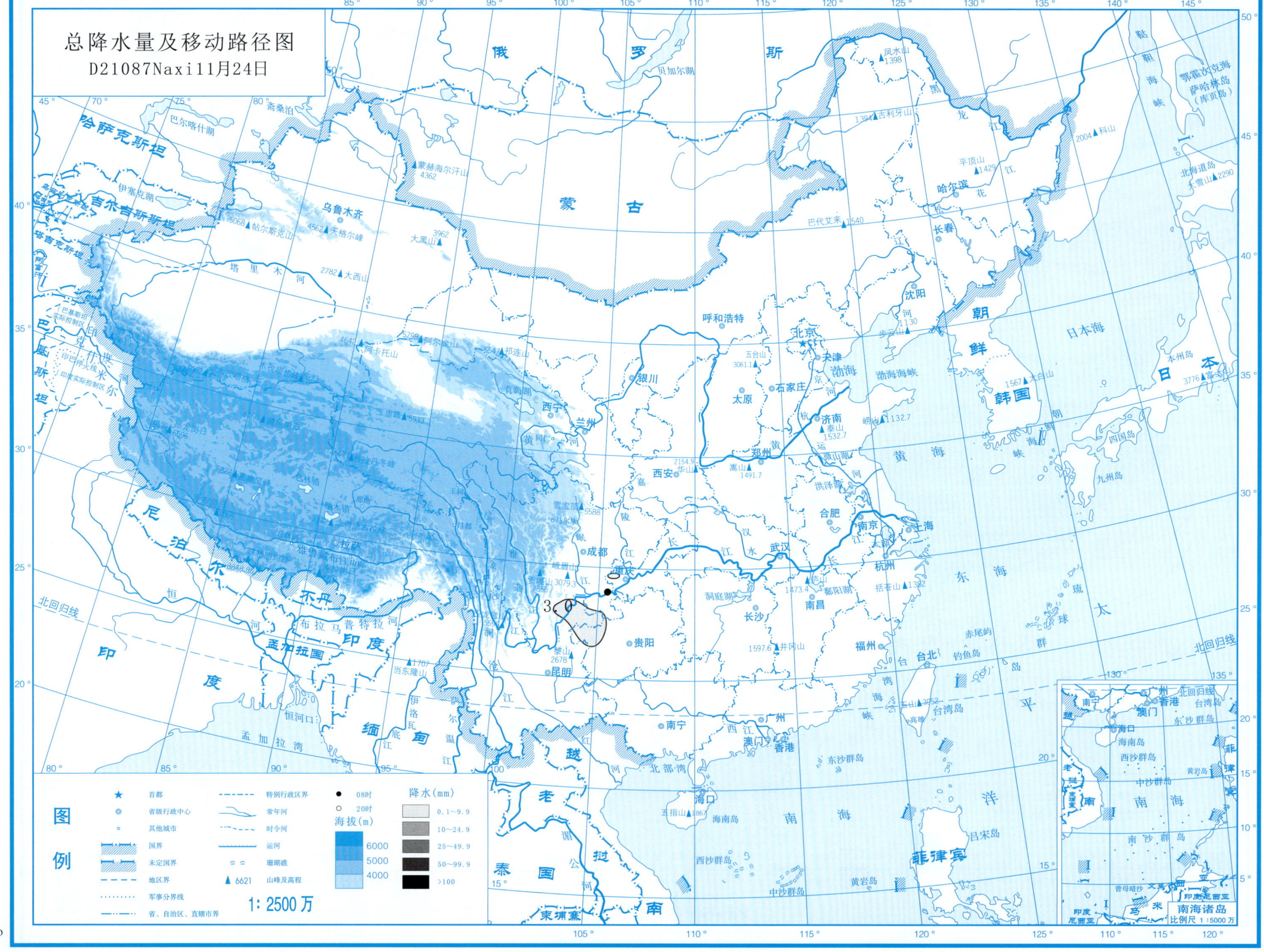
总降水量及移动路径图
D21087Naxi11月24日
图例
首都
省级行政中心
其他城市
国界
未定国界
地区界
军事分界线
省、自治区、直辖市界
特别行政区界
常年河
时令河
运河
珊瑚礁
山峰及高程
08时
20时
海拔(m)
6000
5000
4000
降水(mm)
0.1~9.9
10~24.9
25~49.9
50~99.9
>100
1:2500万
南海诸岛
比例尺 1:5000万

总降水日数图

11月24日

图例

★ 首都
◎ 省级行政中心
○ 其他城市
国界
未定国界
地区界
军事分界线
省、自治区、直辖市界
特别行政区界
常年河
时令河
运河
珊瑚礁
▲ 6621 山峰及高程

海拔(m)
6000
5000
4000

降水日数
1天
2~3天
4天以上

1：2500万

南海诸岛
比例尺 1：5000万

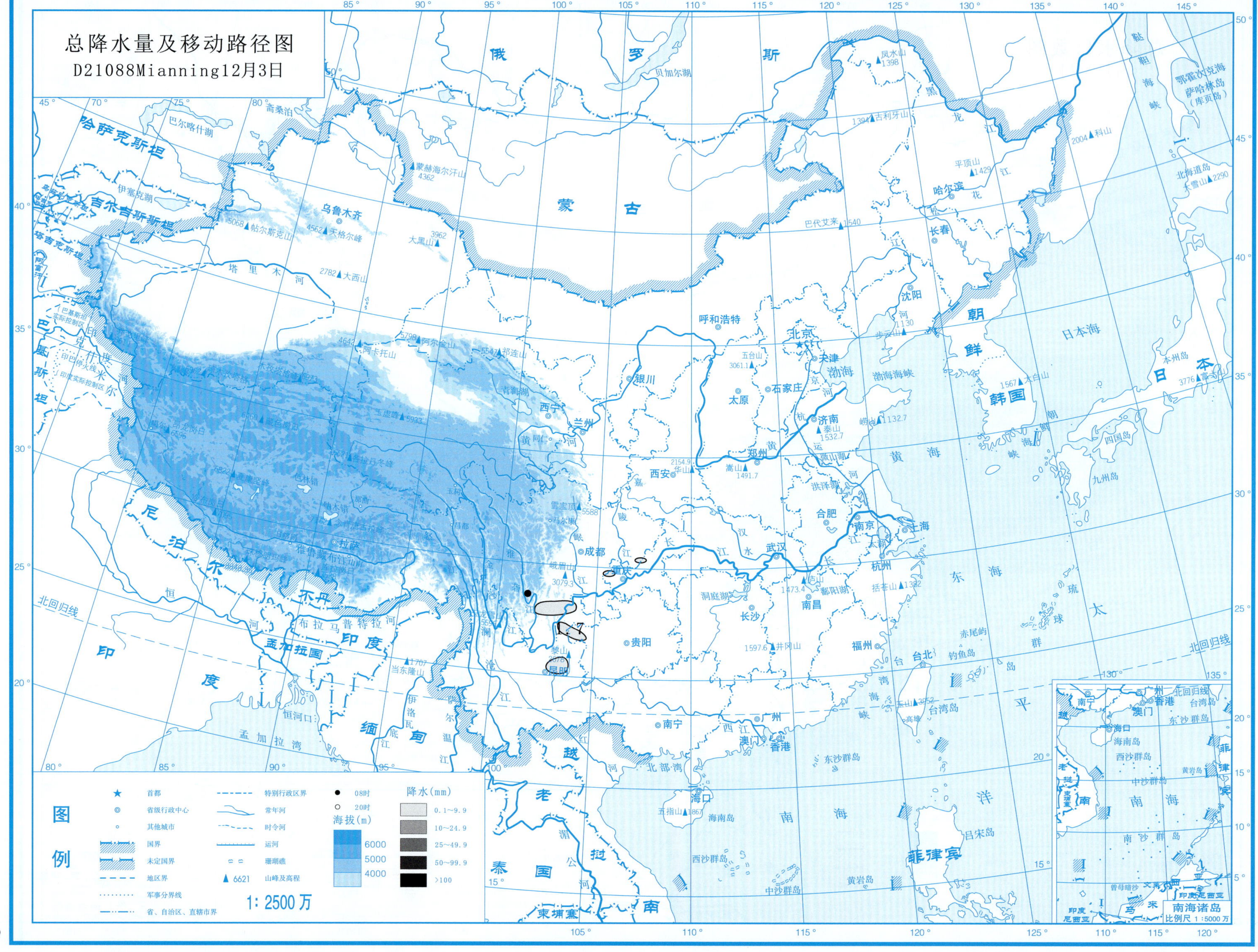
总降水量及移动路径图
D21088Mianning12月3日
图例
首都
省级行政中心
其他城市
国界
未定国界
地区界
军事分界线
省、自治区、直辖市界
特别行政区界
常年河
时令河
运河
珊瑚礁
山峰及高程
08时
20时
海拔(m)
6000
5000
4000
降水(mm)
0.1~9.9
10~24.9
25~49.9
50~99.9
>100
1: 2500 万
南海诸岛
比例尺 1:5000 万

总降水日数图

12月3日

图例

★ 首都
◎ 省级行政中心
○ 其他城市
国界
未定国界
地区界
军事分界线
省、自治区、直辖市界
特别行政区界
常年河
时令河
运河
珊瑚礁
▲ 6621 山峰及高程

海拔(m)

6000
5000
4000

降水日数

1天
2~3天
4天以上

1: 2500 万

南海诸岛

比例尺 1:5000 万

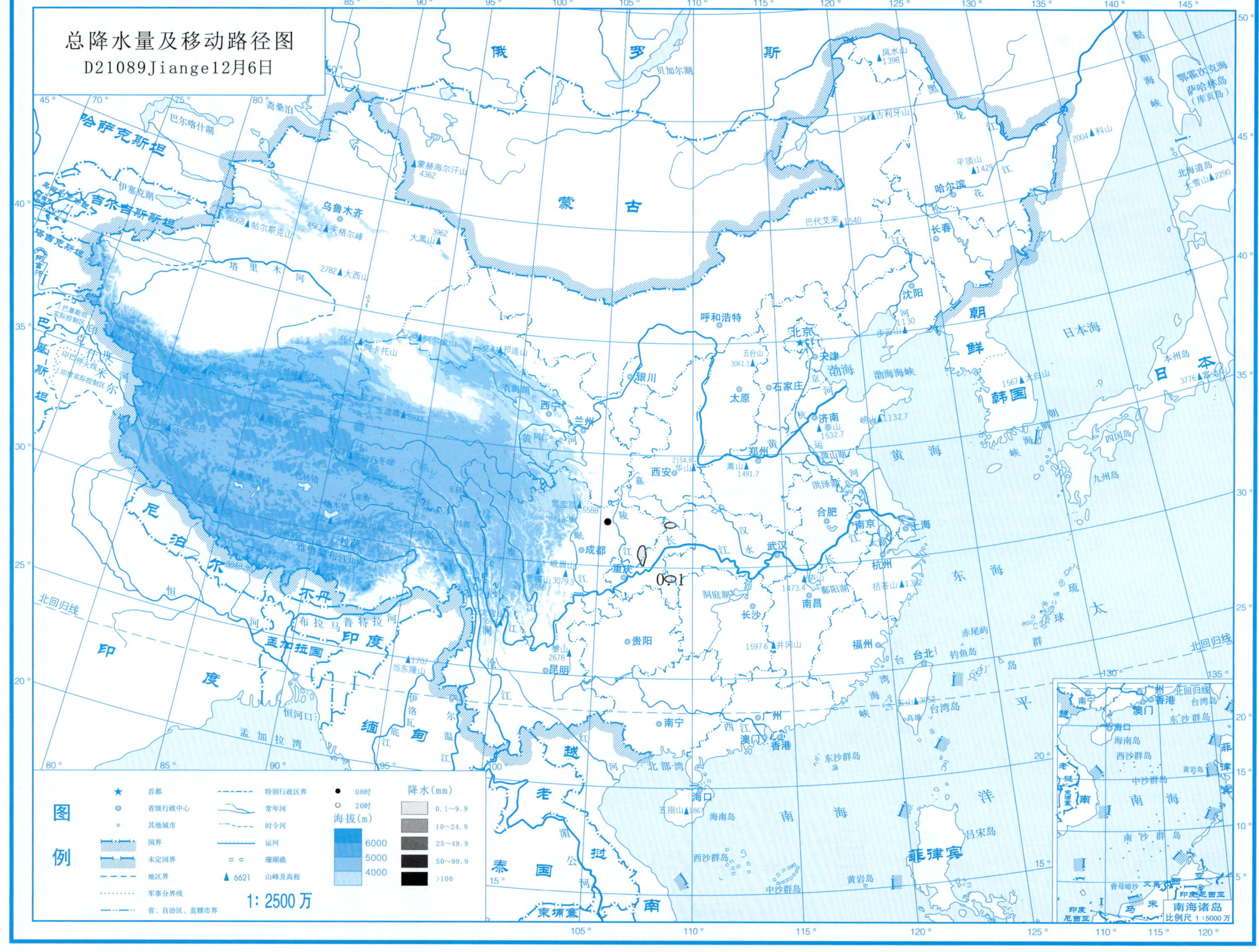
总降水量及移动路径图
D21089Jiange12月6日
0.1
图例
首都
省级行政中心
其他城市
国界
未定国界
地区界
军事分界线
省、自治区、直辖市界
特别行政区界
常年河
时令河
运河
珊瑚礁
6621 山峰及高程
08时
20时
海拔(m)
6000
5000
4000
降水(mm)
0.1~9.9
10~24.9
25~49.9
50~99.9
>100
1:2500万
南海诸岛
比例尺 1:5000万
俄罗斯
蒙古
哈萨克斯坦
吉尔吉斯斯坦
塔吉克斯坦
尼泊尔
不丹
印度
孟加拉国
缅甸
老挝
越南
泰国
柬埔寨
菲律宾
朝鲜
韩国
日本
北京
天津
上海
重庆
成都
西安
兰州
西宁
银川
呼和浩特
太原
石家庄
济南
郑州
武汉
长沙
南昌
南京
合肥
杭州
福州
台北
广州
南宁
贵阳
昆明
拉萨
乌鲁木齐
沈阳
长春
哈尔滨
海口
香港
澳门
黄海
东海
南海
渤海
日本海
北回归线

总降水日数图

12月6日

图例

符号	说明	符号	说明
★	首都		特别行政区界
◎	省级行政中心		常年河
∘	其他城市		时令河
	国界		运河
	未定国界		珊瑚礁
	地区界	▲ 6621	山峰及高程
	军事分界线		
	省、自治区、直辖市界		

海拔(m)：6000、5000、4000

降水日数：1天、2~3天、4天以上

1：2500万

南海诸岛

比例尺 1：5000万

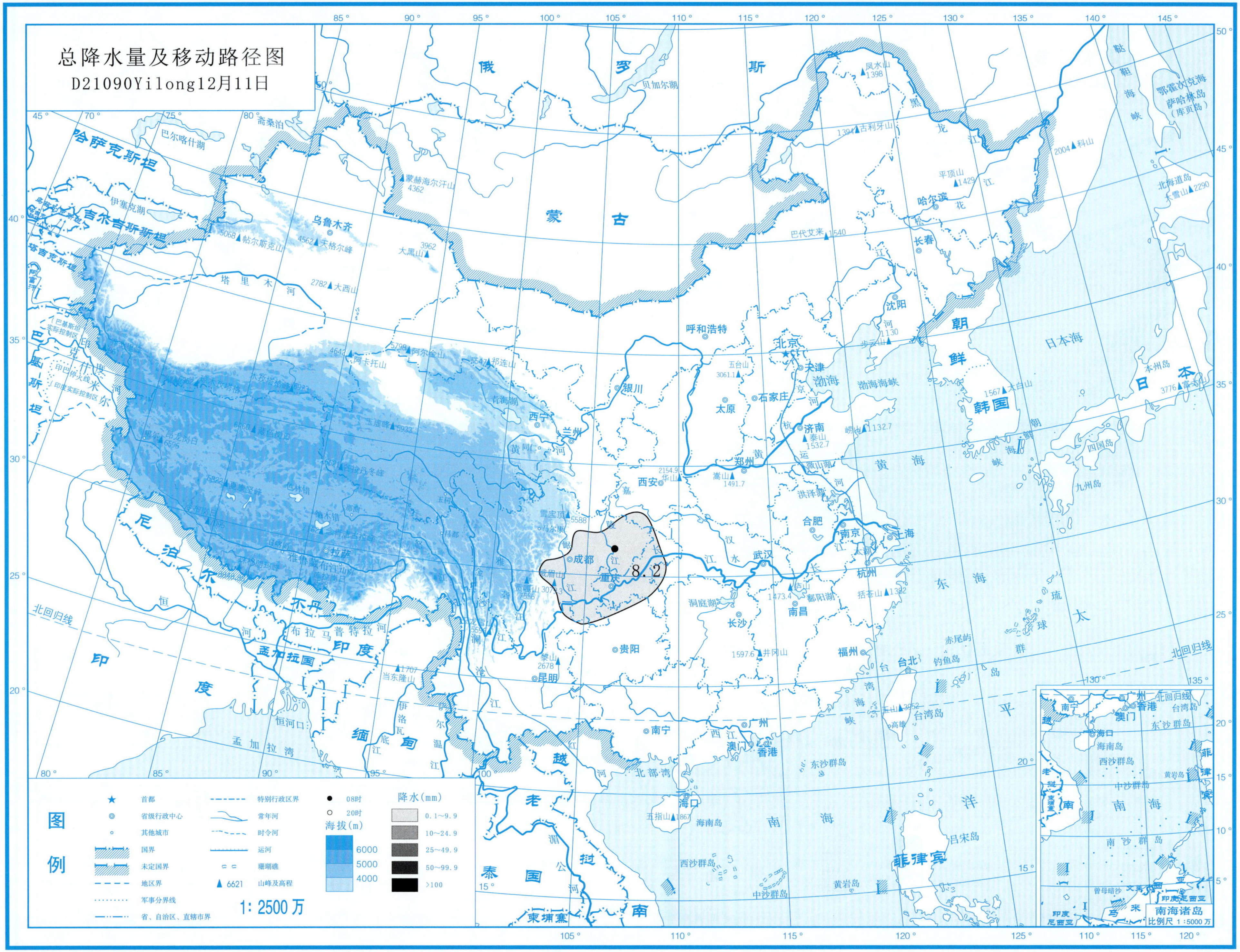

总降水量及移动路径图

D21090Yilong12月11日

8.2

图例

★ 首都	特别行政区界	● 08时	海拔(m)		降水(mm)
◎ 省级行政中心	常年河	○ 20时	6000		0.1~9.9
○ 其他城市	时令河		5000		10~24.9
国界	运河		4000		25~49.9
未定国界	珊瑚礁				50~99.9
地区界	▲ 6621 山峰及高程				>100
军事分界线					
省、自治区、直辖市界					

1:2500万

南海诸岛 比例尺 1:5000万

总降水日数图

12月11日

图例

★ 首都

◎ 省级行政中心

○ 其他城市

国界

未定国界

地区界

军事分界线

省、自治区、直辖市界

特别行政区界

常年河

时令河

运河

珊瑚礁

▲ 6621 山峰及高程

海拔（m）

6000

5000

4000

降水日数

1天

2~3天

4天以上

1：2500万

南海诸岛

比例尺 1：5000万

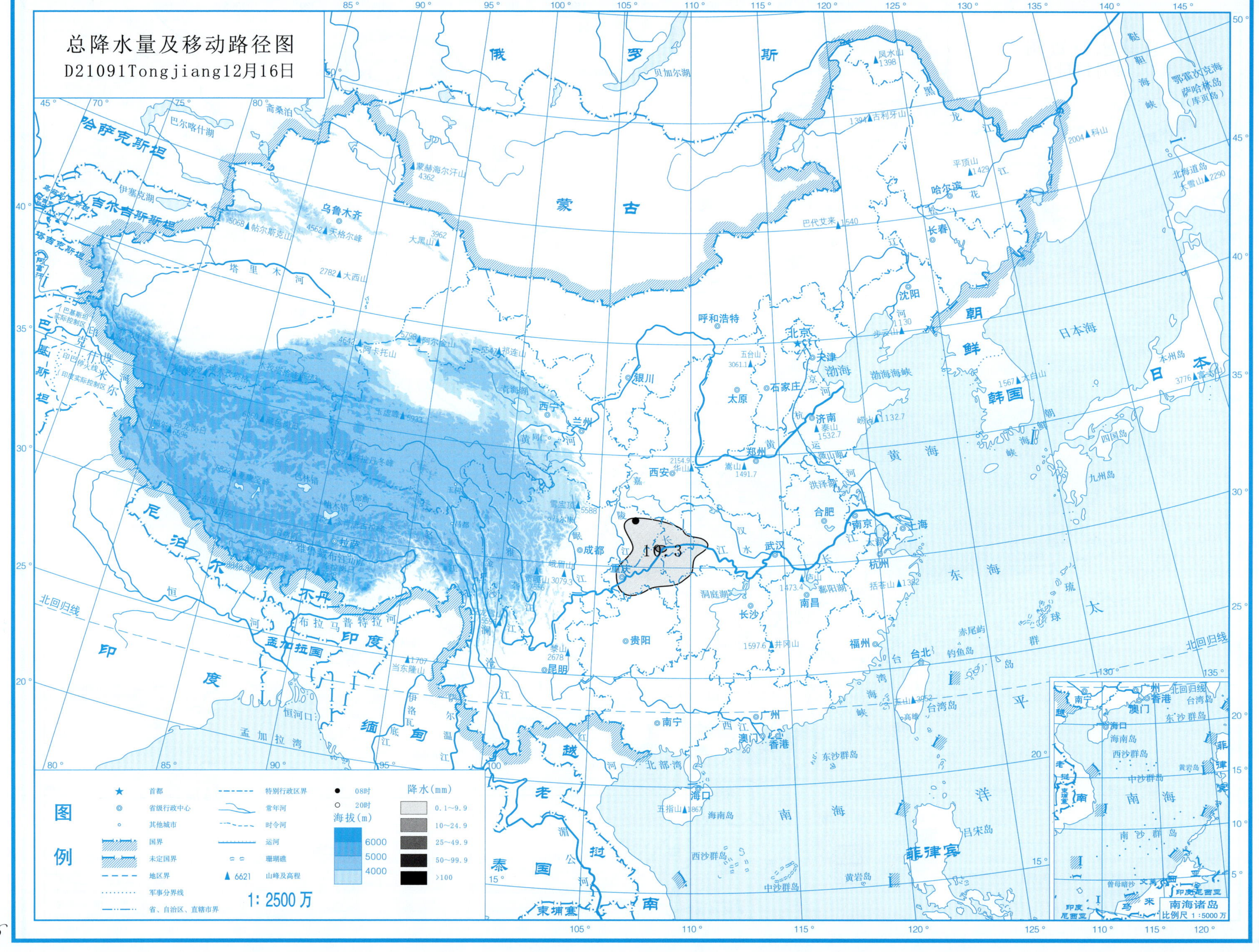
总降水量及移动路径图
D21091Tongjiang12月16日
10.3
图例
首都
省级行政中心
其他城市
国界
未定国界
地区界
军事分界线
省、自治区、直辖市界
特别行政区界
常年河
时令河
运河
珊瑚礁
6621 山峰及高程
08时
20时
海拔(m)
6000
5000
4000
降水(mm)
0.1~9.9
10~24.9
25~49.9
50~99.9
>100
1:2500万
南海诸岛
比例尺 1:5000万

总降水日数图

12月16日

图例

★ 首都
◎ 省级行政中心
○ 其他城市
国界
未定国界
地区界
军事分界线
省、自治区、直辖市界
特别行政区界
常年河
时令河
运河
珊瑚礁
▲ 6621 山峰及高程

海拔(m)
6000
5000
4000

降水日数
1天
2~3天
4天以上

1：2500万

南海诸岛
比例尺 1：5000万

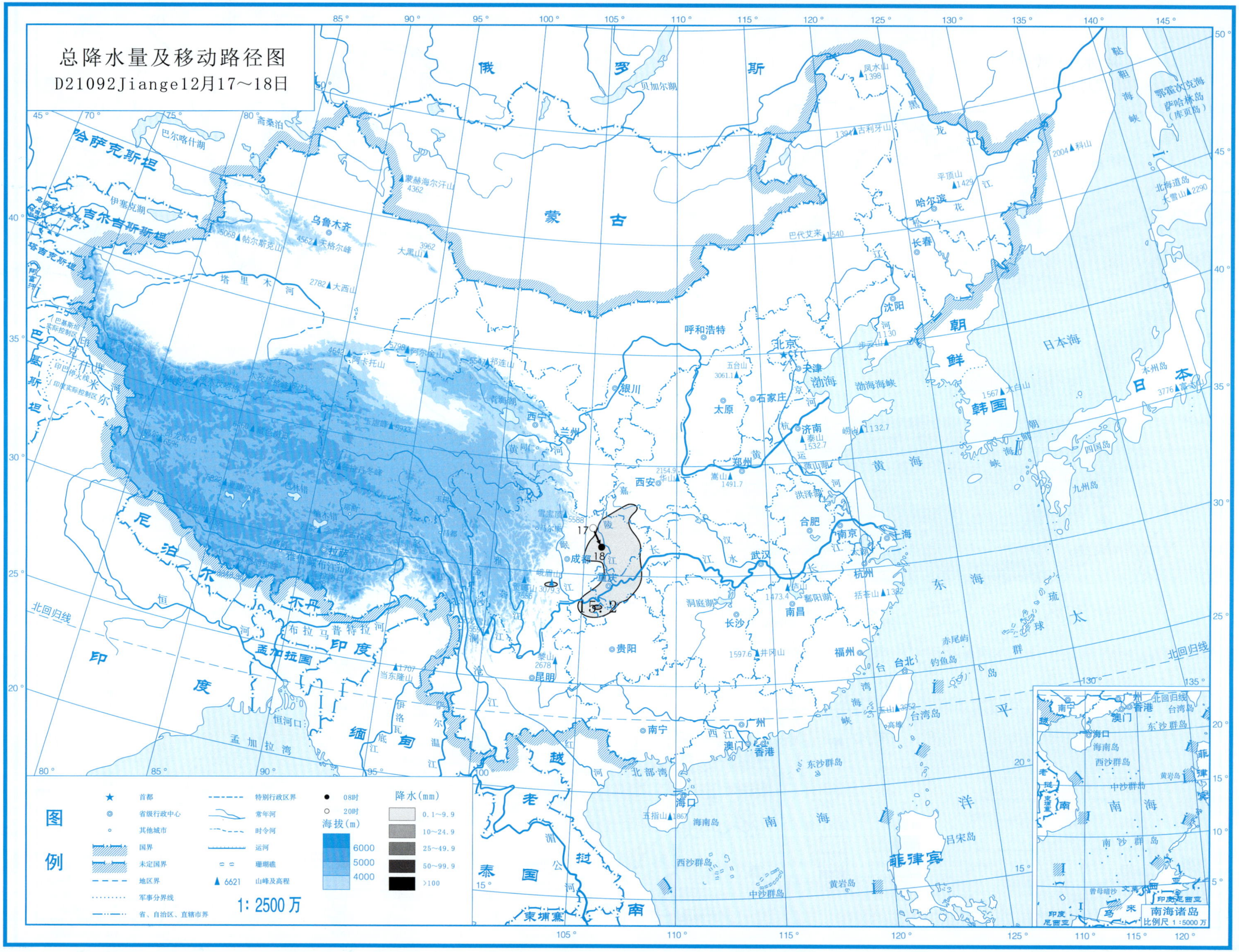

总降水量及移动路径图

D21092Jiange12月17～18日

图例

- ★ 首都
- ◎ 省级行政中心
- ○ 其他城市
- 国界
- 未定国界
- 地区界
- 军事分界线
- 省、自治区、直辖市界
- 特别行政区界
- 常年河
- 时令河
- 运河
- 珊瑚礁
- ▲ 6621 山峰及高程
- ● 08时
- ○ 20时

海拔(m)：6000、5000、4000

降水(mm)：0.1～9.9、10～24.9、25～49.9、50～99.9、>100

1：2500万

南海诸岛 比例尺 1：5000万

总降水日数图

12月17~18日

图例

★ 首都
◎ 省级行政中心
○ 其他城市
国界
未定国界
地区界
军事分界线
省、自治区、直辖市界
特别行政区界
常年河
时令河
运河
珊瑚礁
▲ 6621 山峰及高程

海拔（m）
6000
5000
4000

降水日数
1天
2~3天
4天以上

1：2500万

南海诸岛
比例尺 1：5000万

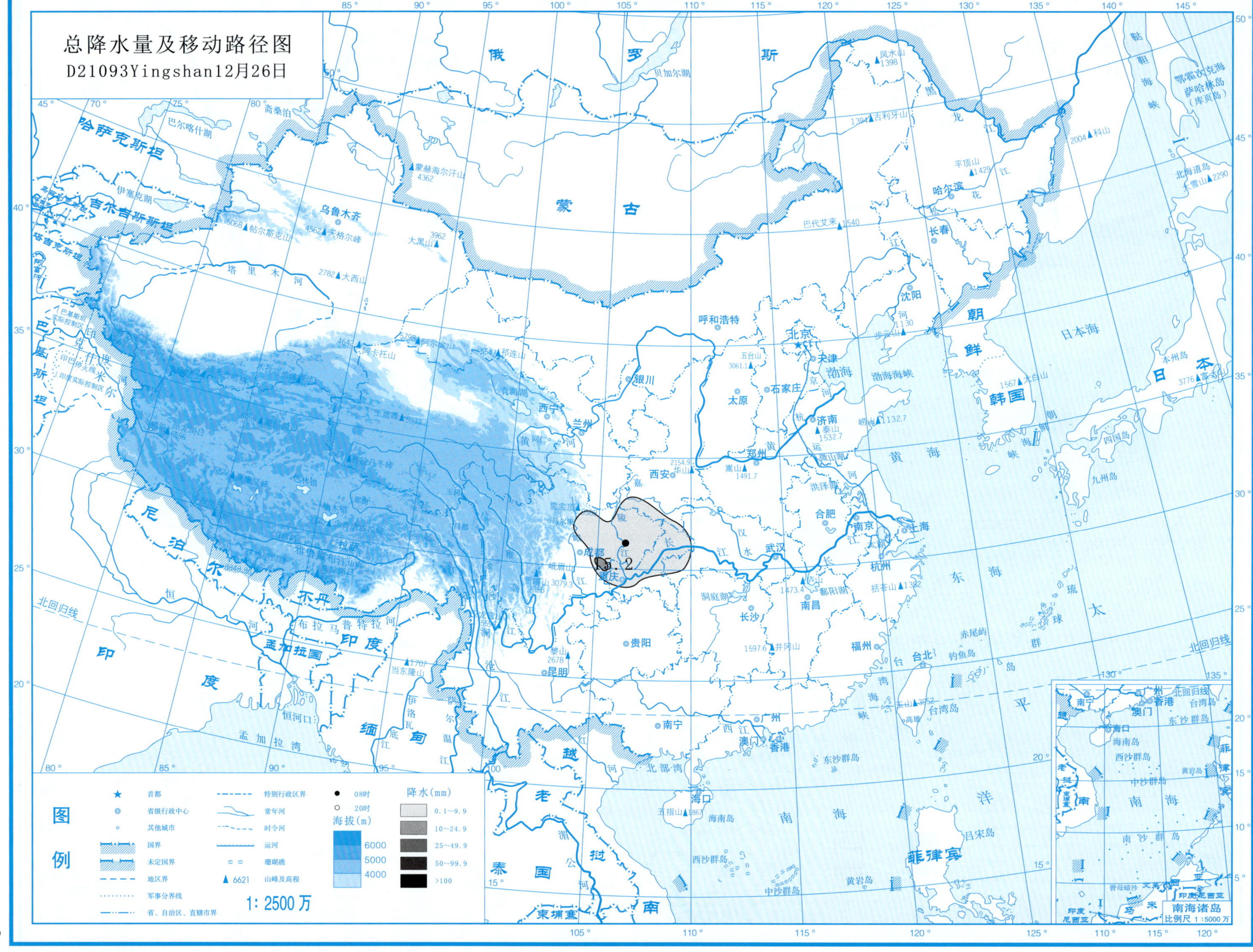
总降水量及移动路径图
D21093Yingshan12月26日
15.2
图例
首都
省级行政中心
其他城市
国界
未定国界
地区界
军事分界线
省、自治区、直辖市界
特别行政区界
常年河
时令河
运河
珊瑚礁
山峰及高程
08时
20时
降水(mm)
0.1~9.9
10~24.9
25~49.9
50~99.9
>100
海拔(m)
6000
5000
4000
1: 2500万
南海诸岛
比例尺 1:5000万

总降水日数图

12月26日

图例

★	首都		特别行政区界
◎	省级行政中心		常年河
∘	其他城市		时令河
	国界		运河
	未定国界		珊瑚礁
	地区界	▲ 6621	山峰及高程
	军事分界线		
	省、自治区、直辖市界		

海拔(m)

6000
5000
4000

降水日数

1天
2~3天
4天以上

1∶2500万

南海诸岛
比例尺 1∶5000万

总降水量及移动路径图

D21094Xichong12月30～31日

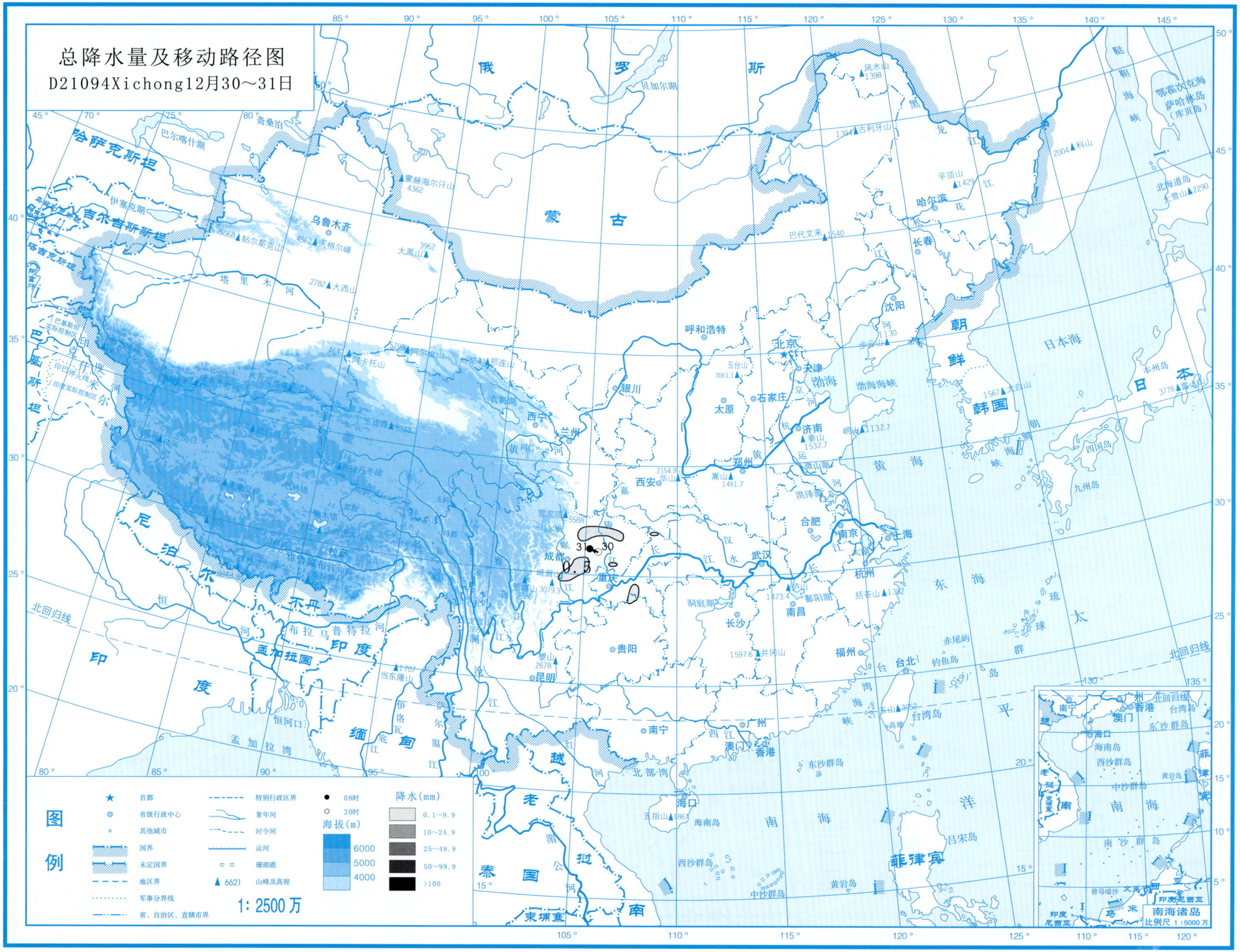

31 30

0.5

图例

★	首都
◎	省级行政中心
∘	其他城市
	国界
	未定国界
	地区界
	军事分界线
	省、自治区、直辖市界
	特别行政区界
	常年河
	时令河
	运河
	珊瑚礁
▲ 6621	山峰及高程
●	08时
○	20时

海拔(m)：6000　5000　4000

降水(mm)：0.1～9.9　10～24.9　25～49.9　50～99.9　>100

1：2500万

南海诸岛 比例尺 1：5000万

总降水日数图

12月30～31日

图例

- ★ 首都
- ◎ 省级行政中心
- ○ 其他城市
- 国界
- 未定国界
- 地区界
- 军事分界线
- 省、自治区、直辖市界
- 特别行政区界
- 常年河
- 时令河
- 运河
- 珊瑚礁
- ▲ 6621 山峰及高程

海拔(m)

- 6000
- 5000
- 4000

降水日数

- 1天
- 2～3天
- 4天以上

1∶2500万

南海诸岛

比例尺 1∶5000万

2021年西南低涡中心位置资料表

月	日	时	中心位置 东经/(°)	中心位置 北纬/(°)	位势高度/位势什米
① 1月2～3日 (D21001) 阆中，Langzhong					
1	2	20	105.97	31.65	304
	3	08	105.38	30.84	307
		20	106.38	31.32	307
消失					
② 1月15日 (D21002) 西充，Xichong					
1	5	08	105.89	30.92	308
		20	106.30	30.90	308
消失					
③ 1月10日 (D21003) 宁蒗，Ninglang					
1	10	08	100.87	27.36	303
		20	101.95	27.23	304
消失					
④ 1月13日 (D21004) 南溪，Nanxi					
1	13	08	105.08	28.96	304
		20	104.94	29.89	304
消失					
⑤ 1月19～20日 (D21005) 松潘，Songpan					
1	19	20	103.69	32.84	301
	20	08	105.22	35.35	303
		20	108.90	33.76	304
消失					
⑥ 1月20日 (D21006) 九龙，Jiulong					
1	20	20	101.62	28.77	303
消失					
⑦ 1月24日 (D21007) 康定，Kangding					
1	24	08	101.96	30.10	299
消失					
⑧ 1月27日 (D21008) 蓬溪，Pengxi					
1	27	08	106.02	30.80	304
消失					
⑨ 1月30日 (D21009) 遂宁，Suining					
1	30	08	105.44	30.59	307
消失					
⑩ 1月31日 (D21010) 阆中，Langzhong					
1	31	08	106.16	31.60	306
消失					
⑪ 2月6～7日 (D21011) 梓潼，Zitong					
2	6	20	105.01	31.74	303
	7	08	105.84	31.21	307
		20	108.44	31.86	309
消失					
⑫ 2月14～15日 (D21012) 黑水，Heishui					
2	14	20	103.51	32.16	305
	15	08	105.60	30.70	306
消失					

2021年西南低涡中心位置资料表（续–1）

月	日	时	中心位置		位势高度/位势什米
			东经/(°)	北纬/(°)	
⑬ 2月17～18日					
（D21013）木里，Muli					
2	17	20	101.62	28.22	310
	18	08	101.93	27.04	313
消失					
⑭ 2月25日					
（D21014）苍溪，Cangxi					
2	25	08	105.89	31.76	302
		20	108.31	31.86	302
消失					
⑮ 2月27～28日					
（D21015）松潘，Songpan					
2	27	20	103.60	32.68	299
	28	08	104.65	32.17	300
消失					
⑯ 3月8日					
（D21016）木里，Muli					
3	8	20	101.33	27.94	309
消失					
⑰ 3月19日					
（D21017）江油，Jiangyou					
3	19	08	104.72	31.45	303
消失					
⑱ 3月21日					
（D21018）荣昌，Rongchang					
3	21	08	105.78	29.52	311
消失					
⑲ 3月22日					
（D21019）西充，Xichong					
3	22	08	105.91	30.82	312
消失					
⑳ 3月29日					
（D21020）广安，Guang'an					
3	29	20	106.69	30.64	302
消失					
㉑ 3月31日～4月2日					
（D21021）汶川，Wenchuan					
3	31	20	103.63	31.59	300
4	1	08	107.59	32.18	301
		20	106.23	31.48	302
	2	08	105.32	31.32	303
消失					
㉒ 4月3日					
（D21022）高坪，Gaoping					
4	3	08	106.18	30.77	308
消失					
㉓ 4月6～7日					
（D21023）西充，Xichong					
4	6	20	105.90	31.00	310
	7	08	107.00	30.10	309
		20	117.10	32.20	307
消失					

2021年西南低涡中心位置资料表（续-2）

月	日	时	中心位置		位势高度/位势什米
			东经/(°)	北纬/(°)	
㉔4月12～13日					
（D21024）安岳，Anyue					
4	12	20	105.34	30.00	310
	13	08	105.56	30.64	311
		20	107.15	31.95	309
消失					
㉕4月15日					
（D21025）木里，Muli					
4	15	20	102.00	28.10	307
消失					
㉖4月19～20日					
（D21026）北川，Beichuan					
4	19	20	104.42	31.67	304
	20	08	106.03	31.74	305
		20	108.38	33.22	306
消失					
㉗4月25日					
（D21027）汉源，Hanyuan					
4	25	20	102.60	29.30	309
消失					

月	日	时	中心位置		位势高度/位势什米
			东经/(°)	北纬/(°)	
㉘5月2日					
（D21028）松潘，Songpan					
5	2	20	103.70	32.90	308
消失					
㉙5月3日					
（D21029）米易，Miyi					
5	3	20	102.25	27.43	308
消失					
㉚5月7日					
（D21030）米易，Miyi					
5	7	08	102.50	27.03	314
		20	106.15	29.02	310
消失					
㉛5月8日					
（D21031）泸定，Luding					
5	8	08	102.30	29.66	312
消失					

月	日	时	中心位置		位势高度/位势什米
			东经/(°)	北纬/(°)	
㉜5月10～11日					
（D21032）内江，Neijiang					
5	10	08	105.00	30.10	305
		20	106.04	30.61	304
	11	08	106.40	30.50	306
消失					
㉝5月15日					
（D21033）巴中，Bazhong					
5	15	08	106.66	31.85	303
消失					
㉞5月15日					
（D21034）冕宁，Mianning					
5	15	20	102.12	28.53	305
消失					
㉟5月17日					
（D21035）木里，Muli					
5	17	08	101.27	28.02	309
		20	101.50	28.11	308
消失					

2021年西南低涡中心位置资料表（续-3）

月	日	时	中心位置		位势高度/位势什米
			东经/(°)	北纬/(°)	
㊱5月22日（D21036）西充，Xichong					
5	22	20	106.18	31.07	306
消失					
㊲5月24～25日（D21037）蓬溪，Pengxi					
5	24	20	105.73	30.85	312
	25	08	105.20	30.55	311
消失					
㊳5月28日（D21038）安岳，Anyue					
5	28	08	105.32	30.11	312
消失					
㊴5月30日（D21039）盐源，Yanyuan					
5	30	20	101.52	27.42	308
消失					

月	日	时	中心位置		位势高度/位势什米
			东经/(°)	北纬/(°)	
㊵5月31日～6月1日（D21040）盐源，Yanyuan					
5	31	20	100.88	28.93	307
6	1	08	101.03	28.60	306
		20	101.29	29.25	307
消失					
㊶6月2～3日（D21041）越西，Yuexi					
6	2	20	102.51	28.79	307
	3	08	106.88	30.44	309
消失					
㊷6月17日（D21042）梓潼，Zitong					
6	17	08	105.11	31.68	308
消失					
㊸6月19日（D21043）巴中，Bazhong					
6	19	08	106.75	31.75	307
		20	106.90	30.90	306
消失					

月	日	时	中心位置		位势高度/位势什米
			东经/(°)	北纬/(°)	
㊹6月21日（D21044）垫江，Dianjiang					
6	21	08	107.51	30.42	308
消失					
㊺6月22日（D21045）铜梁，Tongliang					
6	22	08	106.11	29.83	310
		20	105.42	30.00	311
消失					
㊻6月24日（D21046）木里，Muli					
6	24	08	100.78	29.29	306
		20	100.54	28.20	307
消失					
㊼6月26日（D21047）梓潼，Zitong					
6	26	08	105.25	31.83	307
		20	106.10	31.96	308
消失					

2021年西南低涡中心位置资料表（续-4）

月	日	时	中心位置 东经/(°)	中心位置 北纬/(°)	位势高度/位势什米
㊽ 6月27日～7月3日					
（D21048）潼南，Tongnan					
6	27	20	105.92	30.25	308
	28	08	106.81	28.87	308
		20	106.75	28.60	308
	29	08	107.55	27.15	308
		20	107.65	26.65	308
	30	08	107.30	28.80	308
		20	106.39	28.91	307
7	1	08	108.40	28.50	307
		20	107.38	28.64	306
	2	08	105.88	30.69	307
		20	108.13	30.71	307
	3	08	108.11	30.23	308
		20	107.52	29.99	308
消失					
㊾ 7月4～5日					
（D21049）盐亭，Yanting					
7	4	20	105.56	31.14	309
	5	08	108.53	32.92	310
消失					
㊿ 7月6日					
（D21050）南部，Nanbu					
7	6	08	106.06	31.31	310
消失					
51 7月10～13日					
（D21051）北川，Beichuan					
7	10	08	104.20	31.75	307
		20	106.92	33.63	307
	11	08	110.11	35.08	307
		20	112.03	36.86	305
	12	08	114.81	39.02	303
		20	114.01	41.43	301
	13	08	115.24	42.96	301
		20	117.39	42.90	304
消失					
52 7月15～18日					
（D21052）盐亭，Yanting					
7	15	20	105.28	31.38	310
	16	08	105.42	30.65	312
		20	105.45	30.60	311
	17	08	106.08	29.09	311
		20	106.64	27.52	310
	18	08	105.59	26.29	310
消失					
53 7月20日					
（D21053）高坪，Gaoping					
7	20	08	106.13	30.83	310
消失					
54 7月31日					
（D21054）宁南，Ningnan					
7	31	08	102.67	27.22	310
消失					
55 8月5日					
（D21055）九龙，Jiulong					
8	5	08	101.34	29.38	309
消失					

2021年西南低涡中心位置资料表（续-5）

月	日	时	中心位置		位势高度/位势什米
			东经/(°)	北纬/(°)	
㊵ 8月6～7日（D21056）旺苍，Wangcang					
8	6	20	106.20	32.30	309
	7	08	108.10	33.30	308
消失					
㊷ 8月7～8日（D21057）绵阳，Mianyang					
8	7	20	105.18	31.87	310
	8	08	106.18	31.65	309
		20	107.28	32.14	310
消失					
㊸ 8月10～11日（D21058）丰都，Fengdu					
8	10	20	107.71	29.97	310
	11	08	106.86	31.51	311
		20	107.16	31.95	312
消失					
㊹ 8月12～13日（D21059）南部，Nanbu					
8	12	20	106.00	31.35	311
	13	08	107.56	31.81	309
		20	108.22	30.47	308
消失					
60 8月14日（D21060）蓬溪，Pengxi					
8	14	08	105.79	30.70	309
消失					
61 8月17日（D21061）石棉，Shimian					
8	17	08	102.32	29.24	310
消失					
62 8月18日（D21062）冕宁，Mianning					
8	18	20	102.42	28.74	311
消失					
63 8月22～23日（D21063）宝兴，Baoxing					
8	22	08	102.80	30.38	307
		20	105.81	31.05	308
	23	08	107.00	31.15	307
消失					
64 8月24日（D21064）务川，Wuchuan					
8	24	08	108.17	28.73	310
消失					
65 8月26日（D21065）蓬安，Peng'an					
8	26	08	106.33	30.94	309
		20	107.88	30.79	311
消失					

2021年西南低涡中心位置资料表（续-6）

月	日	时	中心位置		位势高度/位势什米
			东经/(°)	北纬/(°)	
66 8月29日					
（D21066）旺苍，Wangcang					
8	29	08	106.28	32.31	310
消失					
67 8月30～31日					
（D21067）九龙，Jiulong					
8	30	20	101.62	29.56	307
	31	08	101.47	29.96	312
		20	101.10	29.25	309
消失					
68 9月4～5日					
（D21068）巴中，Bazhong					
9	4	20	105.86	31.15	311
	5	08	105.86	32.28	312
消失					
69 9月12日					
（D21069）大足，Dazu					
9	12	08	105.82	29.77	310
消失					

月	日	时	中心位置		位势高度/位势什米
			东经/(°)	北纬/(°)	
70 9月16日					
（D21070）射洪，Shehong					
9	16	08	105.36	30.86	313
		20	106.82	31.32	312
消失					
71 9月17～22日					
（D21071）九龙，Jiulong					
9	17	08	101.76	29.14	308
		20	105.23	31.83	311
	18	08	106.56	34.03	310
		20	110.10	35.20	311
	19	08	111.25	35.24	309
		20	113.99	35.99	307
	20	08	117.10	39.02	302
		20	118.94	40.62	296
	21	08	121.11	42.08	293
		20	124.01	44.03	294
	22	08	125.65	45.69	294
消失					

月	日	时	中心位置		位势高度/位势什米
			东经/(°)	北纬/(°)	
72 9月24日					
（D21072）九龙，Jiulong					
9	24	20	102.02	29.08	310
消失					
73 9月28日					
（D21073）万源，Wanyuan					
9	28	08	108.01	32.10	311
消失					
74 10月3～4日					
（D21074）松潘，Songpan					
10	3	20	103.86	32.89	309
	4	08	107.93	36.56	311
消失					
75 10月6日					
（D21075）峨边，Ebian					
10	6	08	103.17	29.29	310
消失					

2021年西南低涡中心位置资料表（续-7）

月	日	时	中心位置		位势高度/位势什米
			东经/(°)	北纬/(°)	
76 10月7日（D21076）南部，Nanbu					
10	7	08	105.98	31.33	312
消失					
77 10月18日（D21077）苍溪，Cangxi					
10	18	08	106.32	31.90	311
		20	105.28	31.02	312
消失					
78 10月25～26日（D21078）茂县，Maoxian					
10	25	20	103.90	32.20	310
	26	08	107.85	31.22	311
消失					
79 10月31日（D21079）岳池，Yuechi					
10	31	08	106.17	30.53	314
		20	107.86	30.31	313
消失					

月	日	时	中心位置		位势高度/位势什米
			东经/(°)	北纬/(°)	
80 11月6日（D21080）仪陇，Yilong					
11	6	08	106.34	31.93	306
		20	107.11	32.05	308
消失					
81 11月11日（D21081）九龙，Jiulong					
11	11	08	101.86	28.49	307
消失					
82 11月12日（D21082）盐源，Yanyuan					
11	12	08	101.56	27.57	309
		20	102.93	27.48	308
消失					
83 11月14～15日（D21083）九龙，Jiulong					
11	14	20	101.63	29.28	306
	15	08	101.83	29.06	306
消失					

月	日	时	中心位置		位势高度/位势什米
			东经/(°)	北纬/(°)	
84 11月15～17日（D21084）乐至，Lezhi					
11	15	20	105.03	30.52	307
	16	08	105.86	31.61	309
		20	106.05	31.28	310
	17	08	111.79	32.36	311
消失					
85 11月19日（D21085）纳溪，Naxi					
11	19	08	105.36	28.89	305
消失					
86 11月20日（D21086）九龙，Jiulong					
11	20	08	102.45	29.06	301
消失					
87 11月24日（D21087）纳溪，Naxi					
11	24	08	105.58	28.97	312
消失					

2021年西南低涡中心位置资料表（续-8）

月	日	时	中心位置		位势高度/位势什米
			东经/(°)	北纬/(°)	
88 12月3日（D21088）冕宁，Mianning					
12	3	08	101.58	28.69	310
消失					
89 12月6日（D21089）剑阁，Jiange					
12	6	08	105.52	32.09	312
消失					
90 12月11日（D21090）仪陇，Yilong					
12	11	08	106.60	31.34	311
消失					

月	日	时	中心位置		位势高度/位势什米
			东经/(°)	北纬/(°)	
91 12月16日（D21091）通江，Tongjiang					
12	16	08	107.12	32.19	307
消失					
92 12月17～18日（D21092）剑阁，Jiange					
12	17	20	105.45	32.19	309
	18	08	106.06	31.36	311
消失					

月	日	时	中心位置		位势高度/位势什米
			东经/(°)	北纬/(°)	
93 12月26日（D21093）营山，Yingshan					
12	26	08	106.59	31.22	310
消失					
94 12月30～31日（D21094）西充，Xichong					
12	30	20	105.84	31.09	310
	31	08	105.32	31.25	308
消失